Seasons of Life

The Biological Rhythms That Living Things Need to Thrive and Survive

生命的季节

生生不息背后的生物节律

[英] 罗素·G·福斯特　利昂·克赖茨曼　著

严　军　刘金华　邵春眩　译

上海科技教育出版社

对本书的评价

◆

构思精巧、内容精彩。本书以简洁而迷人的方式带领我们进入生命体季节性节律的探究之旅。

——珍妮弗·阿克曼（Jennifer Ackerman），
《性、睡、吃、喝、梦——身体的每日生活》(*Sex Sleep Eat Drink Dream: A Day in the Life of Your Body*)的作者

◆

阅读本书是一种享受，它引人入胜地描述了季节在生命进化中的重要性。

——《自然》(*Nature*)

◆

2009年度最佳图书奖决赛入围作品，获年度最佳图书奖。

——《前言杂志》(*Foreword Magazine*)

◆

它精辟地解读了一个新颖的主题：地球物理变化怎样导致了生物的适应性，进而如何给生物的行为和表型造成重大影响。这是一个十分重要却极少得到阐述的因果链条。

——丹尼尔·罗克（Daniel Rock），
西澳大利亚大学神经精神医学临床研究中心主任

内容提要

植物和动物需要知道一天中的时间,以便预期环境的日常变化;同样,它们也需要知道一年中的时节,以便预期光照、温度、雨量和湿度的年度变化。历经数百万年,植物和动物已经进化出卓越的敏感性和适应性来应对季节变化,并实现了其生活周期与地球公转之间的同步。

植物和动物是如何做到这些的?它们如何知道该在什么时间做什么事,比如,鸟类迁徙、松鼠冬眠、昆虫破蛹而出、植物开花?生物如何预期繁殖的最佳时机?人类的幸福安康是否受季节性变化的影响?我们出生的季节是否影响了我们未来的生活际遇?

当地的气温或降雨并不是判定季节的可靠指标。我们使用日历来安排生活,植物和动物同样如此。《生命的季节》(*Seasons of Life*)讲述了那些旨在揭示生物钟如何像日历一样计时的研究工作,为我们理解植物、动物和人类季节性行为的生物学基础提供了必要的科学知识。本书解释了季节如何塑造人类进化的过程,以及其中的标记如何保留到现在。现代社会,电灯和空调使人远离自然,但我们的身体依然在遵循古老的节律运行,而且,这个节律对我们的身心健康一如既往地有着重要的影响。

作者简介

　　罗素·G·福斯特(Russell G. Foster)，英国皇家学会会员，神经科学教授，牛津大学纳菲尔德眼科实验室负责人，布雷齐诺斯学院资深柯蒂研究员，专长生物节律研究。

　　利昂·克赖茨曼(Leon Kreitzman)，科普作家、播音员，广受尊敬的未来学家，《24 小时社会》(*The 24 Hour Society*)的作者。

　　两人曾合作撰写了《生命的节奏》(*Rhythms of Life*)一书，该书精彩讲述了生物的昼夜节律，已被译为 5 种语言出版。

纪念

埃伯哈德·格温纳（Eberhard Gwinner, 1938—2004）教授

马克斯·普朗克学会鸟类学研究所创始所长

施米德尔（Dierer Schmidl）摄

"他不仅是20世纪下半叶最具影响力的鸟类学研究者之一，也是一位了不起的朋友、同事和导师。"（Brandstaetter & Krebs, 2004）

目 录
CONTENTS

中文版序

　　时间嵌刻于我们的基因之中。细胞绝对是进化的"奇迹",它们不仅是生命的基石,还拥有辨析时间的神奇能力。从简单的细菌到蠕虫、鸟类、松鼠,当然还包括我们人类,调控日常活动和季节性行为的生物钟无处不在。和人类一样,其他生物也依赖于时间而存在,它们一直都在利用内禀的计时系统来协调各项活动,恰如我们现在依靠时钟和日历来确定我们何时该做何事。原因很简单:地球每日绕地轴转动一周,便将所有在这个星球上进化并生存的生命体暴露在了日、夜、明、暗的长期循环之中。同时,地球也在绕太阳以365天为周期公转,这个椭圆轨道和地球的倾斜共同导致了季节的产生。

　　在包括人类在内的哺乳动物中,生理学和生物化学过程表现出很强的节律性昼夜差异。心跳、血压、肝功能、细胞新生、体温和许多激素生成在一天之内发生着变化。季节性节律对动物繁殖、冬眠、蜕皮和迁徙都至关重要。昼长或夜长变化被用来作为光周期信号,以确保生物体在最有利的时间即食物最充足的时候生下后代。对人类而言,情绪起伏、免疫系统波动以及出生和死亡的季节性变化都联系着计时系统。季节性节律对植物同样重要，它支配着植物的生活周期，使它们在不同时期为了生存或繁殖与环境进行着各种抗争。

中国文化很早就认识到了季节对动物、植物和人类生活的重要作用，尤其是当我们穿梭于春夏秋冬之间时，有规律、可预期的变化所给予我们的直接或间接的影响。虽然传统的中国日历是基于月球运行周期的，但中国农民仍然利用了太阳的特征来决定播种和收获作物的最佳时期。中国的医学、农业、艺术、诗歌和思想都受到了季节变化的引导。

季节性变化模式反映了事关健康的生物学和进化原理，为我们了解患病风险和病因提供了线索。流感、怀孕季节和子代精神疾病之间似乎存在着某种复杂的相互作用。而且，包括糖尿病、哮喘和霍奇金病在内的一些疾病都和出生季节有关。季节所带来的影响可以用来完善对人类健康的研究，我们可能从中发掘新的方法来了解基因、环境（包括社会环境）与疾病和健康模式之间的相互作用。

今天，我们面临着全球变暖的威胁，以及它给自然界带来的或将要带来的影响。季节性变化的可预测性帮助很多动物和植物塑造了它们的生活周期，这些生活周期都强烈依赖于精确的时间选择。因而，当季节性温暖、寒冷、湿润和干燥的古老模式遭到破坏时，它们迫于生存压力必须快速地作出调整。非常遗憾的是，很多物种由于调整（适应）的速度无法赶上全球变暖的速度而踏上了灭绝之路。由此引起的生态影响更值得关注。因为一个物种可能既是某个物种的捕食者，又是另一个物种的食物来源，它的灭绝对食物链稳定性造成的影响是无法预测的，但无疑是非常严重的。

我们24/7/365的全天候生活方式对自己及外界造成的破坏，意味着我们的生物性与社会性出现了严重的对立，人们已经逐渐认识到了这种情况对健康所产生的不良后果。季节支配着非赤道地区物种的生活,也对人类诸多的生物学特征有着明显的影响。尽管工业化在某种程度上将人们与温度、食物供应及光周期的季节性变化隔离开来,季节仍然影响着个体出生和健康的很多方面。

《生命的季节》(Seasons of Life)和我们所写的第一本书《生命的节奏》(Rhythms of Life),都试图阐明生物节律对包括人类在内的所有生物进化发育的重要性,并叙述了生物钟机制是如何被我们逐步了解的。如果你曾抬头看到迁徙中的大雁并不由自主地问"它们怎么知道现在是该离开的时候",如果你想知道植物怎么"感知"何时开花、何时发芽、何时产生种子以及何时进入休眠,那么,你不妨翻开本书一寻答案。虽然我们已经知道了很多,但仍有许多奥秘等待着我们去探索和理解。

很高兴《生命的季节》现在有了中译本。我们希望这本书能够得到中国读者的喜爱,并帮助大家了解动植物如何利用内禀日历来预期季节,以及它们如何将生理周期和生活周期与季节变化同步。

罗素·G·福斯特(Russell G. Foster)

利昂·克赖茨曼(Leon Kreitzman)

译者序

　　当我们还是小孩子的时候，常常会为季节的更替感到兴奋。春天的翠绿、夏天的炎热、秋天的黄叶、冬天的飘雪都给我们留下了深刻的印象。随着年龄渐长，我们逐渐意识到四季的周而复始——不必担心春天结束，明年她还会回来。可是对于为什么会有季节，我们又有多少人知道？季节的存在和变迁对所有生活在地球上的生物意味着什么？我们的生老病死真的都是由季节决定的吗？这些正是这本《生命的季节》试图回答的问题。

　　并非只有多愁善感的人类能够"梧桐一叶而天下知秋"，大多数动植物都能对季节的到来作出准确的预测。更重要的是，这些生物并非简单地听天由命、得过且过，相反，它们能够未雨绸缪，为即将到来的季节更迭作好准备。这些都归功于生物体内经过亿万年进化而形成的生物钟。生物钟是包括译者在内的许多科研工作者长期研究的课题。目前，对于昼夜节律生物钟的研究已经非常深入，人们发现，构成生物钟的"齿轮"和"发条"是一系列生物钟基因和它们对应的蛋白质，正是这些蛋白质的此消彼长驱动着动物们的昼夜节律性行为。这部分内容在本书的姊妹篇《生命的节奏》中已有介绍。然而，对季节性节律生物钟的研究困难得多,要知道,仅跟踪一个季节更迭周期就需要一年的时间,有多少科学家能耐得住这样的寂寞?目前,我们只知道季节性节律很大程度上与昼夜节律有关,动植物们很有可能是通过将外界环境信号诸如光周期长度与内禀昼夜节律进行比较,从而触发季节性行为,包括植物的萌芽和开花,动物的繁殖、迁徙和冬眠。但是,关于年度节律的"齿轮"和"发条"是什么,我们还是知之甚少,这些都有待勇敢的开拓者进行不断探索。

动物对季节的适应不仅有趣,有些动物在季节性极端环境下顽强生活的故事还足以使我们感到震撼,甚至成为我们探索人类疾病治疗、健康长寿机制的起点。以冬眠为例,在长达数月的冬眠过程中,冬眠动物的心跳、呼吸、代谢、大脑活动等均降至约平时的1%以节省能量,生命活动几近停止,但其身体各器官的生理功能并未受到很大影响。北极黄鼠在冬眠过程中体温最低可降至-2.9℃,可谓生命中的奇迹。更为有趣的是,大多数冬眠动物在冬眠中每隔两星期左右会自发觉醒,耗费大量的能量将体温恢复正常。冬眠自发觉醒过程也具有周期性节律,但其原因和机制尚不清楚。人若经历类似的环境或生理过程,必会患上严重的疾病,而冬眠动物却能应对自如。因此,目前冬眠正成为研究糖尿病、脑卒中、心脏病、肌萎缩等人类疾病的绝佳模型,有望帮助我们设计新的药物。

在中国传统文化中,季节一直享有特殊的地位。农历中的二十四节气基本上就是古人根据中国北方的气候条件而设定的季节性农业活动表。中国人认为,一年中的某些日子最适于做某些事,即所谓的黄道吉日。这里面虽然包含着很多迷信的成分,但从某种意义上暗含着人类应该按照季节时间安排生活的道理。人类的远祖所经历过的环境的自然选择在其基因上留下了烙印,直到今天,我们的很多生理过程仍然呈现季节性变化。因此,在现代社会中,如何使我们的生活与内在的生物钟保持一致,对我们的身心健康、生活质量都至关重要。

另外,我们必须面对的一个问题是:全球性气候变化。如今,人类活动引起的气候变暖已经打乱了众多生物原有的季节性生物钟,进而对它们的生存造成了极大的危害。自以为已经主宰了自然的人类,尽可以为自己建造不受环境影响的安乐窝,可地球上的其他物种却没那么幸运。

中国科学院马克斯·普朗克学会计算生物学伙伴研究所的严军,及其课题组的刘金华和邵春眩参与了本书的翻译。尤其是刘金华倾注了大量精力,承担了主要部分的翻译工作。严军翻译了序言和前三章并校正了全文,邵春眩翻译了最后四章。我们感谢上海科技教育出版社的叶剑先生和王世平女士向我们推荐了本书,同时感谢伍慧玲女士对译稿的认真编辑。我们还要感谢本书的两位作者在百忙之中为中译本作序。如果本书能引起读者对生物节律和季节现象的兴趣,便是我们最大的欣慰。

严军 刘金华 邵春眩

2011年11月21日

序　言

　　神经科学教授罗素·G·福斯特和科普作家利昂·克赖茨曼在他们的第一本关于生物节律的书《生命的节奏》中,详细而生动地讲述了细胞是怎样用"生物钟"来记录时间的。这个真实存在的神奇的钟以24小时为周期,展现着人造钟表所有的特性。生物钟的意义在于确保生命中数不胜数的事件每天能有序地进行。在这本《生命的季节》中,作者则将我们带到一个关于生命体怎样适应季节更迭的故事里。季节变化在极地地区非常显著,生命如果不进行重大的调整,将难以在这种极端环境下生存。温带地区情况没有这么极端,但这种适应能力对动物度过寒冷的冬季和炎热的夏季,并在特定的季节生育后代以使其物种不断繁衍依然十分关键。因此,无须惊讶,动物和植物不仅具有判断每日时间的"钟表",还拥有一个可以告知它们一年中各个时节的"日历"。

　　我们对"日历"已经有很多了解,但依然不够。正如本书所指出的,存在至少两种日历。一种基于昼夜节律钟,物种能靠此计算出昼长,而昼长是判断一年中的时间的一个可靠指标。如果这还不够神奇的话,那么另外一种测量年度时间的方法绝对会让你惊叹：许多物种似乎天生就拥有一个以年为单位的钟，它和时钟相类似，被称为年度节律钟。我们尚不知道它是如何构建的，但对那些冬眠或者在昼长变化不明显的热带森林里过冬的动物而言，它提供了一种准确的日历。

这也许就是生物可以安排年度时间的原因，也是季节性真正开始变得引人入胜的地方。事实上，每个生物事件都有在一年的某个（或某些）时间进行的最好时机。生存依赖于此，基因的代代相传当然也是如此。本书的许多部分都致力于描述那些季节性奇迹。最明显的例子是鸟类和大型动物的迁徙，它们借此避开难熬的冬天，并在来年准时回归。其他躲避冬季酷寒的策略还有啮齿类动物的冬眠、昆虫滞育和植物休眠等。最后，当生物体发育成熟，它还得挑个好时候完成生育以使后代存活率最大化。这个繁殖时间总是根据子代出生后的食物供应情况来决定，因此，许多物种的季节性循环被密不可分地联系在了一起。早来的春天让牛津附近怀特姆森林的毛虫提早现身，因此以它们为食的大山雀最好能察觉到这一变化并提早下蛋，否则就会灭绝。

除了繁殖和迁徙，还有很多事件与季节性有关，几乎所有内在过程都能发生季节性改变。例如，作为一种生存策略，阿尔卑斯山的雄性马鹿到了冬天食量会显著减少。它们的这种行为并不像有人猜测的那样是由于食物匮乏引起的，因为即便此时将这些马鹿带到食物充足的低海拔地区，它们依然吃得很少。

在电灯出现之前，我们人类毫无疑问是高度季节性的动物，这些痕迹现在仍然存在，所谓的季候型情感紊乱（SAD）就是一例。不过，分析此类问题，我们需要从诸多假设中剥离出真相。本书中，福斯特和克赖茨曼从一些精彩绝伦的故事出发，迎接种种挑战，带领我们走近期待已久的真相。

布赖恩·福利特爵士(Sir Brian Follett)

英国皇家学会会员，

牛津大学动物学系

致 谢

　　从第一次想到写这本书至今，春夏秋冬已几经轮回。我们一次次挑战家人、朋友和出版商的耐心，终于完成了它。我们无比感谢学术界的同仁，他们用批判的眼光审阅了这份工作。

　　赫尔姆（Barbara Helm）、皮尔逊（Stuart Peirson）、哈迪（Jim Hardie）、桑德斯（David Saunders）和罗克（Daniel Rock）通读了全稿。他们对本书整体结构和内容规划上的建议，以及针对不同章节所提出的专业意见，都使我们受益匪浅。麦克沃特斯（Harriet McWatters）热情地为本书第三章提供了友善的批评和建议，赫尔姆为本书第四、第五、第六章提供了细节方面的建议，劳登（Andrew Loudon）和黑兹尔雷格（David Hazelrigg）为第四章带来了专业帮助，克瑞克（Bambos Kyriacou）对第五章进行了审阅，伦内贝格（Till Roenneberg）大力关注了第八章和第九章，罗克为第十二章提供了极具价值的评注和材料，对此我们深表感谢。

　　罗布雷（Ben Lobley）和佩罗（Sally Pellow）检查了全稿的格式和连贯性。已故的卡格（Mike Karger）为早期的文稿提供了诸多帮助。鲁索（Philippe Rousseau）友好地帮我们把参考文献改成了经典格式。

我们还要感谢那些应出版社之邀审读了本书终稿第一版的专家。人们将在本书发行后的各种评论中,看到他们带给读者的匿名却至关重要的帮助。

任何错误都只属于我们。富兰克林(Andrew Franklin)和布莱克(Jean Black)不应当承担任何责任。能得到如此杰出而聪明的编辑的指导,我们深感荣幸。

亲切的黑尔佳·格温纳(Helga Gwinner)帮我们联系了曾与她已故的丈夫一起工作的同事,还为我们提供了一些相关的论文和书籍。

我们要感谢牛津大学纳菲尔德眼科实验室和布雷齐诺斯学院的同事对这项工作持续的热情和支持。

这是我们合作的第二本书,其间,我们之间的关系时好时坏。多亏家人支持,我们才在没有那么多摩擦的情况下完成了这本书。再次感谢琳达(Linda)、索菲(Sophie)、利娅(Leah)、伊丽莎白(Elizabeth)、夏洛特(Charlotte)、威廉(William)、维多利亚(Victoria)等人。我们深知自己专注于撰写本书的时候对家人来说是多么无趣,我们对被赐予的宽容非常感激。

引 言

地还存留的时候,稼穑、寒暑、冬夏、昼夜就永不停息了。

《圣经旧约·创世记》(Genesis)

对于所有的生物而言,每天都是一场与自然环境和其他生物的竞争。要活下来,生物就必须能预期环境的变化,对事物作出反应,并及时补充所消耗的能量。无需赘言,这一切都是为了生存。生存不是永久的,而是经常以繁衍后代结束。生存、繁衍,两者相伴,相辅相成,这正是生命的终极节律。亘古不断的生存、繁衍、生存、繁衍、生存、繁衍……乌龟要数年才能完成,而对于蜉蝣,一天就结束了。

每天,生物必须预期昼夜、冷暖这样有规则的24小时节律。而这节律正是地球在绕太阳公转的同时自转的结果。形象地说,植物、动物、藻类甚至细菌,都需要"知道"一天中的时间。

生物之所以能预期一天中有规律的事件,都归功于它们那无处不在的、能使它们的行为与外界同步的内禀生物钟。生物能将体内的时间和体外的时间衔接起来。这些生物钟在许多生命过程中都起到了重要作用,包括植物在早晨张开花瓣、在晚上关闭花瓣,果蝇的蛹只在凉爽的黎明时分才孵化,真菌的孢子只在适当的时间释放以获得最大的繁殖机会,等等。将大肠杆菌的内毒素注射入小鼠体内时,小鼠的死亡率会因注射时间的不同而不同(Haus *et al.*,1974)。人类的生物钟导致我们的体温日高夜低,决定睡眠-清醒周期,控制着许多影响我们生理、情绪、认知能力和行为的功能。昼夜节律失调会导致旅行时差、精神疾病、睡眠失调,甚至一些癌症的发生。毫不夸张地说,这些节律是生物是否能适应地球生活的关键。

在我们前一本书《生命的节奏》(*Rhythms of Life*)中,我们力图阐明昼夜节律的本质。但地球不仅自转,同时还以 365 天为周期绕太阳公转。地球的自转轴与公转轴之间存在 23.5°夹角,这就导致了光照、温度、雨量、湿度的年度变化,即我们通常说的季节。在地球上,很少有地方天气全年不变。在较高纬度地区存在着至少 4 个季节,气温能从酷暑时的 35℃ 降到严冬时的-35℃。在两极的极点,有 6 个月的白昼接着 6 个月的黑夜。在赤道地区,虽然每天的日照时间总是在 12 小时左右,气温在一年中也变化不大,但经常有干湿两季。

我们对季节带来的变化都很熟悉。当白天变得越来越短,天气越来越冷,生活在较高纬度地区的鸟儿开始向更温暖的地方迁徙,植物枯萎,冬眠动物进入冬眠。而当春天来临,白天变长,温度升高,鸟儿归来,植物发芽,动物从冬眠中苏醒,昆虫破蛹而出,蜂儿嗡鸣。对许多动物来说,这是出生的季节了。

除了"钟表",生物们还需要"日历"。它们得知道在一年之中何时觅食、何时繁殖。即便是那些活不过一个完整季节更迭周期的生物,也有一个生活史(或称生活周期)以获得最大的繁殖成功率。那些一年中可多次繁殖的生物,一般也需要把它们的繁殖设定在特定的时刻。

几乎所有生物都生活在一个复杂多变的环境中。一片草地,当我们以空间概念考虑时，它环境很单一，但当考虑到它会随时间变化时，就变得很复杂。白天的草地和晚上的草地是不一样的，它 24 小时变化着。草地在不同的季节中是不同的环境。一只在草地上生活的兔子为了觅食、生存、繁殖，就必须面对草地随时间推移而产生的变化——难怪兔子老是待在它的窝里呢。

昼夜节律在几天内就能研究完毕，研究年度节律则需要多得多的耐心。要知道，须等 8 年才能采集到一张图上的 8 个数据点。在实验室的恒定条件下，把鸟类关上几年，它们仍旧每年定期显现出试图迁徙的行为。它们的后代，生长在同样恒定的条件下，仍旧定期显现出迁徙的行为。同样，把几组黄鼠养在恒定光照、不同温度的条件下，例如，一些组养在大约 0℃ 的环境中，一些组养在大约 22℃ 的环境中，它们几乎在一年中的同一时间进行冬眠。动物的这种周期大约为一年的内禀节律，叫做年度节律。但是，在恒定条件下，如果没有任何因素将内禀节律与地球绕太阳的公转同步，年度节律就会开始漂移，就像昼夜节律在恒定条件下也会漂移一样。目前，我们对年度节律如何产生、怎样保持规则的节律、怎样将定时信号传递到生物体的其他部位都知之甚少。

动植物感知昼夜时间、年度时间，并利用这些信息协调它们的生理和行为，以最大化生存及繁殖的成功率。很多科学家对此迷惑不已。埃伯哈德·格温纳（Eberhard Gwinner）就是这样一位毕生研究这些问题的科学家。他是一位对鸟类具有浓厚兴趣的博物学家，是坐落在德国巴伐利亚州马克斯·普朗克学会鸟类学研究所当之无愧的创始所长。格温纳开创了对鸟类的年度节律以及节律如何安排迁徙、繁殖和其他生活史事件的研究。格温纳平易近人，本书正是为了纪念他以及他持之以恒地研究年度节律这一自然界奇迹的精神。

本书试图阐释生物如何感知季节变化、如何为此作好准备，以及这对我们大家的重要性。这些季节性变化很难研究,但科学正日新月异地发展,我们试图对这个问题给出一个准确、最新的描述。我们集中于一些重要的方面,因而不得不舍弃很多内容。这种遗漏并不表示我们没有提及的内容(不论是科学家还是物种)不重要,而是恰恰反映出这个领域的广阔和相关文献的浩瀚。

我们不得不权衡要在书中收录多少细节,尽管这意味着有些内容会难以读懂。这在某种程度上是因为对很多读者来说,诸如芳香烷基胺-N-乙酰转移酶这样的专业术语读起来有些拗口。我们已经尽可能避免使用专业术语缩写,也不期望所有读者对书中的生物学概念非常了解。非专业读者可能会觉得一些术语听起来有点吓人,对此我们建议,阅读本书的关键在于了解故事情节,而非沉溺于细节。

本书第一章解释了为什么会有季节。我们这些生活在现代社会的人总是自以为知识丰富,但令人惊讶的是很少有人真正理解为什么有季节。

第二章介绍所谓季节的自然史。那些非常亲近自然的人很容易从自然界的表征中推测季节的变化。他们不但能通过仰望苍穹,也能通过观察动植物间不断变化的关系来记录时光的流逝。这种与自然的亲密关系已经被大多数生活在现代化社会中的人们遗忘了,尽管仍有一小部分人能通过风吹过时树发出的声音来辨别它所属的物种。

第三章至第六章描述动植物预期季节变化的机制,我们从植物入手。尽管本书的读者中可能农业工作者很少,但很多人都种过花草,他们知道有些植物,比如山茶花,每年开花较早,诸如菊花等则开花晚些。把发芽、开花等过程控制在恰当的时间,对植物成功地生存繁衍有着至关重要的作用。虽然在古代人们就意识到了植物的季节性变化,但直到20世纪人们才开始了解它的机制。现在,尽管我们已经知道了很多,但仍旧没有一个完整的图像。在第三章中我们会引入光周期的概念,简单地说这是生物对昼夜周期中光照时间或黑暗时间的测量和反应。这是一个非常重要和基本的生物学概念、原理。

　　动物总是试图在食物充足时繁衍后代,当然,这最终取决于植物。在第四章中,我们集中于研究哺乳动物和鸟类如何通过对光周期的反应来最大化它们下一代的生存机会。这在原理上与植物的很相似,都是通过将它们的生活周期与季节变化同步来最优化繁殖。

　　一种近似死亡的深度睡眠一直吸引着人类,尽管我们并不冬眠。事实上,体重5千克以上的哺乳动物并不进行真正意义上的冬眠。尽管如此,将生命活动暂时停止的想法一直为科幻小说家所钟爱。第五章介绍了一系列动植物的休眠和冬眠。

　　并不是所有的生物在严酷的环境中都会留在原地。鸟类的集体迁徙可能是自然界最壮观的场面之一,当然,也有很多动物独自完成一年一度的往返迁徙。第六章将描述动物如何利用包括内禀年度节律在内的定时机制来启动它们漫长的迁徙旅程。

　　本书的后半部分主要讨论季节变化对人类的影响。我们是自知自觉的动物,季节对人类文化、心理、社会行为有着重要作用。第七章记录了季节变化对我们的生理、心理、社会方面所起的关键影响。故事以我们的早期祖先从非洲开始进化旅程为出发点,一直延续至今。我们的祖先通过预期气候的季节性变化以适应环境,达到生存和繁衍的目的,这种能力仍深藏于我们的新陈代谢和生活周期中。

　　第八章是关于受孕和生育。人类的生育存在季节性差异,在北半球,生产时间大多趋向于早春。这种受季节影响的生育理应只存在于接近原始自然状态的社会中。在现代社会,我们有一周7天、一天24小时的光照和食物,这些理应足以去除季节变化的影响,但是,季节对生育的影响仍然存在。

人类的季节性生育与羊、仓鼠之类的哺乳动物不完全一样。在其他动物中，它们的下一代到来是定在食物最充足的时间。而人类，像黑猩猩和大猩猩一样，在大部分时间马上就能生育，只要雌性没有怀孕或哺乳。那么问题是，这些有着极大生育机会的群体，为什么仍会表现出季节性生育行为呢？

答案似乎在于，人类的生育可能更多地取决于受孕时母亲的营养情况，而不是取决于后代出生时食物是否充足。这个问题会在第九章涉及，其中我们讨论了出生的月份与今天所患疾病的关系，这种现象被普遍称之为"出生月"效应。你能活多久、你会有多高、你在学校表现会如何，以及你有多大可能患一系列诸如精神分裂症的疾病，可能都在某种程度上和你什么时候从母亲的子宫中降生出来有关。

在第十章中，我们探讨了一些旨在理解疾病与季节因素的关系的工作，尤其是我们内部生理与对外界致病因子的敏感性之间的关系。我们的心情、表现、睡眠、体温调控、甲状腺功能、皮质醇水平，以及其他值得一提的因素都表现出某种季节性变化。其中可能最有名的是季候型情感紊乱(SAD)，相关内容我们将在第十一章中提到。

自从 20 世纪 80 年代早期发现 SAD 以来，关于 SAD 是一种明确独立的病症，还是碰巧在一年中特定时段才表现出的一种抑郁状态，人们一直多有争论。最新的证据显示，SAD 是由季节诱发的真实的抑郁病症，但比起将它视为单纯由于光照被剥夺而引起的特定病症，我们似乎更应该把它看做是由基因、环境、文化共同影响而产生的复杂疾病。

季节在很大程度上影响了我们死亡的时间。第十二章正解释了季节和死亡时间的关系并不那么简单和直接。例如，在过去的数百年间，那些以前在夏季最为猖獗的疾病的死亡率有所下降。这种下降要归功于提高的生活水平,改善的营养和食物储存,更清洁的饮用水和更好的卫生条件。

在同样的时期内,一些与寒冷月份相关的疾病,比如肺炎、流感之类循环系统和呼吸系统的疾病,死亡率却有所上升。这种发病率和死亡率的变化趋势是否会随着当下气候的变化持续下去,还是悬而未决的问题。

在第十三章中,我们探讨了一些由于季节性气候变化所产生的问题。很明显,物种们正在被影响,由自然选择在百万年间通过一点一滴微小变化而建立起来的精细的时间网络,正在被(很可能是)人类的行为所打破。

当物理环境伴随着气候变化而变化,有些物种将扩展它们在地球表面的生存范围,有些将迁往别的海拔高度生活。有些两者都会。有些会适应变化的世界,发展出新的预测季节的时间机制。然而,也有许多物种未作任何改变并因此灭绝。

理解生物如何适应季节性气候变化,将帮助我们将来更好地缓解和协调一些由全球气候变化带来的影响。更好地理解这个生物过程,能帮助我们发展新的农业、新的园林技术,开发新的方法使人类免受新老病原的侵害,也能使我们更好地保护其他物种。

第一章　季节的产生

生命中真正的快乐是看着季节在眼前逐渐展现。

——凯斯(Mary Case)，

《怀特岛上的养蜂人》(A Beekeeper on the Isle of Wight,2008)

没有太阳就没有生命。数十亿年前，太阳光能养活了最早的光合细菌，为大气提供了氧气，之后又养活了那些后来变为石油的植物。今天，阳光仍为地球上所有的光合生物提供着能量。太阳驱动着天气系统，为我们提供了生存的条件。关于能量的数据是令人咋舌的：仅仅百万分之一秒之内，太阳就能辐射出相当于全人类一年所产生的能量。如果我们能连续采集从太阳表面0.1平方千米范围内辐射出的能量，就足够满足当今世界日常的能量需求。

在那段阳光灿烂的日子里，地球的表面不断发生着变化：构造板块移动、山脉隆起、海岛下沉、大陆反复形成、气候变暖或变冷、火山产生又消失、湖泊干涸、森林退化成沙漠、沙漠变为森林。在地表物理条件变化的同时，气流、洋流也改变着方向。气候变化不是新的概念。地球和月球的轨道形成后的数十亿年间，地球自转周期逐渐放慢到现在的每天24小时左右,并同时以每年365天多一点的周期围绕太阳公转。在一年当中,白天有节奏地消长,与这些变化相伴而生的便是季节。

季节之所以产生,是因为地球上某点所获得的光能在一年之中发生着变化。这种变化是由光线与地面的倾角改变,从而导致辐射地面的光照强度发生变化造成的。除此之外,还有昼长的变化,离赤道越远,变化越大。

这种接收能量的年度节律源于地球和太阳的空间关系。季节是由行星的一些基本特征决定的,包括它绕太阳运行的轨道,它的几何形态,陆地和水体的分布。季节不是随机事件,它以一种有序的方式在地球上产生而又消失,周而复始。不论是冬天的雪,雨季的雨,还是夏日的炎热,我们的环境每年持续并可预测地变化着。这些显著的变化在相对较短的时间内就能发生。这种季节性变化造就了动植物的生活周期,使它们努力地适应当地的环境。它们能否适应这些有规律的变化很大程度上决定了它们能否成功生存和繁殖。

以上对我们人类同样适用,差别只是我们通过改变生活环境来适应季节变化,包括制造房屋、衣服,以及现在的空调和暖气。我们已按自身的需要改变了环境。正是这种能力使得人类得以在巨大的地理范围内生存。不可否认,海狸建巢穴过冬,蜜蜂筑蜂窝,白蚁住土堆,很多动物都在洞穴中度过部分甚至全部生命。但总的说来,动植物改变的是它们的生活周期、适应性及行为规律,而不是它们居住的环境。比方说,非人的灵长类只限于生活在它们天生就适应的环境中。大型猿类(黑猩猩、大猩猩、倭黑猩猩)只生活在赤道附近20°纬度范围内,并且至今在欧洲和北美洲都没有土生土长的灵长类。

但通过改变世界,我们已经失去了与自然以及它的时间体系的联系。过去的几个世纪里,我们在大规模地向城市迁徙时,已经脱离了与季节的密切联系。我们与生活在加拿大不列颠哥伦比亚省的原住民斯阔米什人相比，就差得太远了。他们相信歌鸫（*Hylocichla ustulata*）的鸣叫导致了美洲大树莓（*Rubus spectabilis*）的成熟。他们对一年中的各个时节都有类似的标记，并借此由一个自然事件推测另一个的到来。他们的日历就在他们周围，在树林中、在天空中、在河流中、在大地上，只要你懂得其中的奥妙。

很多原住民对他们当地环境的动态变化都有深入的了解。当法国探险家尚普兰（Samuel de Champlain）于1605年到达科德角时，万帕诺亚格人告诉他，种植玉米的最好时节是美洲白栎（*Quercus alba*）的叶子与红松鼠（*Tamiasciurus hudsonicus*）的足印一样大的时候（Lantz & Turner, 2003）。数百年后，波得金（Frances Bodkin），澳大利亚塔尔瓦斯原住民的后裔同时是悉尼安南山植物园的植物学家，仍为他先祖的知识深深打动：

> 当今的科学家通过测量和实验进行研究。原住民同样是好的科学家，只不过他们靠的是观察和经验。当1788年英国定居者第一次到达悉尼时，在对当地气候格局缺乏真正了解的情况下，他们照搬了欧洲的一年四季体系，原住民则按照基于当地各种植物开花时间而定的一年六季生活（Reuters, 2003）。

在动植物生活周期中，与季节变化相关的转折点被称为物候事件。英国《泰晤士报》（*Times*）每年照例报道春天第一只布谷鸟的出现。这正是一个物候事件，正如黄水仙第一次开花。物候学本质上就是研究自然界中反复出现的现象的时间的科学。维多利亚大学的兰茨（Trevor Lantz）和特纳（Nancy Turner）指出：

> 一个事件的到来预示着另一个事件的逼近。这些数据在

林业、农业、渔业中都可以作为有价值的预测工具。加拿大西部的渔民很早就意识到,白斑狗鱼(*Esox lucius*)群总是在棉白杨(*Populus balsamifera*)种子落地时出现,而在加拿大东海岸,渔民只有等到唐棣(*Amelanchier*)开花后才会开始捕捞美洲西鲱(*Alosa sapidissima*)(Lantz & Turner,2003)。

原住民知道季节性事件按可预期的规律发生,但不出所料,他们并不知道为什么。在安第斯山居住的盖丘亚人相信,太阳口渴的时候(即干季)就会缩小,它喝下河水后(即雨季)就会膨胀。这种解释本身很可爱,类似的解释在其他很多文化中也很常见,但都是完全错误的。

我们本以为我们的大学生会做得好些。位于美国东海岸42°N的波士顿,深冬时节其白天的平均气温只在冰点附近徘徊,虽然自有记录以来气温曾降至-28℃。仲夏时节,这里气温适宜,稍有些潮湿,一般在25℃左右,只是偶尔会有超过30℃的高温天。这种季节变化为每个当地居民所熟知,包括那些哈佛毕业生。

但当25名哈佛毕业生在毕业典礼上被问及一个简单的问题"为何夏天比冬天热"时,只有3人回答正确。22人,包括那些自然科学专业的学生,不能给出正确答案。他们不知道季节是如何产生的(Schneps & Sadler,1987)。不过说实话,不仅仅是哈佛毕业生对他们周围的世界这么一无所知,大部分人都不知道为何有季节。他们主要认为地球在夏天比冬天离太阳近,而事实上现在地球绕太阳的轨道几乎接近圆形。在1月初,地球到达离太阳最近的1.47亿千米处,在7月初到达最远的1.52亿千米处。全球平均下来,7月初落在地球上的阳光虽比1月初稍弱一点,但对温度只产生很小的影响。

他们中也有人回答,太阳在夏天比冬天热。太阳的热辐射确实在变化,并且小的变化也会造成大的差别。16世纪时,太阳辐射0.3%的下降导致了北大西洋地区小型冰期的产生,连伦敦的泰晤士河都冻了起来,但是太阳的大小和辐射总量并没有按照每年季节变化而有规律地变化。

这只是公众对科学缺乏了解的冰山一角。虽然,哥白尼(Copernicus)的《天体运行论》(*De Revolutionibus Orbium Coelestium*)早在1543年他去世前就已经发表,但500年后,欧盟调查显示,仍有将近1/4的欧洲成年人认为太阳是围绕地球转的。更令人难堪的是,在这次调查中,超过一半的人将占星术也归为科学(European Union,2001)。

这种对季节成因的无知是可悲的,因为自然界,甚至很大程度上包括我们自己,都是被伴随着一年中昼夜长短变化而来的季节变化所塑造的。

理解季节产生的关键是认识到当北半球是夏季时,南半球正好是冬季,反之亦然。因为这两个半球都在一个星球上,离太阳的距离也相同,稍加思索就能意识到离太阳的远近与季节的形成无关。另外一个线索是当我们朝赤道的北方或南方走时,白天的长度在一年中是怎么变化的。归根结底是地球自转轴的23.5°倾斜。这种相对垂直方向(更确切地说,是地球围绕太阳公转平面的垂直方向)的倾斜——差几度就能让伦敦的双层公交车翻倒——导致了季节的产生,最终影响了包括我们在内的动植物的分布范围。

让我们想象我们正在太空中俯视围绕着太阳公转的地球。如果地球的自转轴没有倾斜,那么当它在近乎圆形的公转轨道上以24小时为周期自转时,地球上的任何地方都会有12小时白天、12小时夜晚。每天同样的时刻日出日落。仍然会有温度的变化:赤道热而两极冷。这是因为不同纬度地区太阳光入射的角度会有不同。在阳光垂直于地球的切面的地方,阳光最为密集。当阳光与地球切面的角度变小,同样多

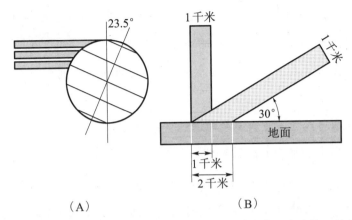

图 1.1 （A)地轴倾斜23.5°。离赤道越远,当地所接收的太阳光线的入射角越小。
因而,同等的太阳能量遍及的面积变大,单位面积的能量变少。(B)一束垂直照射地
面的阳光将产生一束光照射面积的照明,但如果这束光与地面之间的入射角是
30°,它的照明面积将加倍,而单位面积的能量将减半。

的太阳能就会分散到较大的区域,单位面积接收的能量就会减少。那
样仍旧会有天气的变化,只不过不产生我们熟知的那些天气情况,但不
会有季节了(图1.1)。

　　但穿过地球两极的自转轴确实存在倾斜现象,由此改变了一切。
这种倾斜大概是45亿年前形成的。在众行星最终形成当今的排列位
置之前,有小行星、行星,还有像碰碰车一样乱撞的彗星。新生的地球
可能与即将成形的一颗火星般大的行星发生了剧烈的碰撞,结果是地
球被撞歪了自转轴。这次碰撞的威力一定特别强,2004年12月26日引
发了灭顶海啸的印度尼西亚9级地震,也最多不过使地球倾斜1—2
厘米。

　　当地球围绕太阳公转时,它的北极指向北极星,它的南极指着南十
字星座。当北半球向太阳倾斜,北半球就会接收到更多的直射阳光(即
入射角高一些),此时北半球就处于夏天。如果南半球向太阳倾斜,南

半球就会接收到更多的直射阳光,南半球就处于夏天。取决于纬度,正午的太阳似乎是从冬季时的地平线上爬到了盛夏时的烈日当头。这种现象意味着,在固定的地点,阳光照射地面的角度在一年中发生着变化。

地球自转轴的倾斜以及地球的昼夜旋转,决定了地球上某个地方在一年当中的某个时间里接收到的太阳能。这种变化在两极尤为突出:夏天是24小时日照,冬天是24小时黑夜(图1.2)。

如果地球没有大气,太阳辐射出的能量就会毫无干扰地到达地球表面。但现实是,太阳能有大约1/4被云和大气中的微粒反射回太空,1/5被地球大气吸收。这种与大气的作用在万里无云的晴天能将到达地面的太阳能减弱约30%,在乌云密布的时候甚至能减弱将近90%。

即便是这样,到达地表的太阳辐射仅有部分被吸收,被向上反射回去的辐射的比例被称为"反照率"。反照率是一种对表面反射性质的衡量。两极的冰面能反射回约90%的能量,而水面的反照率不到10%。当海冰融化,在融化边缘的反照率由90%变为10%,因此吸收率由10%变为90%。这些多吸收的热量加速了融化,造成一种正反馈。正是这种以及其他的正反馈机制使得气候变化那么可怕,这也是为什么我们现在经常提到"引爆点"的原因。更为严重的是,地表同时将热以红外线的形式辐射回大气,这里面的部分能量(它们的波长与太阳辐射的波长不同)被大气中的气体所吸收。

如果没有主要由水蒸气、二氧化碳和甲烷构成的温室气体,大部分被地表反射或辐射回去的热量就会流失掉,地表的平均温度将降至冰点以下。我们生活于其中的大气很大程度上是生命本身的产物,我们这颗星球上的生物和物理系统,已经进化成为一个通过很多反馈回路将气候限定在可控范围内的被动控制系统。通过一个由生命维持的

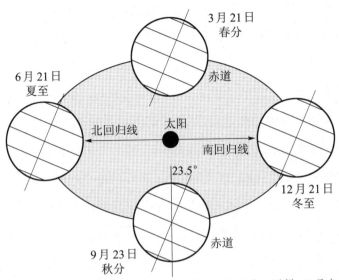

图 1.2 6月夏至时,太阳射线垂直于23.5°N,即北回归线处。同样,12月冬至时,太阳射线垂直于23.5°S,即南回归线处。这两个纬度是热带地区的边界,在这两个边界之外,太阳不会升高到烈日当头。于北半球而言,太阳横穿了南方天空。南半球正好与之相反。夏至时,太阳直射北回归线,北极阳光普照,而南极则处于黑暗的冬季。夏至当日,北极圈以北的每一个地方都受到整整24小时的日照。此时,抵达地球表面的太阳辐射量的峰值实际上并不位于23.5°N,而是位于30°N。这是因为,这个纬度下沉的空气(由全球大气环流模式导致)使当地气候干燥,晴空利于更多太阳辐射抵达地面。在南半球,夏至日的阳光永远不会抵达南极,事实上,它们不会跨入南极以北23.5°(即南极圈)的范围以内。因而,超过赤道以南66.5°的所有地方在这一整天都将没有阳光,而处于24小时的黑暗之中。到了12月冬至时,情况将发生扭转:南极是24小时日照,北极圈以北地区则处于24小时黑暗之中(Press *et al.*,2003)。

大气,地球的平均温度能总体保持在13℃左右,陆地上平均温度大约为16℃。

形象地说,天气系统是一台由太阳提供能源的机器。地球的引力、曲率、自转共同保证了大气只能在一定范围内运动。地球各地温度、气压的差别引起空气流动,最终形成了所谓的天气。靠近赤道的空气被太阳加热后上升,流向两极,然后冷却下降回地面再流回赤道。这种运动再加上地球的自转,把热量和湿度传遍地球,并且产生了风、洋流和天气变化。落在某地的能量强度(即每平方米接收到的能量,见图1.1)取决于太阳光入射的角度,日照时间则决定了能量的总量。能量总量在一年中的改变导致了天气的规则变化,即产生了我们所谓的季节。

对动植物以及我们人类来说,真正重要的是当地的情况。在夏季,亚洲上空的空气被太阳加热后上升,并从印度洋吸入潮湿的空气,导致了大部分南亚地区的每日降雨;在冬天,亚洲上空的空气冷却、下沉流出,将潮湿的空气挤走,导致天气干燥。相似的规律发生在靠近墨西哥的太平洋地区,在夏天为美国西南部带来了湿润的空气和下午的雷雨。

洋流由风驱动并遵守同样的规律。大陆阻挡了全球水体的流动,于是,洋流在赤道附近向西流,碰到大陆后流向两极,然后转向东,最后流回赤道。在所有的大洋中,洋流都形成巨大的回路,在赤道以北顺时针旋转,在赤道以南逆时针旋转。

极区的水冰冷、富含盐分、密度大。它下沉后沿海底流向赤道,最终沿大陆边缘上升并和表面的水流汇合;当它到达极区之后,又再次下沉。这种水的三维流动在大洋中将热量进行搅拌,加热来自极区的水,同时将深海中的养分带到海面,为海洋中的动植物提供养料(Press *et al.*, 2003)。

并不是地球上所有的环境都按季节发生剧烈或温和的变化。在某些自然环境中,比如大洋深处或洞穴深处,温度保持恒定,也很少有(甚至没有)昼夜以及季节的变化。水中的环境一般比陆地稳定,但随着深度和离岸的距离不同,一些包括日照时间、温度和盐度在内的因素也会发生规律性的变化。

陆地上的一些穴居动物,比如生活在非洲沙漠和中东地区地下的裸鼹鼠,能制造温度适宜、稳定的环境,还有一些能改变它们的环境。但大多数动物、植物、蕨类和微生物都不得不适应自然环境,并最大可能地利用它。

在沙漠中,一天之内的昼夜温差能比季节温差还大。生活在极端环境中的生物对如何适应冷、热、湿、风等情况各有专长。大部分生物并不面临那么剧烈的变化。在英国,墨西哥湾流造成了那里温和的气候,气温的年度变化范围通常在25℃左右。相比之下,处在同样纬度的俄罗斯西伯利亚和加拿大,气温在冬天会降到-40℃以下,在夏天却会升到30℃以上,也就是说气温的年度变化范围在70℃左右。一般说来,地球表面(更确切地说是距地面1.6米高的地方)的季节温差在纬度越高的地区越大,尤其在像北美和亚洲大陆内部那些远离海洋影响的地区。最小的年度温差出现在赤道地区(Bridgman & Oliver, 2006)。

在夏季那些长日照的日子里,阳光有更多的时间烘烤地面,这是夏天比冬天热的原因之一。夏至,一年中日照时间最长的一天,却一般不是最热的一天,这归因于叫做热容的物理原理。同样的原理可以解释火上行走:那些勇敢的表演者能快速地走过炭灰覆盖的火炭而脚不致被烧伤;假如让他们试着从烧热的铜板上走过,你马上就能看到差别。

南半球比北半球有更多的水体。在全球范围内,1月是最冷的月份,因为这时地球主要由被水覆盖的半球朝向太阳。我们虽然此时离太阳稍近一些,但这些多余的阳光在海洋上分散了。南半球夏天的1月(此时地球处于近日点附近)比北半球夏天的7月(此时地球处于远日点附近)要冷一些,这是因为北半球有更多的陆地,南半球有更多的海洋。陆地比水体热得快,因为陆地热容较小。同时,陆地冷得也快,海洋则热得慢、冷得慢,因此能把表面空气的温度保持住。在夏季,北半球面积巨大的陆地很快能被加热,但晚上大部分热量就会散失,因此得花数周才能使地面温度升高(Bridgman & Oliver, 2006)。

大多数生物都能预料到天气有规律的季节性变化。一些动物逃离(或飞离)不利的变化,为此有的可能要跋涉数千千米。一些动物则隐藏起来,降低代谢率,以渡过难关。也有一些穿上冬衣,比如,随着秋天昼长变短,水貂(*Mustela vison*)体内催乳素的水平下降,并开始长出厚厚的冬季皮毛(Martinet *et al.*, 1984),这种皮毛尤其为一些消费者青睐(O'Reilly, 1980)。植物将它们的生活周期调整到与季节变化一致。昆虫也不例外,比如蝴蝶总是在晚春或初夏破蛹而出。几乎所有动植物都将它们的繁殖时期与天气、资源的季节周期保持一致。许多鸟类利用春天北极高纬度地区丰盛的食物来喂养下一代。鲸能沿着美洲西海岸线一直上游到寒冷的加拿大北部海域,以享用激增的浮游生物。还有一些生物,比如南非卡拉哈里沙漠里的狐獴(*Suricata suricatta*),则按兵不动,在季节变化中随机应变(Clutton-Brock *et al.*, 2001)。

虽然罕有自然现象像日常天气那样飘忽不定,但是季节有一定的可预测性。总是会有干季和湿季,总有些月份会更冷些或更热些,有些月份易刮些风。这些时期基本上都在一年中大致相同的时间出现。尽管我们人类和动植物都不能预测一年中的某一天的天气,但对它的变化范围还是心里有数。换句话说,对气候你能估计,而对天气你只有听天由命的份儿。

天气是混沌的,因为它对初始条件敏感,但季节变化是由地球绕太阳单调、规律地转动而驱使的。前后几年中在地球某地入射的阳光的量能被计算出来,正如塞尔维亚数学家米兰科维奇(Milutin Milankov-itch)做过的那样。多少阳光能到达地球表面则是另外一回事,这取决于云层的覆盖和当地的天气情况。更何况,接收到的热量又会被辐射回太空,部分抵消阳光对天气的影响。这种辐射依赖于地形、植被、反照率和其他诸如温室气体等因素。不管怎样,季节性气候是多变的,但总的来说是可预测的。天气预报的理论上限是不超过两周,但我们可以有把握地预测一年之后的气候(或至少我们以前能做到,在气候变化发生之前)。赤道地区不会有冰山,北极地区也不会有沙漠,我们不会预期这些匪夷所思的事。

预测,或更确切地说生物预期,是本书的主题。为了生殖的成功,生物必须正确地把握住季节时机。可能其中最有挑战性的是长距离的迁徙。鸟类离开甲地前往乙地,必须能在千里之外预测出它们到达时乙地的气候。在它们高纬度的繁殖地,候鸟用一个内在的日历来预测它们在初秋启程的时间。为了准备迁徙,它们积累起脂肪、收缩生殖腺、调整生理和社会行为。在返程时,它们又会经历同样的过程。一些物种成群结队地离开并到达,大部分情况下,它们能在几天甚至几周内终结这个行程。它们内部的钟能掌握旅程的时机,以保证**通常情况下**目的地的天气在它们到达时是舒适的。换句话说,今年春季或秋季(取决于迁徙的方向)的气候要和去年的适宜气候大致相同。如果差别很大,对它们的影响就很大。比如,如果春季土壤干得比往年快,虫子就会钻得深,以虫子为食的鸟类就会挨饿,一些个体甚至会饿死。但是,即便在气候严酷的年份里,还是会有足够多的群体能渡过难关,等到明年情况好转后回来。这种种群中不同群体对时机把握的差异,使得一些鸟类物种能够适应即使在无人为干扰的情况下也会发生的季节时机的变化。也有一些物种在行为上更具可塑性,能快速地对条件的改变作出反应,比如改变目的地。这在一定程度上取决于鸟类迁徙的距离,而更重要的是,某些鸟类发展出了内在的应变能力,使它们能够更好地适应环境的千变万化。总会有一些能活到明年。对鸟类来说,最糟糕的是季节时间发生突然并持续存在的变化,尤其是当这些变化超出它们承受能力的时候。

季节的可预测性对大部分植物、鸟类和其他包括人类,尤其是农民在内的生物是至关重要的。在莎士比亚(Shakespeare)的《仲夏夜之梦》(*A Midsummer Night's Dream*)中,仙后泰坦尼娅(Titania)这样叙说了她和仙王奥伯龙(Oberon)的不和如何导致了天气的突然变化:

> 天时不正,季候反常
>
> 白发的寒霜倾倒在红颜蔷薇的怀里
>
> 年迈的冬神却在薄薄的冰冠上
>
> 令人可笑地缀上了夏天芬芳的蓓蕾的花环
>
> 春季、夏季、丰收的秋季、暴怒的冬季
>
> 都改换了它们素来的装束
>
> 惊愕的世界不能再凭着它们的出产辨别出谁是谁来

人类以及其他生物已经学会了适应,甚至利用可预测的变化,但那些像泰坦尼娅所描述的不可预测的变化,仍让我们的祖先担惊受怕。冬天的寒冷本身不是问题,那些反常的变化,如突然而至的晚霜才是。这些事件总是会被归于神灵世界,因此几乎所有文明中都有庆祝季节事件的节日,以此安抚神灵,或对天气总算没有异常表达慰藉。庆祝播种、丰收,仲夏、仲冬的节日很普遍。这些节日的时间与像夏至、冬至这样的自然标志有密切的关系,与历法的发展也有着紧密的联系。

春夏秋冬四季在高纬度地区有很大的文化意义,但它们不是在气象上划分一年的唯一方式。虽然,偶尔访问北极地区的人只能观察到两季——白日漫长的夏季和黑夜漫长的冬季,因纽特人却知道有好些季节,都由动物和天文事件为标志。在非洲卡拉哈里居住了至少两万年的康族人能辨别出五季,尽管卡拉哈里中部的气候总是在夏天的雨水和冬天的干旱间徘徊（Kolbert, 2005）。康族人对自然界有敏锐的洞察力，他们的生存依赖于对动植物与当地环境间关系的深刻理解。在雨季里，散落在沙漠里的种子开始发芽，植物开始繁盛，各种动物孕育、生产，水边生机盎然。许多家族聚集到一起，因为聚居地能支撑起这样高的人口密度。到了旱季，人们四散而去，各自寻找另外的水源。

尽管很多动物迁移走了，还是有一些动物坚韧地留了下来，并适应了严酷的环境。卡拉哈里的动物比它们在其他地方的同类有更低的代谢率，这种适应使得它们能在食物和水更加匮乏的条件下生存。尽管如此，卡拉哈里的狐獴一夜之间仍会损失5%的体重，这使得每日寻找食物变得迫在眉睫（Russell *et al.*, 2002）。

预测的能力使得生物在天气变化下存活，在最佳时间成功繁殖。生物能应对变化。每24小时，我们星球上的所有生物都经历着环境的周期性变化。它们之所以能应对光照、温度、紫外辐射、湿度、养料等诸多变化，都是因为这些变化对它们来说全部是可预测的。日出日落，周而复始。生物们有内在的生物钟来帮助它们把活动与当地时间保持一致。它们也能应对季节，因为它们能预料到什么时候什么季节会降临。

白天的时长，又称光周期，是季节时间最可靠的标志。很多动植物不断地测量光照信号的持续时间，并用这个信息来与环境条件同步并预期它们。然而，光周期并不是严格地与当地温度相对应的，因此生物可能会将光周期与其他因素，如温度等，相结合来细分事件的时间。而且，不是所有生物都利用光周期，也并不是所有生物都预期季节的变化。很多只是对温度、降雨或其他次级环境事件的短期变化作出简单反应。气候变化正将光周期与季节信号分离开来，因此给很多物种的生存带来了巨大困难。

在漫长的历史长河中，物种们已经将它们的生活周期与行为紧密地交织成了一个密不可分的生态网。但如今,昼夜温差在逐渐消失,动物的活动范围正向两极移动,植物开花比以前提早数天,甚至数周。生活在格陵兰岛西部的北美驯鹿已经被这种所谓营养失配所折磨。作为野生驯鹿的近亲,这些动物依赖于植物作为它们的能量和营养来源。植物是初级生产者,位于第一营养级。以它们为食的食草动物构成第二营养级,然后,食草动物被处于第三营养级的食肉动物所猎食。每一营养级的生物量都比低一级的小。春季到来的时候,北美驯鹿从吃埋在雪下的地衣转为以新长出的柳木、莎草、苔原上绽放的草本食物为食。随着生育季节的到来,在增加的昼长(光周期)的诱导下,它们向内陆迁移,到达格陵兰岛内陆冰盖的西部边缘。在这个新生食物充沛的地方,它们产下小鹿。

触发万物生长的植物是受温度而不是受光周期影响的。由于气温逐渐升高,植物比以前更早达到它们营养价值的峰点。当动物们到达繁殖地时,怀孕的母鹿发现,它们赖以生存的植物已经过了生长的峰点并开始在营养价值上衰退(Post et al.,2008)。宾夕法尼亚大学的波斯特(Eric Post)是一项为期7年的北美驯鹿研究工作的负责人。他这样描述道:"北美驯鹿没能调整生殖季节以赶上植物生长的变化,因此,在某种意义上,食物在它们有机会享用之前就从餐桌上被拿走了。"(Post & Forchhammer,2008)

北美驯鹿身上发生的悲剧正在地球的各个角落上演。当前的气温变暖超过了整个更新世中的最高水平,由此导致的季节时间的变化,将对整个生态系统和生物多样性产生超出近期进化历史上所有全球气候变化带来的影响。更复杂的是,气候变化以及栖息地的损坏和破碎把很多物种的生存空间压缩到了相对较小的区域里,以致遗传多样性下降。对于我们来说,理解为何有季节至关重要。别以为看看日历就知道现在是什么季节,如果我们对自然界缺乏了解、全无情感、毫不敬畏,那么我们就会对周围发生的一切无动于衷。《纽约客》(*The New Yorker*)杂志曾派科尔伯特(Elizabeth Kolbert)周游世界去写下一系列关于气候变化的专题文章。她带回很多轶闻,其中最令人心酸的来自北极地区,记录了与一位叫做基奥加克(John Keogak)的因纽特猎人的会面。基奥加克居住在加拿大西北地区北极圈以北大约800千米的班克斯岛,他告诉科尔伯特,他和他的猎人伙伴们早在20世纪80年代中期就开始注意到气候的变化。就在几年前,当地人开始看到知更鸟,而当地的因纽特人的语言里没有对应这种鸟的词(Kolbert,2005)。物种已经开始适应季节以及季节时间的变化,但它们是否能及时地完成适应是摆在我们面前的一个难题。

第二章　对季节变化的适应

没有什么比春、夏、秋、冬诸季节，
更能给人带来快乐。

——布朗尼（William Browne），

《差异》（*Variety*，1630）

　　加拿大东部的冬天很冷，鹅及很多动物预料到恶劣天气的到来，都已迁徙离开，但狼（*Canis lupus*）留了下来。狼拥有一些非凡的适应能力，使得它们能够从容地面对超过50℃的气温跨度——从隆冬的-30℃到盛夏的20℃。狼的皮毛在天气冷的时候呈白色，天气热的时候呈红色或黑色，一般情况下则呈灰色。在夏季，它会脱掉大部分皮毛，以使自己保持凉爽，奔跑起来也不会过热。到了冬季，当狼站在-30℃的雪地上时，它既要防止脚不被冻伤，也要避免从脚掌上丧失过多的热量。因此，它将脚掌的温度降到接近0℃，这足以防止冻伤，并能保持其核心体温为38℃。鉴于狼能将身体的不同部位保持在不同温度，加拿大生物学家莫索夫斯基（Nicholas Mrosovsky）指出，这种差异性温度调控"防止了四肢组织被冻僵并且最小化了热的损失。局域热调控是通过适当的血管特化使得温暖的血液能到达最需要的地方而完成的"（Mros-ovsky，1990）。

驯鹿有一种不寻常的生理机制来对付极区的极端光线环境：在夏季和冬季改变眼球颜色和结构。斯托坎（Karl-Arne Stokkan）是一位任职于挪威特罗姆瑟大学的北极生物学家，同时，他还是调查拉普兰（斯堪的纳维亚北部）驯鹿的英国–挪威联合调查队的队长。他发现，驯鹿的眼睛在冬天呈深蓝色，在夏天则呈黄色。这种现象在哺乳动物中从未被记录过。斯托坎指出："这种差异暗示，驯鹿通过季节性地改变视觉来适应当时的光线条件。"（私人通信）

我们在冷的时候会蜷缩在被子里，类似地，北极狐、河狸等一些动物会挖出相互连接的地道，以便它们能够蜷缩在一起取暖。在迥异的条件下，狐獴靠吃一些难吃的食物，花更多时间待在地道里来度过沙漠里又冷又干的冬天。

动植物们发展出非常复杂缜密的手段来适应极端的环境，但这往往使它们的地理分布受到限制。生活在北冰洋冰冷海水里的鱼一到温度高至10—20℃的水里就会死亡，热带鱼在低至10—15℃的水中无法存活。反映温度差异对地理分布有影响的一个经典例子是蛙属（*Rana*）中蛙的地理分布：在4种北美蛙种中，分布在最北边的是最耐寒的，分布在最南边的是最不耐寒的（Moore，1939）。

植物固守着它们生长的地方，因此，它们不得不适应当地随季节而来的温度和降水变化。但植物可不会无助地任由环境摆布，它们能预料到危险的来临。比如，尽管气孔（叶片上的孔隙）在一天中的开放和闭合基本上由昼夜节律控制，但是，一旦植物根部察觉到土壤干燥，气孔就会在到达叶片的水量有所改变之前开始闭合。其中的机制可能是，一种可以传达到叶子的化学信号导致了气孔在植物遭遇缺水之前闭合（Zhang *et al.*, 1987）。植物还拥有一系列探测光照、重力、化学物质、捕食者、害虫以及振动的感受装备。

在高纬度地区，秋季白天的缩短作为一种季节信号用以触发芽休眠和植物的耐寒性，这些反应能够帮助植物度过严冬。其他生存策略还包括形成鳞茎或块茎之类的储存器官。植物精心安排萌发的时机，以保证细嫩的幼芽萌发之时，最严酷的天气已经过去。对一些植物来说，炎热和寒冷一样可怕，夏季温度太高会不利于生存。一些沙漠植物的芽休眠是由昼长变长而触发的，这是一种对抗高温的保护机制。在非常炎热的天气下，蜗牛会长时间将自己封闭在壳里并降低代谢率。这种通常伴随着代谢率降低、对炎热天气的持续适应性反应，被称为"夏蛰"（aestivation）。

如今，考虑动植物的整个生活周期正成为生物学研究的一个新趋势，作为其中的一部分，人们对生物如何适应季节变化的理解也正日益深入。阿瑟（Wallace Arthur）在他的《偏差的胚胎与进化》（*Biased Embryos and Evolution*）一书中指出，我们不应该把动物简单地看成一个处在某个狭窄、特定阶段的个体，而要考虑到受精卵、胚胎、幼体、蛹、胎儿、青少年、成年和老年等一系列阶段。生活周期中的所有这些阶段都会受到突变、发育差异和自然选择的影响（Arthur, 2004）。对于研究季节变化的学者来说，这才是最核心的问题，因为生活周期在本质上是生物在规则变化的环境中生存和繁衍的方式。所有那些年复一年辛苦收集到的生活周期数据都十分珍贵。对整个生物体及其生活周期的研究正成为重要课题。约翰·邦纳（John Tyler Bonner），这位87岁高龄时还在发表论文的生物学界"长者"早在30多年前就作了极佳概括："生物体并不拥有生活周期，它们本身就是生活周期。"（Bonner, 1974）

生活周期与环境的同步可能要非常精确，否则，几天之差就会是生死之别。生殖和生长的时机尤其会经受很强的自然选择,因为一年之中往往只有很短的一段时间是条件适合的。这些条件不仅包括降雨和气温,还包括整个生态系统。在这些多级营养系统中,适宜条件出现的时期很大程度上是由该系统中最底层生物的生长、繁殖时期决定的。那些处于较上层的生物必须以较下层生物的消长来设定活动时间。

这种季节定时的巧妙平衡在菲瑟(Marcel Visser)和他在荷兰生态研究所的同事研究的所谓"植物–昆虫–鸟类"三角关系中被反映得淋漓尽致。多年以来,他们观察了荷兰阿纳姆橡树林中的树、蛾、鸟间的博弈。

冬尺蛾(Operophtera brumata)是一种北欧的害虫,且在北美日益猖獗。当冬尺蛾还是绿色的毛虫时,它喜好咀嚼树叶和嫩芽,尤其是苹果树和樱桃树的,但基本上只要是落叶树就行,它对一种名为夏栎(Quercus robur)的橡树树叶情有独钟。成年冬尺蛾通常在11月下旬从土壤中爬出,一直活跃至次年1月。雄性冬尺蛾有两对翅膀,雌性没有翅膀因而不能飞。雌蛾释放出一种信息素吸引成群的雄蛾来交配。交配完成后,雌蛾爬上橡树,在树干、树枝等处的树皮的裂缝中及树皮下产下大量的卵。然后,成蛾死去,蛾卵度过冬天。

春天,赶在这些橡树正要抽芽长叶之前,蛾卵孵化了。毛虫贪婪地吃上4—8个星期之后,它们吐出丝来使自己降到森林的地面,并进入大地,成群地变成蛹。这些蛹一直在土壤中待到11月下旬时再变成蛾出现。

菲瑟从前人采集的记录中得知,毛虫必须几乎在树叶抽芽的同时孵化。如果孵化提早大概5天,它就会饿死;如果推迟两周,它也会饿死,因为此时橡树叶里充满了不能吃的鞣质。孵化过早或过晚都会引起化蛹时体重过轻或幼虫期过长,以致它们被天敌吃掉的可能性增高。同时,也会有更大的危险沦为寄生蝇(*Cyzenis albicans*)的受害者。寄生蝇在成长中的毛虫附近的树芽里产下数以百计的卵,那些在享用树芽的同时吃下这些寄生卵的毛虫将因此无法变成蛹。寄生卵在毛虫体内孵化为幼虫并以毛虫身体为食,待幼虫逐渐长成寄生蝇之后再去祸害别的冬尺蛾毛虫。寄生蝇依赖冬尺蛾孵化,所以,如果冬尺蛾都死了,寄生蝇的数量就会随之下降。

橡树叶芽的抽芽时间是由冬季和早春的气温共同决定的。由于每年的气温都有所不同,冬尺蛾的卵就需要一些环境线索来提示它们孵化,以达到与树叶抽芽保持同步。研究表明,冬季和春季的霜日(0℃以下)的天数及3.9℃以上的天数,而不仅仅是平均气温,决定了蛾卵的孵化(Visser & Holleman,2001)。

大山雀(*Parus major*)对冬尺蛾生活周期的时间安排了如指掌。大山雀通常是一窝孵出,而且一年只繁殖一次,因此它们格外珍惜这次机会。对于刚孵出的幼雀,没有什么食物比富含蛋白质的冬尺蛾毛虫更好的了。大山雀一窝能有8—9只幼雀,每只一天吃大约70条毛虫,约占它们食物摄入量的90%。大山雀蛋大约需要18天才能孵化出来,因此为了尽可能多地享用毛虫,把握时机至关重要。如果冬尺蛾和大山雀都算准了时机,毛虫就会在正确的时间出现:它们能暴吃新鲜的橡树叶,并且它们的数量会在幼雀嗷嗷待哺时达到峰值。如果大山雀的父母稍有来迟,或者说毛虫稍有提早,幼雀会在毛虫数量的峰值已经过去后孵化,以至于食物不够充足。在这种情况下,真所谓,早起的鸟儿有虫吃。

在过去的20年中,阿纳姆春天的气温逐渐上升,其结果是严重的时间错乱。如今,橡树比20年前提前10天抽芽,毛虫则早15天孵化,比橡树还早了5天。其实早在1985年,毛虫就已经比橡树抽芽早几天孵化了,所以现在,毛虫平均得饿上8天。而大山雀的生物钟还没能赶上它们的猎物。

大山雀的生殖时间还是表现得比较有弹性的,这意味着它们能根据变化的环境做一定的调整,即在温暖的春天早一些时候下蛋。但繁殖是复杂的,不只是下蛋那么简单。这些鸟儿在孵蛋期主要在欧洲落叶松(*Larix decidua*)和毛桦(*Betula pubescens*)树林里吃昆虫、蜘蛛和树芽,但在养育幼雀的时候主要在橡树林中觅食。落叶松和桦树抽芽不像橡树那么依赖于温度,它们的抽芽时间在23年内没有提前过。因此,与用于养育幼雀的觅食时机比较起来,用于下蛋的觅食时机并没提前多少。更何况,即便鸟儿在毛虫开始发育的同时下蛋,更温暖的温度仍然会诱导毛虫发育加速,幼雀仍然会在毛虫数量达到峰值后才破壳而出(Visser *et al.*, 1998)。

鸟儿能减少一窝蛋的数量、缩短下第一只蛋和开始孵化之间的时间,或减少孵化期的持续时间,从而缩短下蛋与孵化间的间隔时间。然而,在23年中,阿纳姆大山雀繁殖时间的提前并没有赶上幼雀食物高峰的提前。这种时间错配意味着,即便动物们能快速作出响应,气候变化对繁殖季节各个部分的影响也不总是均匀的,条件限制和环境信号可能无法与作用在繁殖时期的自然选择压力同步变化。

经过数千年的进化,橡树、冬尺蛾和大山雀已经很大程度上通过温度信号将它们的生活周期同步化。但自1980年以来,由于日益上升的气温将各种信号解耦,旧的规则已经不再适用(Grossman, 2004)。一旦有什么事情搅乱了时机,正如在阿纳姆橡树林里发生的那样,连接各个物种的链条就会断裂,整个生态网络就会崩溃(Visser & Holleman, 2001)。

在阿纳姆,真实情况似乎是,大山雀的繁殖时间每年都有所提前,而毛虫出现的提前却比之快3倍。但是，牛津的鸟儿们似乎反应得更快些。一项对牛津附近怀特姆森林繁殖地里的大山雀行为的长期记录表明，它们已经调整了行为，较50年前记录开始时，它们现在下蛋的时间提前了大约2周。

这种变化发生得太快了，因而不可能完全由进化压力造成。负责该项研究的牛津大学的谢尔登（Ben Sheldon）说："全靠进化你会晚一步，因为进化总是得等上一代或好几代才会起作用。进化不可能跟得那么紧。"（Charmantier *et al.*, 2008）正是怀特姆森林大山雀的可塑性使得它们能够调整繁殖期，其结果是最大化了幼雀的存活机会。

英国的鸟儿目前表现得还不错，可是随着气温继续上升，鸟儿们通过可塑性进行调整的能力可能会达到极限，那时，它们中的许多就会被自然选择杀死。菲瑟说：

> 显然，牛津的鸟儿有足够的可塑性来适应气候变化。区别可能在于牛津早春和晚春都热了起来，而在荷兰，早春并没有热多少。因此鸟儿们似乎在遵循一个规律："热的年份就早些孵蛋。"只是，这个规律在荷兰用处不大……但碰巧在牛津的鸟儿身上发挥了作用（Inman, 2008）。

来自荷兰和英国的研究组正在合作，试图搞清楚到底哪种情况是正常的，哪种是特例。

并不是所有动物都能像怀特姆森林的大山雀一样成功。北美林柳莺（*Parulidae sp.*）就没能调整它们的迁徙模式来适应它们繁殖地毛虫的过早出现（Strode, 2003）。蜂鹰（*Pernis apivorus*）也没能适应供它们捕食的黄蜂的过早出现（Visser & Both, 2005）。赤蛱蝶（*Vanessa atalanta*）正从它们北非的越冬地更早地到达英国的海岸，而它们幼虫的主食——刺荨麻，仍旧每年在同样的时间开花。

菲瑟的研究组一直在研究斑姬鹟(*Ficedula hypoleuca*),它们同样在阿纳姆的橡树林里下蛋,并以冬尺蛾毛虫为食养育后代。斑姬鹟在西非10°N干燥的赤道森林里过冬,然后在欧洲温带森林中繁殖。尽管在1980—2000年,当斑姬鹟到达并开始繁育时(4月16日至5月15日),当地的温度有了显著的上升,但它们并没有将到达繁殖地的时间提前。不过,它们已经把平均的下蛋日期提前了10天(Both & Visser,2001)。

斑姬鹟春季迁徙的时间是当它们还在离阿纳姆4500千米之遥的西非时,被它们内禀的并由昼长调节的年度节律钟所启动的(Gwinner,1989)。尽管斑姬鹟能通过缩短下蛋的过程以应对春季早期的自然条件的变化,但在过去的20年里,不断提前的温度上升给它们只留下很小的调整余地。现在,它们种群中的很多个体下蛋太晚,以至于无法利用昆虫数量的峰值。在过去的20年中,这种打乱了的时间及其引起的食物短缺,已经导致在食物过早繁盛地区的斑姬鹟数量下降了90%(Both *et al.*,2004)。

其他候鸟的数量可能会同样下降。如果提示迁徙的信号与繁殖地的环境变化是相互独立的,何时开始春季迁徙的决定就会成为不良的适应,而对于长途迁徙者来说,这往往是不可回避的现实。

阿纳姆的橡树、冬尺蛾和大山雀之间的三角关系只是一个简单的食物网。食物网有时会变得极其复杂,尤其是在海洋中。约德齐斯(Peter Yodzis)调查了一个由29个物种组成的食物网以判断减少非澳海狮(*Arctocephalus pusillus pusillus*)是否会增加鳕鱼(*Merluccius* spp.)的生物量,结果发现,这些物种的相互依存关系是如此复杂,即便只考虑那些仅有8次链接的路径,仍有28 722 675种不同的路径(相同物种不会两次经过相同路径)可以经由海狮到达鳕鱼(Yodzis,2000)。他得出了与直觉相反的结论:削减非澳海狮对像鳕鱼这样的商业鱼类可能弊大于利。

非澳海狮生活在非洲西南海岸的海域中。该地区属于本格拉生态系统,海中的浮游植物每年季节性地涌现,支撑了当地的渔业。一只非澳海狮每年大约吃掉与它体重相当的鳕鱼。因此,常识告诉我们,经常定量捕杀海狮以减少它们的生物量,能给渔业每年带来等量的鳕鱼生物量的增加,但事实并非如此。

海狮不仅吃鳕鱼,它们也吃鳕鱼的食物、捕食者和竞争者。而其中的各个物种同时又是其他物种的捕食者或被捕食者。因此,将这些相互作用都考虑在内之后,看上去简单的事情反而变得极其复杂。

所有海洋中的食物网,包括海狮和鳕鱼所在的食物网,都是建立在浮游植物的基础上的。浮游植物处于营养级的最底层,它们的生物量随季节变化而涨落。这些数量达上千亿的微小浮游植物——主要是单细胞藻类——承担了世界上主要的光合作用任务,产生了地球上大约50%的游离态氧气。

浮游植物给海洋带来了绿色。在浮游植物少的海域,比如马尾藻海,海水是深蓝色的。相比之下,沿海一带的海水因富含浮游植物而呈现绿色。浮游植物虽生命短暂,但它们每年的总质量超过了所有陆地生物每年增长量的总和。它们构成了海洋食物网的基础,占据全球生物量的90%。

很小的浮游植物被那些名为一类浮游动物的几乎同样小的动物吃掉。稍微大些的二类浮游动物吃一类浮游动物。鳀鱼之类的小鱼和甲壳动物吃二类浮游动物。它们又被更大的鱼和哺乳动物,如鲨鱼、海豚、海豹和逆戟鲸吃掉。在海洋中,所有动物都从浮游植物那里直接或间接地获得了营养和能量。随着浮游植物的数量季节性大量增加,浮游动物、鱼类和海洋哺乳动物的数量也会增加。如果浮游植物数量衰减,所有依赖于它们的生物也会遭殃。一个基本规律是,在食物网中,我们每向上一级,生物量就下降90%。因此,一类浮游动物生物量只有浮游植物的10%,二类浮游动物只有一类浮游动物的10%,依次逐级类推。浮游植物的产量和绝对质量为整个食物网的大小设置了上限。

浮游植物在充足的阳光和养分中能快速生长繁殖。海水中的养分上涌是由海面上的风造成的。陆地与海水间不同的热学性质导致风向在冬夏两季发生180°的转变。由于陆地比海水热容小,因此在夏季陆地比海洋热得快,陆地上的空气被加热后上升,从而吸引风从海洋上吹过来;在冬季,陆地比海洋降温显著,海洋上温暖的空气上升,使得风从陆地吹向海洋。在前一种情况下,海水向海岸线靠拢;而在后一种情况下,海水被吹离岸边。风吹过海面,带动表面的海水流动。当表面的海水离开一个区域,它背后留下的"空洞"就会被海面以下深于50米、寒冷且富含养分的海水上涌填充。在春季转入夏季的时候,浮游植物已经大量地消耗掉了海水表面的养分。当夏天真正到来时,浮游植物纷纷死去,带着它们曾获取的养分沉入海底。这时表面海水的养分已所剩无几。在天气转冷的秋季,有限的垂直方向的搅拌会将海底的养分带上来一些。冬天降临时,强风和低温又造成强烈的混合。通常来说,当养分在海洋表面充足时,它在更深的海水里是不够的,反之亦然。

养分的繁盛可能只是昙花一现,往往只有几天,有时也能维持几个星期,但影响能覆盖数百平方千米的海域。在美国缅因湾,春秋两季的繁盛每年定期发生,小一点的繁盛在一年中的其他时间也能被探测到。

在本格拉,养分上涌通常发生在6月。按照当地说法,正好在最后一株芦荟开过花以后。在那时,南大西洋冰冷的洋流北上,带来数以百万计的远东拟沙丁鱼(*Sardinops sagax*)。沙丁鱼生活在14—20℃的海水中,以浮游动植物为食。成年沙丁鱼在两岁时能长到18—20厘米长。在春夏季,它们在海岸角以南的厄加勒斯浅滩聚集并产卵。受精后的鱼卵随着洋流向西、向北,漂到西海岸附近养分上涌的海域。这里有充足的浮游生物,幼鱼在此地成熟、发育,长大后又成群地向南迁徙,回到厄加勒斯浅滩去完成它们的生活周期。

在冬季的6月、7月,较冷的海水沿着海岸角向东边的圣约翰斯港移动,有效地扩展了适宜沙丁鱼生存的区域。圣约翰斯港向北流动的冰冷洋流与向南流动的厄加勒斯洋流形成对流,海水朝岸上涌动,进一步向北方带来了大量的沙丁鱼群,即传统称谓的"沙丁鱼潮"(Aitken,2004)。

这种较冷的朝岸上流动的海水对"鱼潮"至关重要。如果海水太热(超过20℃),沙丁鱼就会留在南部较冷的海水中,或者继续向北离岸游到更深的海水中。在南部海域里生活的沙丁鱼中只有2%会游向北方,因此这并非真正意义上的迁徙。沙丁鱼并不为了觅食或繁殖而洄游,它们不过是因为数量太多而形成了长达5千米的鱼群。形成沙丁鱼潮实质上是沙丁鱼的被动行为,在数月之内,它们跟着密集的食物随波逐流,扩展了它们分布的地理范围。

海豚、鲨鱼、海豹、鲸、海龟、信天翁、海燕、塘鹅,甚至非洲企鹅都将它们的行为与季节性的本格拉养分上涌保持同步,不失时机地涌向特兰斯凯和夸祖卢-纳塔尔地区的海岸。对捕食者来说,沙丁鱼是名副其实的盛宴,它们受到鱼类、哺乳类、鸟类的上下夹击,完全是遭受着疯狂追击的命运悲惨的"食物球"。

开普塘鹅不断地俯冲入海来捕食沙丁鱼。它们对沙丁鱼潮是如此敏感,可能是预定好了繁殖时间,使它们的幼鸟在这时正好羽翼丰满,得以在生命中关键的学习阶段接触到丰富的食物,从而增加存活概率(Aitken,2004)。

但研究这些季节性活动并非易事。我们在对塘鹅、飞蛾、捕蝇鹟在预期季节性活动中表现出的惊人的准确性日益了解的同时，也不得不承认对年度节律机制的认识进展得非常缓慢。弗吉尼亚大学的梅纳克（Michael Menaker）曾指出，研究年度节律的主要困难是因年度节律周期长度与科学家科研生涯长度的比例造成的。一个研究昼夜节律的生物学家做两周（14天）的实验，研究年度节律的生物学家要做14年。

这使得年度节律成为一个艰难的研究领域。伯明翰大学的布兰德斯泰特（Roland Brandstaetter）在为他导师写的悼词中，强调了梅纳克的观点：

> 埃伯哈德·格温纳进行了一系列独特的实验，如将鸟在恒定的12小时光照的条件下饲养多年。他从不间断地定期采集各类行为参数和生理学参数。不管身处何处、在做什么，他的日记里总安排好了何时应该回研究所查看那些鸟的生殖腺大小、换羽、体重等。1967年，他首次描述了在他观测了3年的一种小型迁徙鸣禽——欧柳莺中存在着内禀的年度性节律（Brandstaetter & Krebs，2004）。

接下来的数十年中，格温纳揭示了包括紫翅椋鸟（*Sturnus vulgaris*）在内的几种鸟类生殖、换羽、迁徙兴奋的年度节律。当紫翅椋鸟在恒定的11小时光照接着11小时黑暗的昼夜周期（LD 11∶11）下生活了4年多后，它们的睾丸大小出现了规则的年度变化，尽管这个周期更接近10个月而非12个月（Gwinner，1986）。此外，他还在黑喉石䳭（*Saxicola torquata*）中发现了持续10年以上的年度生殖周期（Gwinner，1996b）。对格温纳而言，一个核心问题是搞清楚内禀节律与光周期是如何相互作用以正确地预测季节时间的，关键目标是使我们对年度节律的理解达到对昼夜节律理解的程度。

所有多细胞生物,以及一些单细胞生物,都具有一种基本特性相同的昼夜节律,这个事实本身就暗示着,这种判断时间、能预测随之而来的变化的能力对大多数生物来说是极为有益的。生物需要将它们的活动与周围的世界同步,同时要控制体内各种过程的时机,使之正确有序地发生。尽管昼夜节律的分子机制细节在自然界中存在差异——这暗示着昼夜节律在动物、植物、真菌、蓝细菌的进化中曾出现多次——但基本原理是一样的(Foster & Kreitzman,2004)。

昼夜节律钟能有效地"告诉"生物体一天中的时间。比如,把一只蜚蠊(Periplaneta,俗称蟑螂)放进一个与之大小一致的转轮里,再把这个转轮单独放置在一个环境保持恒定的箱子中,在为它提供食物和水的情况下,亮灯12小时后熄灯12小时(LD 12:12)。结果,它每天的大部分活动都发生在灯暗后最初的2—3个小时内。这可能只是蟑螂简单地对光照作出的反应:当灯光在12小时后熄灭时,它察觉到光线的变化后立刻开始活跃一段时间,然后又恢复平静。正如已逝的布雷迪(John Brady)所写:"这个发现就跟每24小时敲一次笼子把蟑螂惊醒一样无趣。"(Brady,1979)但当我们关上灯,把蟑螂置于持续的黑暗之中时,蟑螂仍旧在头2—3小时有一系列活动,而且,每24小时左右就会发生一次。这种情况会一天天重复下去。也就是说,即便在完全黑暗的条件下,蟑螂仍能将时间划分为主观的"白天"和"晚上",预期在野外情况下黑夜的降临。用科学术语来说,当蟑螂处于恒定或非周期性的环境中(恒定的温度和照明)时,它每天的周期性在未受外界驱动因素的影响时仍能够无限制地持续下去。这才是真正令人兴奋的发现。很明显,即使在不变的条件下,比如全黑暗,仍有一个内禀的钟以24小时左右的周期在运转。

其实,周期并不正好是24小时,对蟑螂而言,这个时间更接近24.5

小时,因此,在全黑暗的条件下,蟑螂每天都会晚半个小时开始它主观上的白天。这种漂移就像一个跑得稍慢或稍快、总是需要调整的老爷钟。从模拟每天日升日落的光暗周期中释放出来后,蟑螂的节律以稍微长于太阳活动周期的周期"自由运转"。这种自由运转节律每天都会被严格等于24小时的太阳活动产生的光暗周期牵引,并达到与之同步。对大多数生物来说,光照是使它们的节律机制与黎明及黄昏保持同步的主要授时因子(Zeitgeber)。

蟑螂的生物钟体现出昼夜节律的所有关键特征:它们在恒定条件下表现出接近但不完全等于24小时的自由运转节律;这个自由运转节律能被外界的授时因子牵引为周期正好为24小时;就像所有运作良好的钟,这种节律是温度补偿的(Foster & Kreitzman,2004)。同样,内禀的年度生物钟也有相似的特点:在恒定情况下,它有一个接近一年的周期并且自由运转;它能被例如日照时间(日照周期)之类的环境授时因子牵引;在大多数情况下,它是呈温度补偿式的。

但就我们现有的认识而言,年度节律与昼夜节律的相似性似乎仅此而已。对年度节律机制的探索一直都很艰难,但我们现在对它的所在、它的构成及其如何工作已经有了大致的了解。我们对昼夜节律中的各种分子过程已经有了广泛的了解。这些分子过程使得各类蛋白质的含量近24小时的消长节律能被每天早晚的光线信号牵引和维持,达到与太阳同期同步。对于昼夜节律来说,我们离完整版的故事还有很大距离,但至少我们已经提出了一个可能的机制。而被埃伯哈德·格温纳和加拿大生物学家彭杰利(Ted Pengelley)发现的年度节律就无法同日而语了。但不管怎样,我们已经揭示了年度节律中的一些机制。动植物如何知道一年中的时间将是以下4章讨论的主题。

第三章　植物对季节变化的预测

栽种有时,拔出所栽种的也有时。

《圣经·传道书》(Ecclesiastes)

　　本章的初稿是在2007年初完成的,那时英国的报纸和电视充斥着关于气候变化如何给动植物带来极大混乱的报道。在英格兰北部,早春开花的雪花莲和榛树在该开花时都已谢了,而本该晚春开花的金雀花也开得不同寻常地早。

　　在整个北半球,紫丁香和金银花都比它们在半个世纪前早大约一个星期开花。在美国佛蒙特州,历史上采集枫树糖浆的时间总是在3月中旬到4月中旬之间,但随着晚冬和早春的气温逐渐升高,现在糖浆采集已经提前到了2月中旬(Banks,2006)。

　　在一项大规模的研究中,科研人员分析了欧洲1971—2000年125 000份记录和观测数据,结果发现,30年来,欧洲21个国家的542种植物中,有78%长叶、开花、结果的时间都提前了(其中30%显著提前),相比之下,仅有3%显著推后了。在欧洲,春夏季的到来平均每10年提前2.5天(Menzel *et al.*,2006)。英国的父子组合理查德·菲特(Richard

Fitter）和阿利斯泰尔·菲特（Alistair Fitter）发现，在牛津附近，16%的植物在20世纪90年代开花的时间比过去提前了，平均每10年提前15天（Fitter & Fitter，2002）。

自古以来农民、花匠和园艺家就知道，如果植物把时间搞错了，那么它们成功繁殖的机会将微乎其微。英国2007年3月末的那个短暂寒潮，不仅威胁到那些提早数周开花的植物，还殃及蜜蜂、蝴蝶和那些随着气温上升而从休眠中醒来的动物。

植物是固定的，它们不能通过迁徙或者钻洞来逃避每年季节变化带来的影响。它们必须调整自身的生活周期、结构和生理特点，以达到最好的生存和繁殖状态。它们尤其需要将发育阶段与季节进行同步化，以使自己能够有效地"知道"何时开花、何时发芽、何时产生种子，以及何时进入休眠。

在温和的气候下，通过对诸如湿度和气温这样可变的环境信号作简单的响应来和季节变化保持同步是有一定危险性的。一个温暖的1月或2月可能跟着一个3月的寒潮。植物很容易被一个短暂的高温期"欺骗"。尽管对一些植物而言，第一个开花有选择性优势，因为周围的竞争会少些，但这样做会有高风险。

到目前为止，季节条件的变化时间还算比较一致并可预测，很多植物能有效地利用这个日历来"掌握"一年中的时间，从而决定什么时间做什么事情。这些植物都有物种特异的临界光照时间。这个时间在一些植物如金盏菊（*Calendula officinalis*）中可能会短到6.5个小时，而对牵牛（*Ipomoea nil*）来说，它又会长到16个小时。金盏菊只在光照长于6.5小时的条件下开花，而牵牛只在日照短于16小时时才开花。

通过正确地预测季节变化，落叶树能确定它们抽芽的时间以降低遭受晚霜的危险，同时也要保证抽芽不要滞后太久甚至延迟到夏天。

这样才能确保它们每年用于光合作用的时间不受影响。当然,要做到如此实用,这些日历必须与昼夜及季节变化中可靠的自然标志相同步。对于植物是如何做到这点的,人们已经研究了两百多年,所有这些都是从昼夜节律的研究入手的。无处不在的内禀昼夜节律使得生物能够"知道"一天中的时间,以便预期一天之中诸如温度、湿度、降水、紫外线辐射、风力,以及可见光的光强、光谱分布及光照时间等环境变量的涨落。

　　第一个对这个现象进行科学调查的是法国天文学家迪马伦(Jean Jacques d'Ortous de Mairan)。他对地球自转很感兴趣,想要搞清楚植物的叶片白天竖直晚上低垂这个过程为什么与地球自转造成的昼夜光照变化同步。1729年,他把一株含羞草(*Mimosa pudica*)放在一个纸箱里,然后在不同的时间向里窥视。尽管这植物始终处在黑暗的环境中,它的叶片仍旧有节律地张开、收拢,仿佛它有自己对白天和晚上的意识:叶片会在主观晚上时垂下,并在主观白天时竖起(de Mairan, 1729)。迪马伦已在不经意间发现了第一个由内禀分子钟驱动的昼夜节律。关于内禀分子钟,根本的一点是,它们是内源性的,并以接近24小时的周期运转。通过基因及其蛋白产物构成的复杂反馈回路,一系列"节律"基因有效地产生了周期接近24小时、但又不正好是24小时的节律。植物中的昼夜节律控制着很多日常过程,包括叶片和花瓣的运动、气孔的开闭、用来吸引传粉者的香味的产生和释放,以及一系列代谢活动,特别是与光合作用相关的代谢活动。

　　把植物置于持续光照或持续黑暗的条件下时,它们的昼夜节律会开始漂移,或说自由运转。在自然界中,地球自转造成了昼夜光线明暗交替,该光信号牵引植物的内禀生物钟不断与昼夜变化同步。这就像按照收音机里的准点报时来调准你的手表。其结果是,动植物能预测日常事件,以及下面我们将看到的年度事件,并能相应地采取行动。

受光照牵引的生物钟能影响季节周期,比如年初绽放的山茶花(*Camellia* spp.)和年末飘香的菊花(*Chrysanthemum* spp.)等植物的开花。但是,有些植物的开花似乎和日照时间无关。比如,春季的气温是影响紫丁香(*Syringa vulgaris*)花蕾发育和开花的关键因素。触发休眠以及对春季气温作出反应的因子位于树枝的尖端。如果观察一枝靠近温暖的朝南墙壁的紫丁香树枝,会发现它肯定比同一植株上另一枝离墙较远的树枝在春天早开花。艾略特(T. S. Eliot)在他的《荒原》(*The Waste Land*)中这样描述紫丁香:

> 四月是最残忍的月份
>
> 紫丁香在死寂的土地上挣扎
>
> 怀着记忆和梦想
>
> 春雨在枯根上浇灌

现在牛津大学的麦克沃特斯(Harriet McWatters)不禁要问:"将来《荒原》的注解是否要考虑到气候变化呢?"(个人通信)

不同植物在不同时间繁殖会有相当大的选择优势。这种"互补性"使得很多物种得以共存,因为这样避免了不同物种在同一时间段竞争空间、光照、土壤养分等有限的资源。所以,野草倾向于在生长季节早期开花,而野花会开得晚些。在同一区域的同一种植物倾向于在每年的同一时刻开花,哪怕它们的生长可能始于不同的时刻,因为一起开花能促进相互传粉。

在同一物种或不同物种的植物个体间协调这种复杂的日常和年度环境,需要一个可靠的标志。既然昼长的变化每年都遵循一种可预测的规律,它理应可以成为这些季节性事件的一个显著标志。紧跟昼夜消长而产生的光周期响应,可以标识季节的变迁。可为了达到这个看似一目了然的认识,科学上曾经有过长时间的争论,而其中细节目前还在研究中。

在过去两百年的大部分时间里,植物学领域的重要发现都集中在阐明植物如何生长上,这使我们认识到植物是通过光合作用得以生长的。光合作用使得植物能捕获太阳光中的能量,用于将二氧化碳和水转换为糖类(如葡萄糖)和氧气(图3.1)。

$$\underset{\text{水}}{\overset{\text{二氧化碳}}{6CO_2 + 12H_2O}} + 太阳光 \xrightarrow{\text{叶绿素}} \underset{\text{葡萄糖}}{C_6H_{12}O_6} + \overset{\text{氧}}{6O_2} + 6H_2O$$

图3.1 光合作用是植物、一些细菌和一些原生生物利用太阳能产生所有生物都可利用的"燃料"——糖类(细胞经呼吸作用将其转化为ATP)的生化过程。光合作用是一个复杂的反应,包括光反应(依赖光)和暗反应(不依赖光)两个阶段。太阳能转化为可利用的化学能这一过程是由叶绿素驱动的。

在20世纪早期,美国政府曾对农业研究投入大量资金,这是因为大规模的人口增长、增加出口及降低农业成本的需求,对美国农业生产率造成了巨大压力。大家把希望寄于通过培养更大更好的植物来提高农业生产率。在20世纪初,马里兰种植烟草的农民因发现了一种新的烟草变种而欢欣鼓舞。这些巨型烟草能长到4.5米高,伸展出近百片叶子,无论在高度还是叶片数目上都两倍于普通的花烟草(*Nicotiana alata*)。这在产量上可以说是惊人的。可是这个被冠名"马里兰巨象"的烟草却有令人生厌的一面:它不知道何时应该停止长叶、何时开花结籽,只知道傻乎乎一个劲儿地生长到夏季和秋季,最终被寒霜冻死。马里兰巨象烟草在马里兰很少开花,在田里也从未结籽传代。这种植物似乎根本不知道什么时候该做什么。

唯一能延续这种植物的方法是在秋天将它的茎移植到温室里等待它结籽,因为甚至使其"挨饿"也无法抑制生长、促进开花。这不是营养方面的问题，而是发育时机出了问题。而且，这个难题不是烟草植物特有的。大豆（*Glycine max*）不能在明尼苏达州生长，因为它开花的时候，已经变冷的天气会很快把它们都冻死。马里兰的农民可以种植大豆，但当他们想错开收割时间来更好地安排工作、更有效地利用劳力和机械时，却遇到了困难。他们试着按两周的时间间隔种植大豆，但不管何时种下，大豆总会几乎同时开花，同时需要被收割。

　　有关马里兰巨象烟草和大豆的问题被递交给了两位植物生理学家阿拉德（Henry Ardell Allard）和加纳（Wightman Wells Garner），他们当时受雇于美国农业部，在弗吉尼亚州的阿灵顿研究农场工作。两人在职工餐厅——现在五角大楼的所在地——吃午餐时讨论了这个问题（Sage，1992）。当时相关的科学文献很少，只知道在19世纪中期曾有人提出，日照时间可能会影响开花，到了20世纪初，又知道了光的强度、波长、照射时间都应该考虑在内。图尔努瓦（Julien Tournois），一个在"一战"早期战死的法国人，在1910年注意到，在冬天他温室里的大麻（*Cannabis sativa*）和葎草（*Humulus* spp.）都特别早开花（Tournois，1912）。他意识到这些植物的开花是由光照时间决定的，他甚至断言是延长的夜晚而不是缩短的白天导致了开花。

　　但所有文献都止于趣闻轶事式的观察，人们真正需要的是设计合理的实验来测试猜想。为了研究他们的问题，加纳和阿拉德在室外种植了马兰里巨象烟草和大豆，在一天中的不同时间，他们将这些植物搬到密封避光的暗棚里，并在第二天早晨再将它们搬回室外和对照组放在一起，日复一日直到它们开花。通过有效地缩短光照时间，他们使烟草的开花时间提前了3个月，大豆提前了5周（Garner & Allard，1920）。这是一个简单实验，却为现代价值数十亿美元的园艺业打下了基础，同时极大地推动了农业的发展。

　　他们将像大豆这样在秋天开花的植物称为"短日照植物",当昼长逐渐缩短并达到一个物种特异的临界值时,这些植物就会开花。其他一些像大麦(*Hordeum vulgare*)之类在春季或夏季、当昼长增长到一定程度时开花的植物,被称为"长日照植物"。还有一些对光周期不敏感的植物被称为"日中性植物"。马里兰巨象烟草需要不超过12小时的光照才能开花。马里兰州的贝尔茨维尔(后来阿灵顿研究机构搬迁至此)地处40°N,烟草种子通常是在4月、5月昼长大致为14小时时被种植于野外。6月21日后,昼长开始缩短,到9月21日时减少到12个小时,这时马里兰巨象烟草的开花机制被触发,不过此时天气已经变得太冷,植物无法顺利结籽(图3.2)。

　　除了马里兰巨象烟草和大豆,阿拉德和加纳还试验了胡萝卜、莴苣、木槿、紫罗兰、一枝黄花等大量植物。他们的结论很简单,但影响深远:"这些植物所能达到的生长速率和程度,以及开始和完成开花结籽

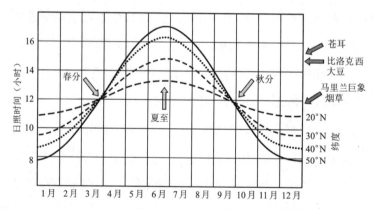

图3.2　全年的昼长因地区纬度而异。图示为20°—50°N昼长的变化。作为参考,温尼伯位于50°N,芝加哥位于40°N,旧金山位于37°N,迈阿密位于26°N。几种短日照植物(马里兰巨象烟草、比洛克西大豆和苍耳)启动开花所需的昼长如图右侧所示(箭头)。由于马里兰巨象烟草需要少于12小时的光周期才能开花,因而它只在秋季开花。这就把这种植物限制在了纬度相对较低的地区,因为在较高纬度地区,秋季开花将意味着它们无法在低温下正常生长到产生种子。

的时间,很大程度上受每天的光照时间影响。"(Garner & Allard, 1920)
他们牢固地建立起了一个基本原理:白天(或夜晚)的时长控制着很多
植物开花的时间。他们称之为光周期现象。关键是,他们的工作揭示
了植物不仅利用太阳光作为光合作用的能源,还利用它提供的信息来
定时。这为理解植物如何通过协调内部生物钟与外界光照环境同步来
判断一天及一年中的时间,提供了重要线索。

很多植物在世界范围内的分布都与光周期密切相关。例如豚草
(Ambrosia spp.),这种短日照植物不会在美国找到,因为它只在昼长短
于14.5小时的时候才开花。这种光照情况在缅因州北部要到8月以后
才可能出现,而此时已经太晚,结下的种子还没成熟到足以抵抗低温
时,第一次霜降已经来临了,所以这种植物在那儿根本活不下去。相对
地,菠菜(Spinacia spp.)这种长日照植物在赤道地区找不到,因为那里
从不会出现足够长的光照时间以诱发开花。马里兰巨象烟草、比洛克
西大豆、菊花等植物,在夏末或初秋昼长缩短时才开花。莴苣(Lactuca
spp.)、菠菜之类的植物在初夏长日照时开花。人工培育的草莓既可以
是长日照植物也可以是短日照植物,因品种而异。"六月结果"草莓在短
日照时开花,可以在深秋或冬季种下,来年春天结果。"常结果"草莓在
长日照下开花,一季可以结果两次以上。像番茄(Lycopersicon spp.)和
蒲公英(Taraxacum spp.)之类的日中性植物,它们以气温作为主要的季
节信号,在霜降以前都可以开花。那些需要特定昼长以诱发从生长期
到繁殖期的转变的植物,被称为"专性光照植物",相对地还有一些植物
不管昼长是否达到临界值都会开花。

很多植物的活动都受到光周期的调控,这包括:苔藓类和开花植物
的生殖结构的发育,花和果实的发育速度,很多草本植物、针叶树及落
叶树的茎的伸长,秋季的落叶和冬季休眠芽的形成,抗霜冻性的形成,

插条上根的形成,地下贮藏器官诸如鳞茎[洋葱等葱类(*Allium* spp.)]、块茎[土豆等茄类(*Solanum* spp.)]和贮藏根[萝卜(*Raphanus* spp.)]等的形成,纤匍枝的发育[草莓(*Fragaria* spp.)],雌雄花或雌雄蕊比例的平衡[尤其是黄瓜(*Cucumis* spp.)],叶子及其他部分的衰老,甚至茉莉花等素馨类(*Jasminum* spp.)所产的精油的数量和质量这种看似不相关的过程。

从加纳和阿拉德的开创性发现至今,已经有数千篇论文发表,试图阐明植物如何测量相对的昼长,并以之为信号来为它们的发育定时。关键的一些问题包括:光线是如何被探测到的,昼长是如何被测量的,开花是如何被激发的。

20世纪30年代的大部分工作都集中在对上文最后一个问题的研究上。苏联科学家柴拉科杨(Mikhael Chailakhyan)提出,存在一种被他称为"成花激素"的化学信号,可以诱导开花。1938年,一位贝尔茨维尔工作的参与者哈姆纳(Karl Hamner)和詹姆斯·邦纳(James Bonner)在针对短日照植物苍耳(*Xanthium* spp.)的研究中发现,成熟的叶片是接收光信号的关键。无叶的植物是无法开花的,于是哈姆纳和邦纳通过裁剪叶片来研究叶片多大时足以诱发开花,结果发现2—3平方厘米就足够了。叶片接收光信号,可花开在植物的顶端,因此植物体内必然以某种方式传递信息。通过嫁接实验他们发现,这种信号不仅能在植物内部传递,还能在不同植物间传递,因此它必然是一种可扩散的物质。这证明了柴拉科杨的假设是正确的。70年之后,经过诸多努力,在位于科隆的马克斯·普朗克学会植物育种研究部,一个由库普兰德(George Coupland)领导的课题组正一步步弄清其中的分子机制(Corbesier & Coupland,2006)。

但哈姆纳和邦纳在1938年的主要发现是,苍耳开花"主要不是对光照时间,而是对黑暗时间的反应"(Hamner & Bonner,1938)。短日照植物事实上是长夜植物。苍耳被置于黑暗条件下超过8.5小时后就会开始开花,这个黑暗期是关键所在。

　　他们得到这个结论的实验设计得简单而又精巧(图3.3)。他们所研究的物种是欧洲苍耳(*Xanthium strumarium*),当光照时间少于15.5小时时,这个物种就会开花。他们认为,如果光照时间是决定因素,那么在任何光照时间短于15小时的光周期下,这些植物都会开花,而超过

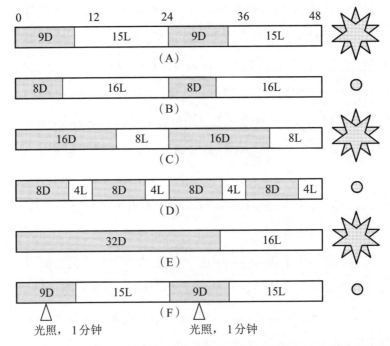

图3.3　哈姆纳和邦纳检测是光照还是黑暗的持续时间决定了欧洲苍耳的开花。他们认为,如果光照期是决定性因素,植物应该在任何光照期短于15小时的情况下开花,并且在光照超过16小时的情况下不开花。相反,如果黑暗期是决定性因素,植物应该在任何黑暗期短于8.5小时的情况下都不开花,而与光照期无关。他们的实验设计如图所示:(A)LD 15∶9 的光周期触发开花;(B)LD 16∶8 的光周期不诱导开花;(C)LD 8∶16 诱导开花;(D)LD 4∶8 不诱导开花;(E)LD 16∶32 诱导开花;(F)9D(受一分钟光照间断干扰)∶15L不诱导开花。哈姆纳和邦纳由这些数据得出结论,开花是由约长于8.5小时的黑暗期触发的。

16个小时,就不会开花;如果黑暗期是关键,那么在任何黑暗时间短于8.5小时的光周期下,它们都不会开花。结果,在16小时黑暗8小时光照的24小时周期下,欧洲苍耳开满了花。在实验中,如果让一些植株经历4小时光照8小时黑暗的12小时周期,另一些植株经历16小时光照32小时黑暗的48小时周期,那么在12小时周期下的植株始终没有开花,而那些在长光照和长黑暗的48小时周期下的植株开了花。

作为最终证据,哈姆纳和邦纳给了一些植株9小时的黑暗期,不过这9个小时又被他们用一分钟的短暂光照打断成为两个4.5小时。结果发现,这个间隔竟足以阻断开花的发生(图3.3)。与此相反,当用短暂黑暗打断光照期则没有任何影响。他们的结论是,开花仅由一个临界时长的黑暗期触发。这意味着开花过程可以在一年中特定的一天发生,只要气温高于21℃。在较低的气温下,则需要几个连续的、超过临界时长的黑暗期。这种温度效应因物种而异:一品红(*Euphorbia pulcherrima*)和圆叶牵牛(*Ipomoea purpurea*)在高温下是短日照植物,在低温下则是长日照植物。

园艺学家们很快就开始利用这个发现,因为他们立刻意识到,与每晚在温室里开上几个小时的灯来缩短夜晚相比,只要照明几分钟就能同样达到加速开花的效果,而后者可省大笔的电费。在20世纪30年代晚期,当时在贝尔茨维尔工作的博思威克(Harry Borthwick)决定,与其像其他人一样研究开花的诱发,倒不如开始一个更有前景的方向,即从另外一个角度出发,研究光信号的接收。

博思威克集中研究了光线在光周期中的作用。他从测量植物的作用光谱开始。这是基于恩格尔曼(Tomas Engelmann)在19世纪晚期首次测量活体细胞中的作用光谱的简单想法。恩格尔曼将一个光谱投射到刚毛藻(*Cladophora*,一种富含叶绿体的丝状水藻)上,通过显微镜观察他发现,需要氧的细菌都聚集到了光谱的蓝色和红色区域(图3.4),在这里叶绿素能够最强烈地吸收光线以产生氧(Hangarter & Gest, 2004)。叶绿素能反射绿色频段的光线,这就是为什么自然界大部分呈现出绿色的原因。

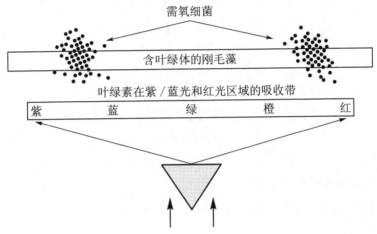

图3.4　恩格尔曼将一段光谱投射到丝状绿藻的叶绿体上,结果发现,需氧细菌都聚集到了叶绿素的吸收光谱区域内。

作用光谱是一张以某生物事件为 y 轴,以光的波长为 x 轴制成的图。吸收光谱图则用以度量在一定波长的光(x 轴)的作用下,某化学物质的光吸收量(y 轴)。如果吸收光谱的形状与作用光谱的形状吻合,我们可以推断,是该化学物质在这个生物事件的光吸收过程中起到作用(图3.5)。

博思威克马上发现,要得到整个植物的作用光谱并非易事。首先光源必须够大够亮才能将辐射均匀地投射到一个大的区域。此外,光强要够强,才能在短时间内产生生理反应。还有就是,光谱纯度得足够高才能产生给定波长的单色光。

于是,他向亨德里克斯(Sterling Hendricks)寻求帮助。亨德里克斯

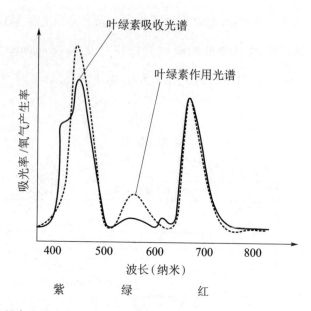

图 3.5 叶绿素的作用光谱和吸收光谱简图。作用光谱和吸收光谱高度吻合,使这个光反应色素的生物化学特性被推断出来。

那时已是传奇式人物:他是一名化学家,鲍林(Linus Pauling)的第一个研究生,还是一个世界级的登山爱好者。他们用一只从芝加哥某滑稽剧院里"解放"出来的巨大照明灯和两个从维多利亚时代就被用于科研的巨大棱镜搭起了实验装置,灯光穿过棱镜,在16米外投射出一个宽达2.2米的光谱(De Quattro,1991)。

他们马上发现,波长在660纳米附近的红光对激发植物中的季节效应最有效。他们重新发现了一个早期的结论:莴苣籽放在黑暗条件下很少会发芽,但照射了白光后,发芽率就很高。这使他们获得了重大突破:波长为660纳米的红光能诱发种子发芽,而730纳米的远红光会抑制莴苣籽萌发(Borthwick *et al.*,1952)。这种促进-抑制作用可以反复地相互转换(他们可以做到往复循环100次)。对此,他们作出了一个简单解释:有一种可逆的对光敏感的色素以两种可以相互转化的形式存在,一种(P_R)最强烈地吸收波长为660纳米的红光,另一种(P_{FR})最强烈地吸收波长为730纳米的远红光。两种状态可通过光照互相转化,且在黑暗中,P_{FR}自动地变回P_R状态(图3.6)。这种色素被认为可以调控引起发芽的代谢过程和其他一些光敏感的生理反应,如开花的发生。归根到底,他们认为这种色素——他们称之为"光敏色素"——像一个对光敏感的开关。

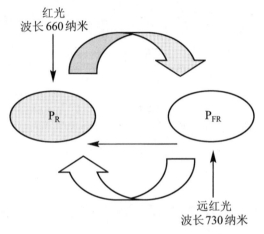

图3.6　光敏色素以两种可以相互转化的形式存在。P_R因其吸收红光(R,波长660纳米)而得名,P_{FR}因其吸收远红光(FR,波长730纳米)而得名。P_R吸收红光后转化为P_{FR},P_{FR}吸收远红光后转化为P_R。在黑暗中,P_{FR}自发变回P_R状态。

　　这种光敏色素的可逆转化过程可能是像沙漏一样的计时机制。在沙漏里,沙从一半漏到另一半中,从沙漏上部和下部沙的相对量可以看出已经流逝了多少时间(图3.7)。刚进入晚上时,P_{FR}状态的分子开始转化为P_R状态,这会一直持续到天亮,然后整个过程颠倒过来。在晚上,转化的P_{FR}的量正比于在黑暗中度过的时间。当P_{FR}在夜里降到一个临界水平,开花反应将被诱发或抑制。因此,植物通过这个沙漏计时器能够测量夜晚的时间,并把它们的行为与一年中的时间相协调。对于长日照植物来说,当夜晚变短时,P_{FR}没有足够的时间都转化为P_R,开花会

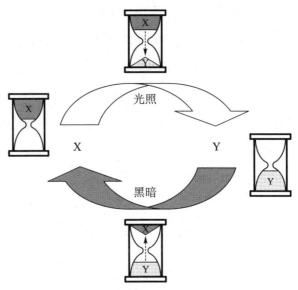

图 3.7　光周期计时器的"沙漏"模型。光照下,物质 X 转化为物质 Y。黑暗中,物质 Y 又转化回物质 X。光照和黑暗的持续时间决定了 X 和 Y 的比率。这个比率可以用来测量昼长和夜长,进而是季节的时长。

在一个临界的 P_{FR} 水平被诱发。短日照植物有更多的时间将 P_{FR} 转为 P_R,因此,会在一个较低的 P_{FR} 水平下开花。要"重置"一个沙漏,把它翻过来就可以了,在白天,P_{FR} 水平被重新建立起来时,开花计时器就重置了。

　　究竟是什么机制产生了对外界环境敏感并与之保持同步的时间信号呢?沙漏模型只是对这个生物学问题的一个可能的解释。20 世纪 50 年代,我们对分子机制一无所知,这个看似简单巧妙的沙漏模型其实是错的。当 P_R 和 P_{FR} 的水平真正被测量、转化的时间被确定后,人们发现在一些物种中,所有 P_{FR} 转化为 P_R 只需不到 4 个小时,远远低于 12 个小时(或 12 小时以上)的临界黑暗时间。而且,这只是几个明显漏洞中的一个。

　　正当贝尔茨维尔的科学家们致力于沙漏模型时,一个在 20 世纪 30 年代被提出的生物钟机制却沉睡于德国的期刊中。它的提出者是德国科学家宾宁(Erwin Bünning)。宾宁没有助手,缺乏经费(每年仅有25美元),却为生物节律的严谨分析奠定了基础。通过一系列非凡的实验,宾宁在二十几岁时,就建立起了昼夜节律的基本原理。在一项极为有预见性的研究中,他为植物中的季节节律提供了一个令人信服的解释。他如果不是在"二战"时被强征入伍,应该会因他的天才获得更高的荣誉。

宾宁在1930年开始了对生物节律开创性的工作。那时他发现,菜豆(*Phaseolus*)的叶子在白天竖起,晚上垂下。为了测量叶片位置的移动,他将叶片与一个杠杆相连,在一个缓慢旋转的鼓上记录叶片的运动。宾宁证明,即便将植物置于持续光照下,这种节律也会继续,而且平均周期是24.4小时(Bünning,1973)。这种生物在持续黑暗或持续光照下所呈现的变化模式,被称为"自由运转"节律(图3.8)。这些接近24小时的节律是内禀的。光暗周期或其他24小时的信号,能将这些节律

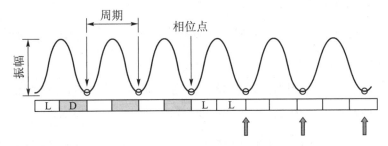

图3.8 植物叶子在24小时L:D循环和之后持续光照条件下的运动情况。叶子运动的幅度就是这个节律的振幅。相位点可以是周期中的任意一点。图中的相位被定义为叶子运动所形成的振荡的最低点。在24小时L:D循环条件下,叶子运动节律的周期是24小时,此时正好遇见下一个相位点。宾宁表明,在恒定光照的条件下,这个节律持续存在,但该节律以偏离24小时的周期"自由运转"。图中,相位点的"迟到"(粗箭头)表明,内禀节律的周期超过了24小时。在自然界,"黎明"和"黄昏"作为授时因子,将昼夜节律牵引至24小时。在实验室,光照的开启和关闭实现了同样的牵引过程。

同步,却不是节律的成因。宾宁的工作在概念上的重大意义是显而易见的:几百年来,关于动植物按照规则的节律进行活动的报道屡见不鲜,"但在生物钟这一概念出现之前,这些都不过是些关于自然的有趣事实的堆砌"(Ward,1971)。

当宾宁发表他关于生物具有内禀生物钟的假设时,甚至在这之后的几十年间,我们对于产生这一节律的分子机制一无所知。现在,我们大体上知道它是如何工作的,正如圣菲研究所的克拉考尔(David Krakauer)所总结的:

> 生物昼夜节律的基础是细胞内一个精密的基因调控网络,它使得细胞能合成浓度呈周期性变化的蛋白质。这种周期性源于负反馈和时间延迟的组合效果。这使得生物体内含有成千上万的细胞钟,每个细胞钟都以由它们各自负反馈回路引起的节律规则地震荡着,它们组合起来统一地给了我们时间概念(Krakauer,2004)。

生物钟的基础是一个由负反馈回路产生的节律,它最简单的形式可见图3.9。

众多生物钟基因以及它们编码的蛋白质参与这个24小时回路,光感受器感受光线并将这种分子振荡与环境光/暗周期相协调。负责输出的分子将时间信息转化为生理反应。尽管大部分生化反应很快就能完成,但经过时间延迟的蛋白质周期性地合成和降解,产生了一个周期接近24小时的节律。这种蛋白质代谢的周期性源于负反馈和时间延迟的组合效应,这奠定了目前我们在分子水平上对节律现象产生的现代生物学理解的基础。

打开生物钟这一黑箱子并阐明相关分子机制的关键,来自1953年克里克(Crick)和沃森(Watson)对DNA结构的发现,以及随之而来的分

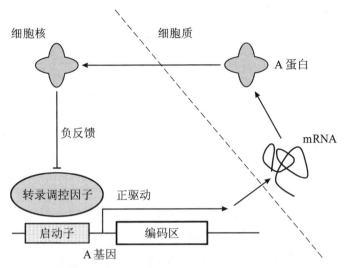

图 3.9 一个简单的反馈回路。转录调控因子结合到"A基因"的启动子上,启动了该基因编码区的转录。信使RNA(mRNA)于细胞质中被翻译为"A蛋白",A蛋白进入细胞核并阻止自身基因的转录驱动进程。转录驱动不足阻碍了mRNA的产生,随之限制了A蛋白的产生。细胞核中A蛋白的降解使得转录调控因子再次行使功能,产生mRNA和A蛋白。之后A蛋白再进入细胞核并阻止转录。以上过程周而复始。注:转录是一个基因的DNA编码为mRNA的过程;翻译是编码在mRNA中的信息转化为构成蛋白质的氨基酸序列的过程。

子生物学领域的重大突破。但我们还要感谢一种野草,它使科学家能够更深入地研究宾宁关于昼夜节律和季节节律的工作含义。分子生物学的研究需要廉价、易于繁殖的模式生物。植物学家花了一段时间才找到一种适合研究的植物,这种植物后来变得像果蝇和小鼠之于动物遗传学那样重要。

拟南芥(*Arabidopsis thaliana*)是一种不起眼的植物,属于十字花科,很多拟南芥植株可以长在一个小区域里。它的生活周期很短,只有6—8个星期,每株能产几千粒籽,其细胞核内只有5条染色体。该植物易于通过自交和杂交完成经典遗传学的操作。它的基因组已被完全测序。总之,拟南芥这种小型、生长快速的植物对于遗传学的研究非常合适。唯一潜在的问题是它是一个长日照植物,因此它对开花的调控不大可能与某些植物,尤其是短日照植物完全一致。

拟南芥受到科学家的推崇,不仅因为它小且长得快,还因为它有一系列基因突变体,能在多方面改变光周期对开花的控制。比如,一些基因突变后可能将这种长日照植物转变成短日照下迅速开花的日中性植物,而另一些基因突变后会产生开花有长时间延迟的日中性植物。

尽管拟南芥生物钟及光信号传导的突变体能比较容易地通过高度(下胚轴长度)之类明显的物理特征找出,但很难找到一种技术能简单地跟踪节律。单颗植株上的叶片可以像宾宁1930年所做的那样被装上电线,但很难做到自动化,因此在开展大规模实验时根本不实用。

凯(Steve Kay)和米勒(Andrew Millar)通过遗传工程学的方法培育出一种新的拟南芥,它体内带有萤火虫的荧光素酶基因,可以充当生物钟的标志或称"报告基因"。如今,当科研人员要研究拟南芥的节律时,只需要在这些拟南芥上喷一些雾状的荧光素——一种让萤火虫发光的小的有机分子。这些植物在拂晓之前的几小时就开始发光,到早晨时越来越亮,等到白天过去就会越来越暗。这种巧妙的方法使植物生物钟研究面貌大改,科学家再也不用整天盯着叶子的运动了。拟南芥成了植物学界的小鼠,可以用遗传学的方法研究它生物钟的分子构成,也使得植物可以在黑暗中用闭路电视来跟踪。

凯、米勒以及他们的同事已经得出了一个关于植物昼夜节律机制的描述(Yanovsky & Kay,2003)。图3.10可以很好地帮助我们理解这个机制,它凝聚了科研人员多年来辛苦的有创造性的工作成果。这张图,以及余下的几张图,比较简化地描述了昼夜节律是如何与昼长相互作用来产生季节时间标志的。

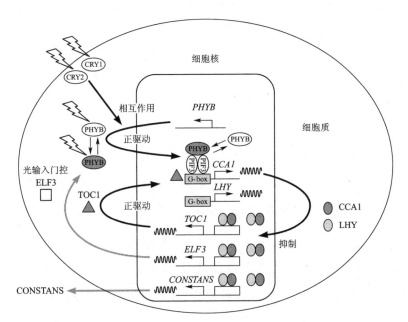

图 3.10 拟南芥生物钟的负反馈回路机制。相关学者认为,黎明 / 黄昏循环对拟南芥昼夜节律钟的调整(牵引)是由光敏色素(PHYB)和隐花色素(CRY1 和 CRY2)的协同作用来完成的。光敏色素在吸收了一个红光活化光子之后,转化为有活性的、可吸收远红光的形式,进入细胞核。在细胞核内,光敏色素和转录因子 PIF3 相互作用。这个复合物(连同 TOC1,见下文)增强了带有 PIF3 DNA 结合位点(G-box)的基因——包括基因 *LHY* 和 *CCA1*——的转录。基因 *LHY* 和 *CCA1* 的转录峰值出现在主观黑夜的晚期 / 黎明早期。这两个基因的蛋白产物 LHY 和 CCA1 能够直接结合到基因 *TOC1* 的启动子上,抑制其转录。基因 *TOC1* 的转录水平的振荡相位超出 *LHY* 和 *CCA1* 的 12 小时,峰值在主观白天晚期的末端。TOC1 被认为是昼夜振荡器(含 PHYB 和 PIF3)的正向元件的关键部分,它可以通过某些方式来提高 *CCA1* 和 *LHY* 的转录水平。这三种蛋白质构成了拟南芥昼夜节律钟的核心元件。受昼夜节律调控的输出蛋白 ELF3 被认为是对生物钟输入路径的反馈,来开启或限制生物钟对一天中特定时间的光照的响应。蛋白质缩写:CCA1,昼夜节律钟相关蛋白 1(Circadian Clock Associated 1);CRY1 和 CRY2,隐花色素 1 和隐花色素 2(cryptochromes 1 and 2);LHY,晚期胚轴伸长蛋白(Late Elongated Hypocotyl);PHYB,光敏色素(phytochrome),有许多种类;TOC1,CAB 表达计时器 1(Timing of CAB Expression 1)。

　　阿拉德和加纳的发现曾告诉过我们,植物不仅需要利用光照来固定空气中的碳以贮藏能量,还需要光作为信号。植物能通过一系列高度复杂的光感受器对光照的量、质量、方向和持续时间进行感知、评价并作出反应。感知环境对拟南芥来说是如此之重要,以至于它的25 000个基因中,有25%是在信号接收和交流中起作用的(Michael & McClung, 2003)。

　　光信号是由三种不同类型的光感受器来接收并传递的。一种是博思威克及其同事在20世纪40年代和50年代研究的能感受波长600—700纳米红光的光敏色素,共有5种形式(标为A—E)(Briggs & Olney, 2001)。一种是隐花色素(有隐花色素1和隐花色素2两类),对波长320—500纳米的蓝光敏感,和光敏色素一起在昼夜光暗周期对昼夜节律系统的牵引中起作用。第三种被称为向光蛋白,也对波长320—500纳米的蓝光敏感,但被认为与昼夜节律系统无关。当然可以肯定地说,还有更多的光感受器等待我们去发现。

　　在光信号的牵引下,植物细胞内受一系列节律基因驱动的蛋白质含量产生节律性消长。在拟南芥中,这些重要的节律基因和蛋白质如图3.10所示。

　　拟南芥昼夜节律的基因—蛋白—基因回路肯定比图3.10所示要复杂得多,会有更多基因和蛋白在其中起作用(Ueda, 2006)。最近,一个韩国科研团队发现了一个调控植物生物钟周期的基因。他们幽默地根据电影《怪物史莱克》(Shrek)中女主人公的名字菲奥娜(Fiona),将基因命名为FIONA₁。在电影中,菲奥娜公主白天是人,日落后就变成女怪物。另外,菲奥娜在韩语里听起来像“开花”这个词(Kim et al., 2008)。

　　宾宁假说认为,驱动叶片运动的昼夜节律也驱动着开花发生的时间及其他光周期反应,这一假说已经在分子水平上得到了研究。这个想法(又被称为外部一致模型,见图3.11)认为,定时机制有两个互相交替的各为12小时的时期,一个是在白天的所谓"喜光期",另一个是在黑暗中的"喜暗期",在喜光期内的某一时段对植物进行光照会促进开花的发生,而在喜暗期进行光照会抑制开花。实际上,宾宁的猜想指出光照有双重功能:光照牵引昼夜节律,反过来昼夜节律又驱动了光敏感性的节律;在节律的光敏感时期,光照会触发开花。换句话说,有一个特定、关键、可受光诱导的时期,当这个时期与光照相互作用,就能引发一连串季节性事件(图3.11)。

这种由昼夜生物钟产生的接近24小时的节律由黎明和黄昏所同步。这种节律调控着拟南芥中大约1/4的基因的表达。其中一个基因

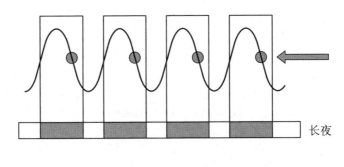

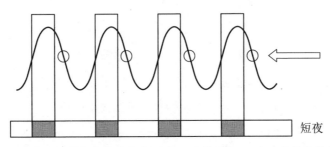

图3.11 光周期调控的宾宁假说或称"外部一致模型"。一个内部昼夜节律钟跟踪全年昼长和夜长,并控制一个直接受光照影响的调控分子的水平。在长夜模式下,光诱导期(黑点)不暴露于光照下,但在短夜模式下,光诱导期(白点)暴露于光照之下,触发了光周期反应。光照不仅启动长日照植物开花,抑制短日照植物开花,还设置了振荡器的相位(Yanovsky & Kay,2003)。

被称为CONSTANS(CO),在将光感受器的光敏反应转化为诸如启动开花之类的生理活动中扮演着重要的角色。启动开花须通过它与FLOW-ERING LOCUS T (FT)基因相互作用,从而诱发一小组尚未分化的细胞产生植物茎顶端的花朵(图3.12)。

　　卡帕兰和他的团队测量了拟南芥中,CO基因所表达的CO蛋白的浓度。这个蛋白的存在取决于光照。没有光,该蛋白被降解,即便它的

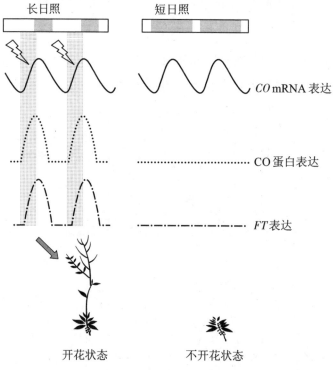

图 3.12　光周期调控长日照植物拟南芥开花。该图显示了在长日照和短日照条件下,由生物钟控制的CO mRNA的表达。在短日照条件下,CO mRNA表达的峰值出现在夜间,但CO蛋白不会积累(没有光照),结果下游基因FT也不表达。在长日照条件下(LD 16∶8),CO mRNA表达的峰值在一定程度上和光照吻合,蛋白在细胞核内得以积累,FT mRNA的表达被激活。FT蛋白本身促进提早开花(图3.10)(Searle & Coupland,2004)。很多其他基因和蛋白参与调控这个循环,几个重要部分迄今为止还没有发现,特别是光感受器改变CO功能的机制。

mRNA的量很高,蛋白浓度也始终很低。要达到高的蛋白水平,节律控制的 *CO* mRNA水平和光驱动的光感受器反应必须有交叠(Valverde *et al.*,2004)。因此,对拟南芥这样的长日照植物来说,在傍晚或晚上接受光照能够产生大量的CO蛋白。在光照时间短的日子里,仅产生较少的CO蛋白。就这样,季节性的昼长信号被引入生物钟周期之中,使植物将它"读"到的一年中的时间转化成开花等生理活动。

拟南芥中的发现展示了长日照植物是如何区分白昼时间的长短并将这些信息整合到发育程序中的。然而,我们对其他植物,尤其是短日照植物分子机制的了解,仍旧停留在一个很初级的阶段,并且这种了解可能不是对所有物种都适用(Ramos *et al.*,2005)。这是一个非常复杂的过程,显示出数百万年的自然选择是如何使得植物能够将它们的生活周期完美地与环境在时间、空间上同步的。植物真是令人钦佩! 它们既没有眼睛也没有大脑或神经系统,然而在过去的数亿年间,开花的被子植物发展出一系列对光敏感的感受器和一个信号传导系统,将其与内禀的生物节律连接以后,它们知道了一天中乃至一年中的时间。

然而,仅仅依赖光周期是有问题的,即便对那些使用光信号的植物而言也是如此。虽然年复一年,昼长或夜长是可预测的,但天气不是。正如麦吉尔大学的莱霍维奇(Martin Lechowicz)所解释的:

> 仅仅知道一年中的时间还不足以判断数周或数月后可能的环境条件。拉长的白天能预示春天的降临,但春天来得是快是慢,会过热或过冷都不得而知。生物通过气温,甚至有时通过降水,能更好地估计出某年某地季节的进展。这些气候信号对于物候学事件是有用的信号,但也不完全可靠。大气环流的变化确实可能带来一个早春,但不能排除有倒春寒的可能(Lechowicz,2001)。

为了保险起见,植物们增添了各种各样的信号和适应性。两年生植物特别要注意不要被一个短暂的寒潮骗得在晚秋时开花(Sung & Amasino,2004)。春化作用在中纬度地区的植物中相当普遍,它充当一种除了测量昼长以外额外的保险系统,以确保植物在一年中正确的时间开花。春化一词来源于拉丁文 *vernus*,意思是"春天的"。春化的植物是指那些要经历一段较长时间的寒冷后才会开花的植物。对于在一季里生长、下一个春天开花的植物来说,这是一个重要的适应,因为它使得植物能把春天与秋季的气温浮动区分开来。在第一个生长季里,植物成长起来,在下一个春天,为了利用有利条件并且避免竞争,它们迅速开花。在很多植物中,春化本身还不足以诱导开花,还要等光周期信号来到时,花朵才会绽放。

一个例子是天仙子(*Hyoscyamus niger*),一种两年生植物,它曾被用作德国比尔森啤酒的调料,直到1516年巴伐利亚纯净酿酒法通过,才禁止了它的使用,转而只用作麻药。天仙子只有在刚经历了一个寒冷的冬天后才会开花。春化了的天仙子在处于短日照光周期下时只生长不开花,一旦转移到长日照的光周期下便迅速开花。好像它们"记住"了那个寒冷的阶段,春季逐渐变长的白天使得开花反应得以启动,或抑制效应得以消除。在有些植物中,这种记忆仅持续数天,而有些植物中会持续数年。

因为有春化,冬麦能在秋天时种下,这样可以最大限度地利用来年春天有利的生长条件(Sung & Amasino,2004)。虽然春化是通过感知、测量低温的周期来防止植物在一年中过早地开花的一种保护性适应机制,但它对帮助植物过冬无济于事。随着秋天过去,植物们感觉到伴随着冬天而来的降温,产生出一种对寒冷的忍耐,这个过程被称为"冷驯化"。有些植物需要长达40天以上的连续寒冷才能完成春化过程,而大部分植物仅经历一天左右的低温就能完成对寒冷的适应。受冷几分钟就会引起基因表达的变化。

林登(Leena Lindén)是这样描述原产于温带的两年生和多年生木本植物对季节性的冷驯化的：

> [冷驯化是]光周期效应与对寒冷快速反应的组合。第一阶段很大程度上受光周期影响。在很多木本植物中，秋季缩短的白天引发植物停止生长，这成为冷驯化过程的先决条件。在第一阶段中的细胞能在零摄氏度以下存活，但耐寒性还未完全形成。第二阶段的冷驯化是由低温，尤其是零摄氏度以下的气温所引发的。在这一阶段，植物进行代谢和／或组织上的变化，以产生很强的耐寒性(Lindén, 2002)。

光周期反应与植物原产地之间存在着密切的关系，这暗示光周期现象是一种适应性反应。生长在中高纬度地区的植物倾向于成为长日照植物，而亚热带和热带的植物倾向于成为短日照植物。短日照植物和长日照植物起源于更古老的日中性植物，两者对日照时间的适应使得它们在合适的条件下比日中性植物有更多的优势。植物间互相竞争资源，包括日照，由此获得的任何优势，不管是开花早些还是晚些，都会被选择出来。

长日照植物在日照时间短的秋冬日里并不开花，而是长出小的灌木丛和莲座丛。这能帮助它们在大雪的覆盖下生存，代表了它们在温带和寒带地区过冬的适应能力。短日照植物在日照时间长的夏日里不会开花，而是继续生长，并忍耐住炎热干燥的夏天或亚热带及热带地区滂沱的大雨。但必须要强调的是，昼长仅能用于预期季节，比如作为冬季来临的一个间接信号。是冬季到来的时间，而非昼长本身带来了选择压力。因此，如果季节性气候变化的时间发生改变，正如现在的气候变化一样，一些定错了时间的植物反而会从中渔利，其他则会消亡。

第四章　哺乳动物和鸟类的季节性繁殖

划过寂静的天空，白雪飘洒下来，

开始时还星星点点，

直到后来又厚又宽的雪花，接连不断地落下，遮蔽了天日，

那些可爱的田野都披上了纯洁的冬装。

——汤姆逊（James Thomson），

《四季·冬》（"Winter"，in *The Seasons*）

　　和植物一样，动物也将它们繁殖的时间与季节变化紧密地联系在一起。这意味着要保证它们的幼崽在食物最充足时出生。无论哪个物种，都是吃得最饱的幼体最有可能成为能继续繁育的成体，不管它们生活在陆地上、海洋里，还是天空中（Austin & Short，1985）。

　　很多食草动物的出生设定在春季，而对它们的捕食者来说，出生是与猎物的发育同步的。驼鹿、驯鹿等许多有角动物在北半球的秋季交配，后代在来年春季（3月到5月）出生。那时，迅速生长的青草为母亲提供了充足的热量，得以产生乳汁来哺育后代。狼按照它们捕食的幼小动物，而非青草的繁盛情况来决定繁殖的时间。幼狼初生时吸奶，约

2周后开始吃反刍的肉,8—10周后(6月末或7月初)断奶(Mech & Boitani,2003)。作为狼群的一员,母狼主要以幼小或病弱的驯鹿、驼鹿和野牛为食。为了维持营养需求,一匹成年母狼每天需要摄入至少1.1千克的食物,但为了成功喂养幼崽,每天的食物量要增至2.2千克,因此它不会挑食。狼会利用小动物在春季繁盛的时机来补充食物。

对于主要以海豹为食的北极熊来说,为繁殖设定时间就更为复杂。我们现在对它们繁殖的了解主要来源于对位于挪威和北极间的斯瓦尔巴群岛上北极熊的研究。在一年的大部分时间里,雄性北极熊的睾丸收缩在腹腔中。只是到了冬季晚期,睾丸才下降到阴囊,并保持到5月。睾丸下降使得在2月到5月间精子得以产生。在斯瓦尔巴,北极熊在3月到6月间交配。一旦交配,母熊就开始积累脂肪,并且体重需要增加到至少200千克才能保证成功怀孕。在10月中下旬,它们通常在离海岸线大约16千米的陆地上筑穴,即在朝南的雪坡上挖出巢穴来。小熊崽大约0.5千克重,30厘米长,在11月到第二年1月间出生。当3月末它们从巢穴中爬出时,白天气温虽然仍会低至−25℃,但已经不是那么恶劣了。到那时,母熊已经失去了30%以上的体重。它们饥不择食,甚至会冒险袭击年轻的海象。公北极熊则在海冰上过冬,一有机会就会捕杀刚出穴的小海豹。

海豹是北极熊的主食。由于海豹不能在水中产崽,它们不得不在早春时爬到冰面上生产。为了尽可能避免遇上北极熊,格陵兰海豹在漂浮中的冰块上生下白色皮毛的幼崽。冠海豹也在漂浮着的冰块上生产,但它们的幼崽更容易存活,这是因为它们给幼崽喂脂肪含量高达60%的乳汁,并且居然仅仅4天就断奶了。相比之下,环斑海豹在更北面的固定海冰上繁殖,这使它们尤其容易被北极熊袭击,因此幼崽被藏到小冰窟里。北极熊依靠灵敏的嗅觉,能在2千米外探测到冰窟里的海豹。它们悄悄逼近海豹的藏身之地,平均每20次中有1次能成功捕杀海豹幼崽(Beeby & Brennan,2003)。到第三年,北极熊幼崽已断奶,母北极熊能在那年的春天再次交配(Norris *et al.*,2002)。

鸟类和哺乳类一样,父母中至少有一员要喂幼体是不变的真理。秃鼻乌鸦(*Corvus frugilegus*)非常依赖于捕捉蚯蚓来喂养幼鸟。它们将生育幼鸟的时间定在表层土壤仍旧湿润的4月、5月。因为随着天气暖和起来,土壤变干,蚯蚓往深处转移,就难抓到了。

灰山鹑(*Perdix perdix*)在1月到2月间交配,大部分幼鸟在6月出生。到那时,它们喂给幼鸟的草种子和虫子最丰盛。包括北美金雀在内的雀鸟也以种子为食,它们同样将生育时间定在6月。在地中海和非洲西北海岸无人居住的荒岛上,埃氏隼(*Falco eleonorae*)在7月中旬到9月这一较晚的时期繁殖。它们的幼鸟在8月末开始孵化。这种晚期繁殖意味着成年隼能成功拦截从欧洲飞往非洲过冬的小型鸣禽来喂养幼鸟(Lofts,1970)。

存在着一个能使幼体成活率最大化的最佳出生时间,尽管这个时间窗口的宽度因物种而异,但是如果把它弄错了,哪怕是差一点,后代的存活率就会降低。然而,"获得食物"本身很少会触发生殖。这是因为从受孕到出生之间有可长达一年以上的间隔。因此问题就产生了:动物如何正确地设定受孕时间,不仅使未来繁殖成效(就生产子代而言)最大化,还能保证幼体最大可能地成活为具有繁殖能力的成体?

除了少数特例外,非赤道地区的动物并不常年繁育。在一年中的大部分时间,为了节省能量,它们有效地将生殖器官"关闭"。许多物种性腺萎缩,有些甚至几乎消失。在非繁殖状态下,很多季节性繁殖的鸟类的生殖器质量仅占体重的0.02%,而在繁殖旺盛期,雄性的睾丸可达体重的1%—2%,超过了大脑的质量。对依赖于飞翔的鸟类来说,这是个沉重和不必要的负担。

小型哺乳动物,如叙利亚仓鼠(金仓鼠),在繁殖旺盛期一对睾丸约5克,而在非繁殖期仅0.2克,同时性腺萎缩。在羊和其他有蹄类大型动物中,生殖器官的季节性变化不是那么明显。公羊阴囊的周长——衡量一对睾丸大小的指标——从非繁殖期的30厘米增加到繁殖期的36厘米。尽管像有蹄类这样的大型动物的性腺大小变化较小,但是雄性的精子生成以及雌性的排卵在一年中的大部分月份都是关闭的(Austin & Short,1985)。

大部分鸟类和哺乳动物需要一到两个月的时间将已经完全萎缩的生殖器官重新激活,时间长短因物种而异。这些身体上的变化伴随着行为的变化,往往包括建立和维持一个繁殖领地以吸引异性。在完成求偶和交配后,幼体在降生之前仍需要一定的时间发育。从受精到出生或破壳的这段发育时间,在各个物种中是大致固定的。整个生育的时间,鸟类或小型哺乳动物要花几个月,而像马这样的大型哺乳动物要超过一年,大象则将近两年。如果是食物繁盛的峰值触发了生殖,那么这个峰值在幼体出生时早已过去了。所以说,关键问题又回来了:什么触发了季节性生殖?

其实,这本质上与加纳和阿拉德在20世纪20年代间的关于植物的问题是相同的。就像在植物学家中加纳和阿拉德有他们的先驱,也有动物学家早在19世纪就曾提出过这个问题。德国鸟类学家霍迈尔(Alexander von Homeyer)在19世纪80年代提出,昼长可能调控年度周期,相似的观点在20世纪初也曾由英国生理学家舍费尔(Edward Albert Schäfer)提出(Schäfer,1907)。

20世纪20年代,罗恩(William Rowan)提供了鸟类对光周期反应的第一个实验证据。罗恩生于瑞士,早年在英国度过,后来移居加拿大艾伯塔省埃德蒙顿市。他对大黄脚鹬(*Tringa melanoleuca*)的迁徙进行了长达14年的观测。这种鸟在加拿大繁殖,秋季飞往南美的巴塔哥尼亚,春季再返回,整个迁徙路程长达2.6万千米。它们的蛋在5月26日到29日间孵化,罗恩想知道到底是什么为这一系列事件精确地定时(Rowan, 1925)。他考虑了包括温度、食物在内的环境因素,但断定只有昼长的变化能提供这样的精确性。为了验证他的猜测,他捕捉了一些暗眼灯草鹀(*Junco hyemalis*)。这些鸟同样在加拿大繁殖然后在遥远的南方过冬,罗恩在它们秋季迁移时捉住它们。他将这些鸟关在棚子里,给它们人工照射和春季一样长时间的光照。结果发现,即便是在加拿大冬天低于0℃的气温下,这些鸟仍能被人工产生的长白天诱导进入繁殖(Rowan, 1929)。

尽管一些次要因素,像突然的短暂降温或升温可能加速或减慢生殖发育的速度,但是温度或食物繁盛本身在很多温带鸟类和哺乳动物中不会触发生殖发育。罗恩发现,昼长驱动的光周期反应是关键的定时器。考虑到在低纬度或南半球地区的迁徙物种会经历复杂和混乱的光周期,他认为这些动物可能会采用一些内禀定时器或称"生理节律"。从这个角度上讲,罗恩预见到了30年后格温纳在鸟类中发现的年度节律(Gwinner, 1996b)。

早在几个世纪前,农牧民就知道了日照时间的作用。200年前,西班牙农民就已经通过在晚上对母鸡进行人工光照来提高产蛋率(Lofts, 1970)。而今天,这已经是禽蛋业的普遍操作。不管人们怎样千方百计地试图筛选出缺少光周期性的家禽,如今的家禽仍然带有一定的光周期性。在北半球的1月1日(南半球的8月1日),所有纯种赛马都长了一岁。这决定了它们是以一岁大、两岁大等等的年龄参赛。两匹马,一匹生在6月,另一匹生在同年的1月,它们被当做同样年龄的赛马,尽管生在1月的马要大上6个月，在身体发育上有显著的优势。在2008年12月出生的马在2009年1月1日就变成了两岁大！因此，育种者总希望有着11个月妊娠期的母马在2月或3月受孕，然后在次年1月或2月产崽。但是在自然情况下，母马总在春末或夏初受孕然后在次年春末产崽。因此，晚上在马棚里提供持续光照能使母马误以为白天在变长，由此进入受孕期。

在罗恩的发现之后，牛津大学的动物学家贝克（John Randal Baker）于1933年赴太平洋新赫布里底群岛进行了科学考察。在这次考察中，他研究了生活在气候条件比较均一的雨林中的鸟类等动物的生殖季节，并将其与动物所处的环境变化联系在一起（Willmer & Brunet，1985）。他和同事们发现，在这个热带地区，虽然繁殖几乎可以在一年中的任何月份发生，但是各个物种有着自己的周期。比如，即便在这样极为均一的条件下，新赫布里底的穴居蝙蝠的繁殖季节也总是局限在9月早期的几个星期，即该纬度地区的早春时分。

除了少数几个物种，我们对大多数赤道地区物种所采用的定时信号都不是很清楚。非洲赤道地区的红嘴奎利亚雀（*Quelea quelea*）利用降雨和嫩草的生长来触发生殖系统的发育。新鲜柔软的草根对这种鸟来说至关重要，它们正是用这些嫩草编织出了精美绝伦的鸟巢。赤道地区昼长变化不大，一般认为生活在这里的动物不会表现出光周期反应。可是对红嘴奎利亚雀进行长时间的人工光照能刺激它们进入繁殖，这表明它们可能和很多赤道物种一样，有一定的对昼长产生反应的能力（Griffin，1964；Hau *et al.*，1998）。

在很多物种中，昼长的变化被用于设定繁殖的时间，但是它们选定的确切昼长差别很大。鸟类及其他小型动物在蛋壳或子宫中度过相对较短的发育周期，因此通常采用12月21日后增长的昼长作为信号。羊和鹿之类的大型动物有5—9个月的妊娠期,它们的繁殖由秋天变短的昼长触发。发情和交配通常发生在9月到12月间,幼崽在下一年的春季或夏初降生(图4.1)。某些哺乳动物有很长的妊娠期,它们的繁殖也是由12月21日后增长的昼长触发的。交配发生在春夏季,后代要将近一年以后才降生。

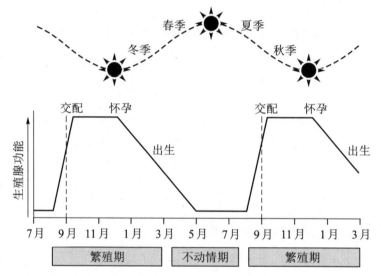

图4.1　光周期控制羊的繁殖。夏末(8月和9月)缩短的昼长触发生殖发育。母羊在秋季交配,早春生下小羊。春夏两季的大部分时间,母羊都不发情,它们处于不动情期。

尽管大多数哺乳动物在子宫中的发育时间是固定的,有一些却能采用一种奇妙的方式延长孕期:胚胎滞育,又称为停顿发育或延迟着床,能通过将胚胎保持在某种发育状态下,有效地将交配和受精的时间与出生的时间分离开来。交配后产生的胚胎仅仅发育到由少量细胞构成的空球(胚泡)就停止发育了。这种策略通常被用来保证出生及出生后发育能在合适的条件下进行。北极熊在3月到6月间交配,随后胚泡停止生长,在子宫里自由漂浮约4个月。着床后,又经过大约4个月,小熊在11月到次年1月间降生。等到母熊3月末和小熊从巢穴中走出时,天气情况应该就不坏了。

港海豹一般独来独往,母亲和它正在哺育的幼崽之间是仅有的社会接触。每年就在产下去年交配所得的幼崽后不久,雌雄海豹相遇,进行一年一度的交配。港海豹有7—8个月的妊娠期,胚胎滞育使母海豹得以弥补3个月的差别,使得月经在分娩后恢复,继而在每年同样的时间交配。在胚泡期休眠后,接下来的发育情况取决于子宫壁的分泌物。这种分泌直接由卵巢调控,而卵巢又受下丘脑指挥。缩短的昼长会刺激这些分泌物的产生,由此开启停顿的发育过程并触发着床。

在包括袋鼠在内的有袋动物中,存在着另一个细调机制。当雌性分娩后,它也变得再次可以生育并进行交配。此次交配产生的胚胎仅发育到胚泡阶段,进一步的发育由催乳素所阻断,而催乳素是受新生幼崽在育儿袋中的吮奶刺激而产生的。随着幼崽逐渐停止吮奶而开始吃别的食物并离开育儿袋,或是幼崽丢失后,胚泡继续进行发育。

在繁殖过程中,触发激素分泌及行为变化的光周期反应是极为敏感的。仅仅8—10分钟的昼长差别足以促使一些物种进入繁殖。在北极圈内的夏末,这10分钟的日照差别在两天内就能发生。如果真是昼长使得动物们知道了一年中的时间,并事先校准受孕和生育时间,那么它们是如何测量昼长的呢?

和在植物中一样,对于动物的光诱导的光周期反应也有两个模型:(1)沙漏计时器;(2)宾宁假说即外部一致模型。不过生物学很复杂,物种间差异很大,皮滕卓伊(Colin Pittendrigh)提出了另外一个所谓的内部一致模型(图4.2)。他最开始时提出这个模型是为了解释昆虫的行为,但近来的研究发现,它更适用于解释像羊之类的大型哺乳动物的繁殖模式(这一点下面会继续谈到)。

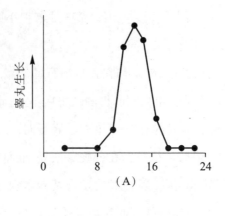

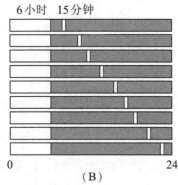

图4.2　(A)"基干光周期"示意图,显示自黎明之后不同时刻的15分钟光照对日本鹌鹑睾丸生长率的影响。这些日本鹌鹑被保持在不同的6小时15分钟光照的光周期下。(B)该图标明了15分钟光脉冲的时间点。光诱导期的精确位置因物种而异。鹌鹑的光敏高峰在黎明后大约14个小时,但是在其他鸟类比如家雀中是12个小时。对大多数鸟类来说,冬季的短日和长夜意味着,光诱导期落在黑暗的夜间。但是,随着白天变长,光诱导期将被暴露在光照之下,季节性事件就会被触发。

　　回顾一下前面章节,沙漏计时器是基于这样的观点:存在一种未知的物质,我们可以称之为X,它在光照下会转化为物质Y,而且,Y可以在黑暗中转化回X。在适当的光照下,Y的浓度将达到一个临界浓度或阈值,此时,季节性事件将会被触发(图3.7)。

　　外部—致模型和内部—致模型都将光周期与昼夜节律联系到了一

起。外部一致模型认为,重要的不是暴露于光照下的总体时间,而是破晓后光照开始的那个时间点或者相位。黎明和黄昏的光照诱导了昼夜节律振荡器的表达,用以驱动对光敏感的节律的产生。当光照在可被光诱导的时期来临,光周期反应就会被触发。这个概念与沙漏钟模型的差别在于,动物或植物不需要切切实实地经历完整的14小时、15小时或其他时长的光照来诱导生殖。它只需要经历黎明时的光照,之后隔14小时、15小时或其他时长再接受光照[基干光周期(skeleton photoperiod)]都可。这两个时间段之间可以是黑暗期。对于这个模型而言,关键的是光脉冲的发生时间,而不是持续时间。只要发生在节律周期的恰当时间,很短时的光脉冲就可以开启光周期反应。福利特(Brian Follett)和夏普(Peter Sharp)在20世纪60年代晚期,于威尔士北部的班戈大学着手研究鸟类光周期现象的机制时,论证了这一模型(图4.2)。他们将日本鹌鹑(Coturnix)暴露在不同的基干光周期下,从黎明开始,所有的鸟都先接触6个小时的光照,之后,将它们分成几组,每组先分别经历不同的黑暗期,再经历相同的15分钟光照。每组重复这个周期13次以填满整整两个星期。所有鸟在每一个周期中都经历了共6小时15分钟的光照。然而,对这个物种来说,只要15分钟的光照脉冲出现在黎明后的12—16小时,生育就会被激发——通过睾丸生长量和生殖激素的量来衡量(Follett & Sharp, 1969)。哺乳动物的基干光周期实验同样表明,昼夜节律计时器是光周期时间测量的核心,这个发现和光周期现象的外部一致模型完全相符(Yasuo et al., 2003)。

皮滕卓伊提出了另一种模型,他认为,光周期钟可能包括两个振荡器,一个受黎明调制,另一个受黄昏调制。由于光周期随季节而变,这两个振荡器之间的相位关系也随之发生改变,这编码了昼长(图4.3)。在他的模型中,光照只起着牵引作用,而外部一致模型则认为光照同时

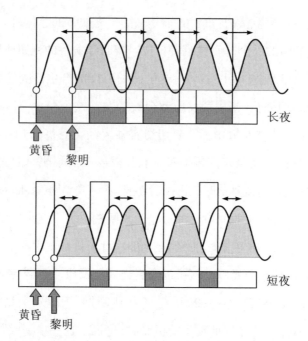

图4.3　光周期调控的内部一致模型。在这个模型中有两个昼夜节律振荡器:一个用于黄昏(傍晚振荡器),另一个用于黎明(早晨振荡器)。两个振荡器之间的相位关系调控了光周期诱导反应。在长夜条件下,两个振荡器是分离的,而在短夜条件下,两个振荡器趋于一致,相位点相互重合。

起到了牵引和诱导的作用。

　　在无脊椎动物中区分沙漏计时器和外部及内部一致模型的节律计时器是个难题,在很多脊椎动物中却相对简单。实验操作方案,包括对基干光周期的应用,都在附录中有所描述,只不过动物们本质上是暴露在光照期为6—12小时,黑暗期为18—72小时的光／暗循环中。当植物、鸟类和哺乳动物所接触的光／暗周期接近于24小时或其倍数时,光周期诱导就会发生。而诸如36或60小时的周期不具有光周期诱导性。这表明,参与作用的是内禀的24小时昼夜节律起搏器,而不是沙漏计时器。

对鸟类而言,如果关键的时间"窗口"在春天的时候来得比较早,比如说在4月上旬,它们就遇到问题了。在这个时候繁殖机制被触发而下蛋,等到几周之后幼鸟破壳而出时,白天还在继续变长(直到6月21日)。如果它们再次繁殖,新的一批子代将会在食物匮乏甚至完全没有的时候降生。因而,在这种情况下,它们必须能够中止繁殖进程,不再下蛋。换句话说,此时的鸟必须使自己对曾经敏感的光周期刺激不再敏感(即不应或耐受)。

就像设定繁殖的启动时间那样,不同鸟类结束繁殖的时间也大不相同,这些差别取决于它们对光周期信息的反应。例如,早春11个小时的日照会触发英国紫翅椋鸟繁殖。它们下蛋,并且正常情况下不会在同年再次交配。从触发繁殖开始仅6个星期后,虽然昼长仍在增加,但英国紫翅椋鸟的繁殖系统就已进入关闭状态。距离它们不远,德国南部丘陵上的紫翅椋鸟——根据马克斯·普朗克学会鸟类学研究所的黑尔佳·格温纳(Helga Gwinner)的研究——通常一年繁殖两次。这种相同物种不同种群间繁殖系统关闭时间的差异在很多鸟类中都存在,这些差异强调了当地环境对季节性繁殖模式演化的重要性。

一些一年繁殖一次的鸟类,比如英国紫翅椋鸟,对生殖后的长日照不敏感,并且中止繁殖。如果将它们放置到人工长日照的条件下,它们将永远不会再繁殖。但是在自然条件下,通过接触秋季变短的昼长,它们将在来年春季对变长的昼长再次作出反应,生殖系统将会重启。生殖系统关闭是受一套复杂的激素相互作用调控的,包括脑垂体分泌的催乳素和甲状腺分泌的激素(Dawson et al., 1986)。其他一年繁殖一次的物种,比如庭园林莺(Sylvia borin),即使在长日照条件(LD 16:8)下也能重获繁殖能力。这些长途迁徙者的光照不应性(photorefractoriness)在年度计时器的调控下逐渐消失了(Gwinner, 1986)。

仓鼠等小型哺乳动物的生殖系统对秋季缩短的白昼作出反应而发生退化。直到冬至过后,它们的生殖系统才会自发地再次发育。这时,它们需要接触长日照以维持自身的生殖状态,并使之能够再度对秋季短日照的抑制作用作出反应。如果一只仓鼠持续待在短日照的人工环境中,它将会对这个光周期持续不敏感,生殖活性将永远保持(图4.4)。

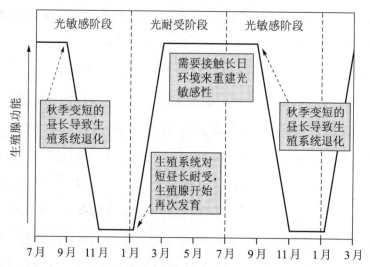

图4.4 昼长对小型哺乳动物比如金仓鼠生殖(生殖腺功能)的影响。缩短的昼长使金仓鼠的睾丸在夏末或秋季退化。到了早春,由于仓鼠对之前短日照的抑制作用不再敏感(耐受),它们的生殖腺开始"自发"发育(再次发育)。如果待在短日照环境中,仓鼠将永远保持生殖活性。它们需要再次接触长日照环境,才能启动短日照诱导的生殖腺退化。

羊的生殖活性具有显著的季节性特征(图4.1)。光周期是这一现象的决定性因素,温度、营养状况、群体影响、产羔日期和哺乳期对其有调控作用(Lincoln,1998)。在热带地区,昼长相对恒定,母羊往往全年处于性活跃状态。在温带地区,母羊在春夏两季进入非生殖状态(不动情期),并且在秋季昼长变短的时候开始下一轮生殖周期。秋季生殖并不是由短日照驱动的,而是由于羊对长日照的抑制作用变得不敏感而导致的。

尽管哺乳动物和鸟类精确的光周期机制在细节上有所不同，暗示了它们长期不同的进化史，但是，它们基于昼夜节律的计时器的基本原理大致一样。和植物一样，哺乳动物的昼夜节律分子钟的驱动力也基于转录／翻译反馈回路（图4.5），但是，其分子振荡是由不同的基因和蛋白产生的（Foster *et al.*, 2004）。这个系统很复杂，但其核心是，反馈回路对蛋白质的丰度和降解设置了近24小时的振荡周期，这正是昼夜节律的基础。正如之前章节对植物的讲述那样，图4.5所示的细节比较复杂，但是，在基因活性、转录和翻译方面具备一定知识的读者应该能明白我们讨论的内容。当然，对一般性的了解而言，我们不需要知道太多关于这个模型的细节。

位于下丘脑前区的一对叫做视交叉上核（SCN）的结构是哺乳动物主要的昼夜节律起搏器。SCN约有20 000个神经元，每个神经元的电活动都能产生周期近24小时的振荡。哺乳动物的大部分组织可以各自表达图4.5所示的基因，并且具有使生物钟基因编码的蛋白质产生昼夜节律的能力。例如，将肝细胞分离到培养液中之后，其基因表达将会表现出几个周期为24小时的振荡，之后衰减。SCN的作用是协调这些"外围"振荡器的活动。SCN的行为有点像一个乐队指挥，负责调整身体里多个具有节律性的部位的活动，以产生一个恰当、同步、协调的反应（Foster & Kreitzman, 2004）。

基因表达、蛋白产生和降解由授时因子驱使，形成对生物有益的精确的24小时周期性节律，这个节律和太阳每天的活动周期一致。如果没有这个信号，昼夜节律的自由运转周期将与24小时有2—3小时的差异，具体差异时间因物种而异。将昼夜节律钟和太阳活动周期同步化的关键信息来自黎明和黄昏的光信号，这些信号是通过眼睛抵达哺乳

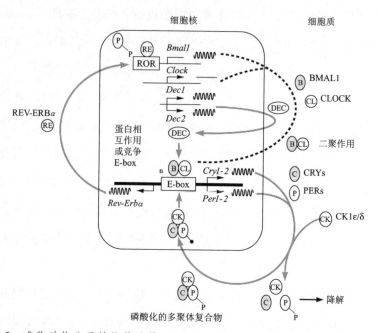

图4.5 哺乳动物分子钟的基础是CLOCK:BMAL1异二聚体所产生的转录驱动器。*CLOCK*基因不断表达,而*Bmal1*呈节律性表达。CLOCK:BMAL1异二聚体结合到周期基因(*Per*)和隐花色素基因(*Cry*)的E-box上,使*Per*和*Cry*有节律地表达。结果产生的PER蛋白被CK1ε/δ磷酸化。之后,PER降解或者与CRY蛋白相互作用,以形成磷酸化的多聚体复合物。该复合物进入细胞核,通过抑制CLOCK:BMAL1介导的转录来产生负反馈。另外一个回路是由*Rev-Erbα*产生的,该基因也拥有一个可以被CLOCK:BMAL1激活的E-box增强子。REV-ERBα通过*Baml1*基因中的ROR元件来抑制*Bmal1*的转录,从而解除CLOCK和BMAL1产生的正向驱动。由于PER/CRY/CK1ε/δ复合物进入细胞核抑制了E-box上的CLOCK:BMAL1驱动器,*Rev-Erbα*的表达也随之减少。这导致了*Bmal1*的抑制被解除(激活),从而重启了整个分子循环过程。*Dec1*和*Dec2*可以通过竞争E-box结合位点来调控CLOCK:BMAL1驱动器。灰色线指转录抑制通路;黑色虚线指驱动转录的通路(Foster *et al*.,2004)。

动物的SCN的,但借助的不是视杆细胞或视锥细胞,而是一套完全独立并且古老的感光系统,它由少数利用感光色素的光敏感视神经节细胞(pRGCs)和对蓝光敏感的视黑素(也被称为Opn4)组成(Foster & Hankins,2007)。

依靠pRGCs对黎明和黄昏光信号的敏感性,哺乳动物实现了和太阳日常周期的同步化。但是,动物们还必须知道年度时间,这个过程也要以光照作为连接。对光周期敏感的哺乳动物,如果SCN受到损坏,它就不能利用昼长变化来产生光周期反应。可见,24小时昼夜节律系统和光周期时间设定之间必然有密切联系。pRGCs探测黎明/黄昏周期,该周期被SCN编码为光周期信号,这个信号进而触发生物体设定自身生理和行为发生季节性变化的时间,以使繁殖成效最大化。理解这一过程的一个关键性突破来自对松果体和褪黑激素的研究。

20世纪70年代和80年代,研究人员发现,移除金仓鼠的松果体会导致它们的生殖活动不再依赖于光周期所设定的时间(Reiter, 1975)。即使只是断开交感神经系统所提供的松果体的神经连接,也能导致哺乳动物无法辨别长日照和短日照。戈德曼(Bruce Goldman,目前在康涅狄格大学生物行为学系工作)和他的同事后来证实,松果体释放的褪黑激素是哺乳动物"生物钟"与生殖系统之间的决定性的下游连接。

他们将仓鼠的松果体摘除,并将它们分成两组。一组仓鼠的血液中注入与冬季相对应的褪黑激素(长时注入),而另一组仓鼠的血液注入与春夏两季相对应的褪黑激素(短时注入)。那些接受春夏褪黑激素模式的仓鼠具有生殖活性,而冬季褪黑激素模式不激发繁殖(图4.6)(Goldman et al., 1984)。

补充结果发现于母羊。羊属于短日照(长夜)生殖者。研究人员将移除松果体的母羊暴露在短夜(春季)光周期和长时(冬季)褪黑激素注

入的模式中,或者长夜(冬季)光周期与短时(春季)褪黑激素注入的模
式中,结果发现,它们的生殖系统没有考虑光周期,仅对注入的褪黑激
素作出反应。冬季褪黑激素模式刺激繁殖,而春季褪黑激素模式不起
作用(图4.6)(Wayne et al.,1988)。

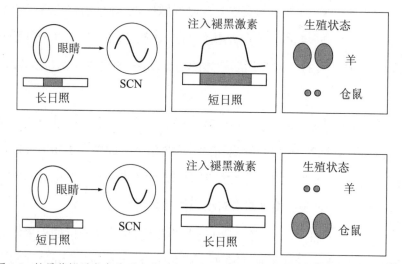

图4.6 松果体褪黑激素编码夜的时长。该图总结了表明褪黑激素作为光周期激素
发挥着关键作用的实验。将去除松果体的羊(短日照生殖者)或仓鼠(长日照生殖
者)暴露在冬季或春季光周期条件下,但给它们提供与所处环境相反的褪黑激素模
式,之后再测定这个错配给它们的生殖系统带来的影响。在每个实验中,这些动物
的生殖反应都与被给予的褪黑激素模式相互一致,而与所接收的光周期条件无关。

白天,血液中几乎没有褪黑激素。松果体释放褪黑激素反映了夜
长:冬季较长,春夏季较短。SCN受损将阻止光周期反应,可见,SCN一
定利用了某种方法驱动了褪黑激素信号的表达。那么,它是怎么做到
的呢?

SCN经由脑以及交感神经系统的一系列复杂的逐级传递来调节褪
黑激素的释放。事实上,交感神经系统在夜间会释放大量神经递质去
甲肾上腺素,来响应SCN的电活动变化。SCN的内在电活动白天高夜

间低。这种电活动振荡在恒定的持续光照或持续黑暗条件下保持不变,但是在光 / 暗循环条件下,它会受到光照的牵引和调整。SCN 以电活动减弱来标记黄昏,而且,其电活动一直到黎明前都保持低水平。黎明时分,SCN 电活动水平重新上升。哺乳动物,比如仓鼠,接触长时或短时日照连续几周后,取出它的 SCN,对此时独立于脑区其他部位的 SCN 的电活动进行监测,结果表明,SCN"记住"了日照时间(Vander-Leest et al., 2007)。

　　去甲肾上腺素的释放模式反映了 SCN 的电活动情况。SCN 电活动增强,松果体交感神经末梢释放的去甲肾上腺素的水平就会降低,反之亦然。夜间,SCN 电活动水平下降,去甲肾上腺素水平随之上升。松果体细胞内的受体结合去甲肾上腺素,最终导致生成褪黑激素的细胞中钙水平升高。这个钙信号将激活芳香烷基胺-N-乙酰转移酶(AA-NAT),这个酶是产生褪黑激素的限速酶。由此,振荡的 SCN 电活动所调控的 AA-NAT 节律决定了褪黑激素的产生情况(Klein et al., 1983)。

　　显然,松果体释放褪黑激素的情况编码了昼长信号,而且,单靠它就可以调控生殖系统激素活性的级联反应。问题是,它是怎么做到的。光周期、褪黑激素和生殖系统之间的纽带是什么?

　　它们之间的纽带是脑垂体。脑垂体是内分泌腺,调控哺乳动物的许多生理和行为活动。脑垂体分前叶(腺垂体)和后叶(神经垂体)两部分,前叶进一步可划分为结节部(PT)、中间部(PI)和远侧部(PD)。其中,结节部每个细胞都有非常高浓度的褪黑激素受体。褪黑激素结合到这些受体上,改变了细胞内一些生物钟基因的表达,包括 *Per* 和 *Cry* 基因(图 4.5)。这种基因表达模式的改变在羊中了解得最为详尽(图 4.7)。羊 *Cry* 基因的表达追随着褪黑激素的上升(黄昏),而 *Per* 基因的表达追随着褪黑激素的下降(黎明)。结果,由于褪黑激素信号随着光周期变化而变化, Per 和 Cry 基因表达峰值之间的间隔时间也随之变化（Lincoln et al., 2003；Morgan & Hazlerigg, 2008）。

PT 的 Per/Cry 基因表达模式的变化调控着许多神经内分泌活动, 包括脑部甲状腺激素的代谢。直到最近, 人们才认识到甲状腺激素在季节性生理活动中起着重要作用。按原有观点, 它们虽调控了总代谢活

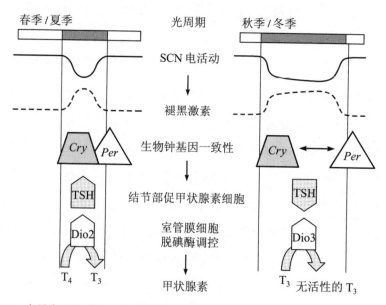

图 4.7 光周期调控羊下丘脑甲状腺素 T_4 水平的示意图。光周期——由光敏感视神经节细胞探测——可以改变 SCN 内部的电活动。光照增加神经元的电活动, 而黑暗降低神经元的电活动。这转而调控了交感神经对松果体的输入、褪黑激素的合成及释放。褪黑激素反映了夜长。结节部 (PT) 拥有高浓度的褪黑激素受体, 它们与褪黑激素结合可以改变 Per 和 Cry 基因的表达。Cry 基因的表达追随着褪黑激素的上升, 而 Per 基因的表达追随着褪黑激素的下降。结果, 由于褪黑激素信号随着光周期变化而变化, Per 和 Cry 基因表达峰值之间的间隔也随之变化。对褪黑激素信号的解码类似于光周期定时的内部一致模型。Per/Cry 基因的一致性调控了 PT 的促甲状腺素细胞对 TSH 的释放。TSH 接下来作用于下丘脑室管膜细胞来调控脱碘酶。春季, 昼长增加, PT 释放的 TSH 较多, 刺激 Dio2 催化 T_4 转化为 T_3。而秋季, PT 释放的 TSH 较少, 刺激 Dio3 催化 T_3 转化为无活性形式。

动,但对光周期过程本身并不是最重要的。不过现在看来,这些激素实际上是鸟类和哺乳动物光周期机制的一个不可分割的组成部分。

研究人员利用摘除了甲状腺的动物,首次建立了甲状腺激素和光周期现象之间的联系。甲状腺切除术阻止了羊和仓鼠正常的光周期反应,而甲状腺复位能够恢复正常反应(Billings *et al.*,2002;Barrett *et al.*,2007)。

甲状腺素的产生受PT的细胞(促甲状腺素细胞)释放的促甲状腺素(TSH)调控。这个过程本身又受控于下丘脑神经分泌细胞分泌的促甲状腺素释放素(TSH-RH,也缩写为TRH)。甲状腺释放的甲状腺素的形式是T_4(甲状腺素),几乎没有生物活性。但是,若T_4在靶组织中受到脱碘酶Dio2的作用而脱碘,就会变成具有生物活性的T_3形式。另一种脱碘酶Dio3催化有活性的T_3转变为没有活性的T_3(Lechan & Fekete,2005)。

这个复杂的因果链中的重要环节是,PT的促甲状腺素细胞结合褪黑激素,改变了这些细胞中*Per/Cry*基因节律的内部一致性。这调控着TSH的释放。TSH接下来作用于下丘脑室管膜细胞,通过Dio2和Dio3调控T_3的水平。室管膜细胞内Dio2和Dio3的活性变化具有光周期依赖性:春季,昼长增加,PT释放的TSH较多,刺激Dio2催化T_4转化为T_3;秋季,PT释放的TSH较少,刺激Dio3催化T_3转化为无活性形式。由于对于长日照生殖的仓鼠和短日照生殖的羊都是如此,所以,可能高水平的T_3刺激仓鼠繁殖,但抑制羊的繁殖活性(图4.8)。这些变化对羊(短日照生殖者)和仓鼠(长日照生殖者)的季节性繁殖模式的影响在图4.7至4.10中依次可见。

虽然目前尚不能肯定,不过,T_3很可能调控着下丘脑中一组被称为促性腺素释放素(GnRH)神经元的神经分泌细胞。这些GnRH细胞投

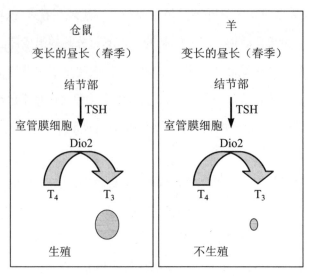

图4.8 光周期、T_3合成和仓鼠及羊的生殖状态之间的关系。对仓鼠和羊来说,变长的昼长都刺激脑垂体前叶的结节部释放TSH。TSH转移到腹侧下丘脑的室管膜细胞。这些室管膜细胞内部Dio2活性的改变具有光周期依赖性,在长日照条件下,T_4转化为T_3。长日照生殖的仓鼠和短日照生殖的羊都是如此,所以,可能高水平的T_3刺激仓鼠繁殖,但抑制羊的繁殖活性。

射到大脑底部(正中隆起),并脉冲式地把GnRH释放到一小组血管(门静脉血供)中,这些血管通向脑垂体前叶的远侧部(PD)。GnRH刺激PD的细胞释放促黄体素(LH)和促卵泡素(FSH)。这些激素经血液进入生殖器官,刺激生殖活性以及睾丸激素和雌激素的释放。GnRH的脉冲式释放模式因季节而异,脑垂体能有效地"读取"这个基于时间的信号,并且释放LH和FSH来响应这个模式。

我们尚不清楚T_3信号如何精确改变GnRH神经元的脉冲模式。季节性变化对脉冲频率的影响在羊和仓鼠中是不同的。对于羊(短日照生殖者)来说,在短日照的冬季是高脉冲(刺激)频率,最终激活了生殖系统。在长日照的春夏两季,GnRH的脉冲频率较低,因而不刺激脑垂体释放生殖激素。对仓鼠(长日照生殖者)来说,GnRH在夏季是高脉冲

(刺激)频率,而冬季是低脉冲(非刺激)频率。

作用于PT的光周期/褪黑激素信号也调控PD催乳素的释放。催乳素调控乳汁的产生,并参与调控其他季节性生理活动,包括食物摄入、代谢率变化和冬季皮毛生长(Lincoln *et al.*,2003)。我们同样不清楚其中确切的机制,不过目前比较合理的假设是,PT响应褪黑激素信号,驱动 *Per/Cry* 基因节律的内部一致性,并调控催乳素释放因子"tuberalin"产生,这种因子转移到PD,刺激催乳素释放(图4.9)。图4.10总结

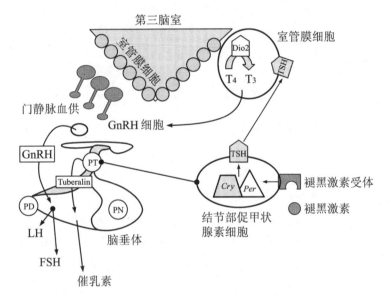

图4.9 调控哺乳动物脑垂体激素释放的光周期机制。昼长变化改变了松果体的褪黑激素释放模式。结节部(PT)促甲状腺素细胞上的褪黑激素受体改变了 *Cry* 和 *Per* 节律的一致性,进而调控了TSH的释放。TSH转移到脑区第三脑室的室管膜细胞,改变了脱碘酶的活性。在昼长变长的情况下,Dio2酶的活性增加并导致产生高水平的T_3。接下来,T_3可能改变了下丘脑内部GnRH神经分泌细胞的活性。GnRH转移到脑垂体前叶,并调控PD的LH和FSH的释放模式。PT以另一种方式来响应褪黑激素信号,即PT产生一种有待确定的催乳素释放因子"tuberalin",该物质接下来转移到PD并刺激催乳素的释放。光周期也有可能调控了脑垂体后叶(神经部,PN)的激素释放,但目前为止,还没有相关知识来说明这种情况是怎么发生的。

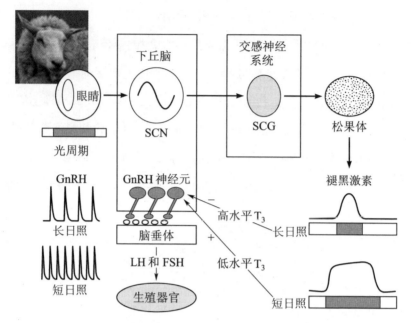

图4.10 光周期对羊生殖的调控。该图显示了眼睛、SCN和颈上神经节(SCG)到松果体的投射。光周期(夜长)决定了松果体褪黑激素释放的持续时间。当白昼较短,夜间褪黑激素的释放时间就长,从而促进了短日照生殖者繁殖,比如羊。反之亦然。松果体褪黑激素信号最终决定了下丘脑T_3的水平(图4.9)。长日照使下丘脑的T_3水平上升,短日照使之下降。T_3水平将改变下丘脑内部GnRH神经分泌细胞的活性,不过我们目前并不是很清楚这一步是如何实现的。这些GnRH细胞投射到大脑底部(正中隆起)并把GnRH释放到一小组血管(门静脉血供)中,这些血管通向脑垂体前叶。GnRH是脉冲式地释放的,脉冲的间隔时间由脑垂体"解读",进而改变LH和FSH的释放模式。对羊(短日照生殖者)来说,在短日照的冬季,GnRH的高脉冲(刺激)频率最终激活了生殖系统。然而,在长日照条件下,GnRH的脉冲频率较低,因而不刺激脑垂体释放生殖激素。

了目前对羊季节性生殖模式的描述。这个模型很可能也适用于其他哺乳动物,尽管细节可能有所不同。

尽管光周期性褪黑激素信号在分子水平上编码及解码的确切机制尚不能肯定,但是,以上光周期反应将哺乳动物生殖与季节性时间同步化的解释是合理的。然而,当认识到鸟类有明显不同的调控季节性生理活动的机制时,我们也无须大惊小怪。大多数鸟类的松果体包含一个自主维持的昼夜节律振荡器来调控褪黑激素的分泌。摘下后放到培养皿中培养的松果体,其褪黑激素的释放模式是由光/暗循环中黑暗的时间决定的。此外,把松果体置于黑暗环境中,它仍然会"记得"之前光/暗循环条件下的褪黑激素释放模式。可见,鸟类的松果体可以根据褪黑激素的释放自主编码夜长。然而,不同于哺乳动物,摘除松果体对于鸟类展现季节性生理特征影响极小或者根本没有影响!尽管鸟类的褪黑激素信号反映了夜长,但似乎并不作为一个季节性生物学指标。

如果一只鸟的下丘脑内侧基底部(medial basal hypothalamus,简称MBH)内部的类似SCN的结构受到损坏,它就会丧失光周期反应。MBH不仅具有光周期计时器,考虑到它被埋在皮肤及鸟类头骨的下面,最值得注意的是它还有探测昼长的光感受器。20世纪30年代,法国生理学家伯努瓦(Jacques Benoit)摘除野鸭的眼睛并让它们待在长日照条件下时,发现这些盲鸟依然具有光周期反应。后来的工作表明,这必然意味着鸟类的脑区含有感光细胞。盲鸟不具有视力,但它们仍能感知昼长!我们深思之后就会明白,这个观点并不奇怪。光可以穿透到身体深处,就像我们还是孩子时把手放在床单下的手电筒之上所发现的那样。光很容易通过鸟类质轻且半透明的头骨和脑(Foster et al., 1985)。

距伯努瓦的研究近50年之后,研究者将精细的光纤植入鸟类脑区来照明MBH并模仿当地的长日照,由此触发光周期反应。这些所谓的"脑深部光感受器"还没有得到深入研究,但它们有可能是一组感光神经元,位于MBH内部靠近脑室的区域,能够探测黎明和黄昏(Foster, 1998)。鸟类和哺乳动物都不利用视杆细胞或视锥细胞作为探测光周期的主要手段,这强调了探测黎明/黄昏和探测图像具有不同的感官需求。前者需要对一段时期的光进行测量,以对环境中的光量、进而对白昼和夜晚的长短建立一个可靠的印象。而视觉是对环境中物体反射的光进行瞬间"快照"(Roenneberg & Foster, 1997)。

哺乳动物SCN中的许多生物钟基因在鸟类MBH中也有发现。和哺乳动物一样,这些基因具有周期为24小时的振荡特征。一个假说是,鸟类MBH中有一个分子钟驱动了光诱导相位(图4.2)。这和光周期现象的外部一致模型完全一致(Yasuo et al., 2003)。

布里斯托尔大学福利特研究小组的实验证据表明,甲状腺素对鸟类的光周期反应也很重要,这项工作比哺乳动物相应工作开展得还要早。摘除季节性繁殖的鸟类,比如日本鹌鹑和紫翅椋鸟的甲状腺,将阻断其对光周期的季节性反应,注射T_4,该反应得以重启(Dawson et al., 2001)。一个研究日本鹌鹑的日本研究组表明,在昼长变长的情况下,下丘脑T_3水平上升,而在短日照条件下,T_3水平下降(Yoshimura et al., 2003)。对日本鹌鹑的新近研究支持这一假说,即源于PT的TSH在MBH内部起作用而提升了Dio2水平(图4.11)(Nakao et al., 2008)。我们还不知道来自脑深部光感受器的昼长信息及昼夜节律钟被编码为作用于PT以产生TSH这个信号的精确机制,如同我们不知道TSH驱动Dio2催化产生T_3,进而改变GnRH神经元活性及其他下丘脑代谢路径的分子机制。

鸟类和哺乳动物利用昼夜节律钟测量光周期中的时间,并据此驱动季节性生理活动。我们有外部一致(鸟类)和内部一致(羊)光周期计时器参与其中的证据,然而,年度节律钟依然蒙着神秘的面纱,我们几乎没有关于它如何参与设定年度事件发生时间的信息。相关学者在开展哺乳动物冬眠和鸟类迁徙的工作过程中首次研究了年度节律钟(见

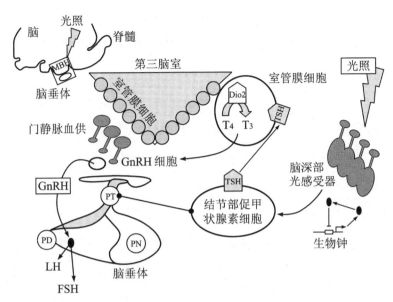

图 4.11 鸟类光周期反应的组分。不同于哺乳动物,鸟类不利用松果体褪黑激素作为夜长的生理表征,尽管褪黑激素可能对光周期反应有一些微妙的调节作用。MBH包括光周期计时器和探测昼长的光感受器。鸟类利用一个分子钟来测量光周期,长日照刺激脑垂体前叶结节部内部的细胞(促甲状腺细胞)释放TSH,TSH又转移到下丘脑第三脑室的室管膜细胞中,刺激 Dio2 将 T_4 转化为其活性形式 T_3。T_3 接下来刺激 GnRH 神经分泌细胞,GnRH 进而促进脑垂体释放 LH 和 FSH。它们在血液中循环并抵达生殖器官,以调控生殖生理的不同方面,包括雄性的睾丸产生睾酮,雌性的卵巢产生雌激素。

第五章和第六章),现在我们知道,这些钟也作用于季节性生殖事件。例如,如果羊离开光周期变化的环境,被人工饲养在恒定的 LD 12:12 光周期下,即使昼长没有变化,它们仍会保持繁殖的年度周期性(Lincoln *et al.*, 2005)。这表明,不仅存在一个基于昼夜节律的光周期计时器,还存在一个独立的年度节律计时器。可能在哺乳动物中,基于昼夜节律并依赖于褪黑激素的计时器驱动了最初的光周期反应,基于非昼夜节律的计时器驱动了长寿物种的年度节律性,长时程内分泌循环的产生就依赖于这两种计时器之间的相互作用(Lincoln *et al.*, 2006)。

埃伯哈德·格温纳证实了不同鸟类物种有相似的生殖周期年度节律。他所研究的鸟类在不同条件下均表达年度节律。长距离迁徙的鸟类在它们一年一度的旅行过程中经历了各种不同的光周期(第六章),具有异常稳定的年度节律。他对庭园林莺的研究表明,年度节律和光周期共同影响了它们的生殖时间(Gwinner, 1996b)。当鸟类被保持在恒定的昼长条件下时,它们对刺激性光周期的反应逐渐增强,直到启动一年一度的生殖系统再生长。而且,这个时间与它们在自然条件下生殖再生长的时间差不多。年度节律计时器的存在可能意味着,基于昼夜节律的光周期生殖调控只是可以用来设定一年内繁殖时间机制的一个方面。

年度节律计时器所处的位置及其作用机制几乎都完全未知。最近的提议认为,羊的年度节律发生器集中在脑垂体中。这个观点是基于PT的褪黑激素反应细胞与PD的催乳激素分泌细胞之间的相互作用,其中,前者解码光周期,后者分泌催乳素。基于这个相互作用的数学模型通过一个延迟的负反馈机制,可以产生一个自主维持的内分泌输出的年度节律(Macgregor & Lincoln, 2008)。

过去100年的研究已经告诉了我们很多关于鸟类及哺乳动物产生光周期反应的机制,但这些机制都被认为存在着巨大的差异。直到近些年,研究人员才发现鸟类和哺乳动物比原先所设想的具有更多共同之处。对这两个群体而言,增加的昼长促使脑垂体前叶的PT释放TSH,TSH进而转移到腹侧下丘脑的室管膜细胞中,激活Dio2,在这个酶的催化下,T_4转化为T_3,T_3负责调控参与光周期反应的脑垂体激素。光周期链的末端环节在鸟类和哺乳动物中似乎大致保守,差异发生在这条链的前端,即编码昼长的地方:鸟类利用脑深部光感受器和某种形式的昼夜节律及年度节律计时器来调控PT产生TSH;哺乳动物则以眼睛内部专门的感光神经节细胞和褪黑激素信号"取代"脑深部光感受器,直接作用于PT,调控TSH的产生。鸟类和哺乳动物为何及何时产生了这方面的分化是目前很多博士论文的主题。

　　有关哺乳动物和鸟类生殖的季节性时间选择的故事是复杂的,但是,通过解析这个因果链,我们开始对生殖生理有了更多的了解,这对管理家畜以及控制它们产生后代的数量和时间都有显著影响。例如,通过把日常昼长变化率增加一倍,可以诱导羊在12个月的周期内具有两个完整的生殖激活 / 抑制周期(Notter, 2002)。这将它们的生殖能力有效地提升了100%! 当然,这个过程没有那么简单,并且实际效果取决于物种。但是,如果全球肉类价格上涨,农民无疑要寻找扩大供应的方法。

第五章　坚守严寒:冬眠和滞育

冬天最好讲悲哀的故事。我有一个关于鬼怪和妖精的。

——莎士比亚,

《冬天的故事》(*The Winter's Tale*)第二幕第一场

在高纬度地区,随着秋季来临,白日缩短,气温下降,环境变得大不一样。冬季带来了霜冻,以及食物和日照短缺。落叶树通过落叶,阻断光合作用来应付这种变化。它们停止了光合生物化学过程,将糖类、氨基酸、氮、磷、钾等营养物质撤回至树枝、树干和树根。叶绿素消失,温带落叶阔叶林呈现出由橙色的胡萝卜素和黄色的叶黄素主导的壮观景色。

叶子脱落的时候,在叶柄与枝干的接合处形成离区(abscission zone),切断了水和营养物质的供应。叶子脱落由一套复杂的激素系统调控,是对昼长、低温和光照强度的响应(Raven *et al.*,1999)。

很多植物会在地下形成贮藏器官,其他部位则枯死。植物通常以淀粉作为能量储备,而动物用脂肪。淀粉可以与水结合,防止干燥,同时降低水的冰点。这些植物贮藏器官为很多要经历北方冬天的动物,包括我们的近期祖先,提供了食物,维持了它们的生存(Thomashow, 1999)。

再往北,针叶树成为这里最典型的常绿植物。因为这些地区的水多以冰的形式被固定在地上或地下,所以植物面临的主要问题是缺水。针状叶子是它们最重要而且显著的适应性特征,极大地降低了水经由叶面的损失率。此外,针状叶子外有厚厚的蜡质表皮,其气孔又较深地凹陷于叶片内,进一步减少了水分的蒸腾。但是这些适应性特征并不能使针叶林扛过环境最恶劣的冬天。北极树线指示了树木可以生长的最北点。这条线再往北,极端的寒冷会使树液冻结,并且,冻土会造成树根难以向土壤深处延伸,而树根必须到达一定深度才能为树木提供支撑。北极树线定位到哪儿深受当地可变因素的影响,比如坡度和海洋情况——如洋流(Raven et al., 1999)。

不同于植物,很多动物通过搬迁或迁徙到环境相对较好的地方应对季节性变化。然而,仍有大量的动物一直生活在同一个地方,靠它们的生理和行为变化来适应并度过冬天。在一些物种中,成体死亡,留下停止发育的后代,它们将在来年春天重焕生机(McNab, 2002)。其他物种要么冬眠,要么至少进入休眠状态。

冬季的寒冷是植物和动物的头号杀手。霜冻尤其危险,因为生物体的大部分都是由水构成的。无论是细胞内部还是细胞间的空隙,水无处不在。如果水结成冰,体积就会变大,冰晶会将细胞壁和细胞膜撕裂。更糟糕的是,水的缺失会大大增加细胞外部盐和有机分子(溶质)的浓度。在细胞外溶质浓度变高的情况下,水倾向于从细胞内渗出,最终导致细胞崩溃。

寒冷的冬天是两栖动物所面临的一个特别的问题。蛙、蟾蜍和蝾螈基本上都是小型动物——虽然大鲵(Andrias davidianus)可以长到一米长,它们生活的领域都相对较小。两栖动物是著名的变温动物(冷血动物),它们的体温大部分时间都接近周围环境的温度。为了避免高纬度地区冬季冰冻期带来的致命影响,它们在一个大的物体(如岩石)下挖穴而居,或者向下一直挖到不会成为冻土的土层,并依赖组织中那些充当抗冻剂的介质防止细胞损坏。不过,越往北,它们应对严寒的生理反应越激烈而惊人。弗朗西斯·史密斯(Francis Smith)船长在他1747年5月于加拿大北极圈附近的航行日志中,记录了令他无比震惊的美洲林蛙(Rana sylvatica)。随着冬季来临,白天缩短,林蛙把自己埋到土壤里,不再动弹。它们通常占据其他动物挖好的洞穴。随着气温下降,它们的脚趾开始冻结。这将触发储存在肝脏中的糖原转化为葡萄糖,葡萄糖进入血液,前往身体中所有细胞内和细胞外的空间。葡萄糖作为抗冻剂,降低了水的冰点(这个过程被称为过冷),阻止冰晶形成和细胞内水分渗出。除此之外,林蛙还停止心跳,中止呼吸。但是,如史密斯船长发现的那样:"当春季来临,林蛙的身体将随大地一起复苏。一两个小时之内,林蛙恢复了它的夏日活力,像往常一样跳跃。"(Stefansson & McCaskil, 1938)亚洲鲵(Hynobius kyserlingi)和灰雨蛙(Hyla versicolor)利用甘油作为抗冻剂,而不是葡萄糖。这表明,在不同的两栖类中,过冷适应可能是独立进化的。

昆虫也是变温动物,属于耐寒的物种。它们以相似的基本策略过冬:"忍耐冰冻"(freeze tolerance),即通过限制冰晶产生的范围(场所),使身体能够承受体内存在一定量的冰晶;利用过冷来"避免冰冻"(freeze avoidance)。昆虫只允许冰晶在细胞外空间产生,以避免细胞结构遭到破坏。这使得一些物种能够在低至-50℃的实验室温度下存活。这个不寻常的能力的关键点在于冰核剂(INA),它促进细胞外而非细胞内的液体冻结。除了INA,"忍耐冰冻"的昆虫还利用糖类进行自我保护（Sinclair *et al.*, 1999）。

鸟类和哺乳动物是恒温动物（温血的），至少理论上能全年维持基本恒定的内部温度。冬季依然活跃的哺乳动物的核心体温保持在37—38℃。对鸟类而言，这个温度还要高些，在40℃左右。在极地地区，环境变化更大，温度跨度在-60℃至10℃之间。鸟类和哺乳动物利用一系列适应机制应对极端的寒冷，包括提升代谢率以产生更多热量，从而平衡热量损失；增加身体与环境之间的隔离以降低热损失率；改变全身血液循环的模式以降低四肢和皮肤的血液循环，进而减少热量流失；储备食物以提供冬季所需能源；采用能够促进身处严寒中的个体生存下去的社会行为（Irving, 1966）。

许多物种通过进入"生理静止"状态来逃避外界的天寒地冻。有很多术语被用来描述这些状态，包括休眠（dormancy）、蛰伏（torpor）和冬眠（hibernation）。休眠被定义为生物体生活周期中生长、发育和身体活动几乎完全暂停的一段时期。蛰伏可以指生理活动有所减少的短期状态，通常具有体温降低和代谢率降低的特点。许多动物，如蜂鸟和蝙蝠，每天都会蛰伏。它们白天具有正常的体温和活动水平，夜间则停止活动并且体温下降以节省能量。在冬季，蛰伏可以不分昼夜地持续数月。季节性蛰伏的开始和结束很大程度上取决于气温变化。臭鼬（*Mephitis mephitis*）和獾（*Meles meles*）可能以在冬季进行蛰伏作为节约能量的措施，但是这只发生在极度寒冷的天气状况下。

冬眠有些不同。它通常指一种为适应冬季而发生的、生命活动持久低下且代谢受限的生理学现象，显著地表现出体温、呼吸率和代谢率降低这些特征。冬眠时，动物的体温从大约38℃下降到比环境温度仅高出1℃，心跳变得缓慢而且不规则，呼吸可能在每4—6分钟仅有一次。此外，冬眠动物的代谢率下降到正常状态时的百分之一。进入或退出冬眠似乎在很大程度上依赖于一个季节性的计时器。

有时人们用专性冬眠(obligate hibernator)和兼性冬眠(facultative hibernator)这两个术语来区分冬眠和冬季蛰伏。北极黄鼠(*Spermophilus undulatus*)属于专性冬眠动物。它们在10月5日至12日进入冬眠,次年4月20日至22日之间现身野外,这个时间是由其内部计时器预设好的,不受天气状况的影响。臭鼬和獾是兼性冬眠动物,因为严寒和食物短缺而进入蛰伏。北美小囊鼠(*Perognathus californicus*)也是一种兼性冬眠动物。

虽然一些温带鱼类具有季节性温度诱导的蛰伏习性,但是,目前只发现一个物种进行冬眠,或者至少很接近冬眠。南极"鳕鱼"(*Notothenia coriiceps*)可以进入类似于冬眠的休眠状态,这并不是单纯地由温度驱动的。南极鱼类即使在最有利情况下,代谢率也非常低,而这种"鳕鱼"的心率即使在夏季,也只有每分钟10次。到了冬季,它的生态策略从最大化进食和生长转化为另一个极端策略,即在漫长的南极冬日岁月里最小化生存所需的能量消耗,即使食物依然充裕。

昆士兰大学的坎贝尔(Hamish Campbell)这样描述这一发现:

> 鱼类一般不能独立于温度之外而抑制它们的代谢率。因此,鱼类的冬季休眠通常直接正比于降低的水温。有趣的是,即使冬天海水温度下降不多,南极鳕鱼的代谢率却依然降低了。不过,南极鳕鱼受到的光照发生了很大的季节性改变,由夏天的24小时光照变成了冬季的数月黑暗。因此,可能是冬季光照量的下降驱动了它们代谢率的降低(Campbell *et al.*, 2008)。

亚里士多德(Aristotle)认为鸟类在地上的洞里冬眠,而事实上只有一个鸟类物种差不多是这样。北美小夜鹰(*Phalaenoptilus nuttallii*)是一种夜间活动的鸟,多见于北美地区,具有显著的冬季蛰伏习性。它们在冬天不活跃,代谢率降低,体温下降。在寒冷的天气里,它们可能会蛰伏数周。在著名的横越北美大陆西抵太平洋沿岸的刘易斯与克拉克探险(Lewis and Clark Expedition)期间,刘易斯(Meriwether Lewis)于美国北达科他州对这个行为做了记录。

虽然哺乳动物在冬眠的时候看起来像"假死",但是,这并不是一个消极的过程,而是动物的积极调控行为。它们通过降低体温调节的调定点(set-point)使体温保持稍高于周围环境温度,并辅以其他生理机制作用于体温。这种积极的调控可以从关于冬眠的觉醒期的研究中看到。冬眠觉醒期的频率和时间因物种、个体及一年中时间的不同而显著不同。这种定期觉醒的功能尚不清楚,但是它一定是非常重要的,因为一次仅仅持续几个小时的觉醒所耗费的能量,可能等同于冬眠过程中10天的耗能量。如瑞氏黄鼠(*Spermophilus richardsonii*)短暂的觉醒期所消耗的能量就约占整个冬眠期总耗能的80%(图5.1)。

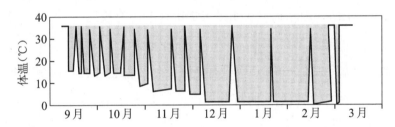

图5.1 瑞氏黄鼠9月至次年3月期间的体温记录。冬眠的大部分时间,瑞氏黄鼠的体温接近0℃,但是,在短暂的觉醒期,其体温上升至接近正常水平。觉醒的能量需求是相当大的。冬眠期间大约80%的能量消耗和觉醒期有关(Pough *et al.*, 1996)。

人们认为,觉醒是为了让冬眠动物能够进食存储在洞穴里的食物。花栗鼠就是这样。但是,很多物种并不是这样,它们在冬眠期间仅仅代谢储存在体内的脂肪。它们很可能必须"切断"食欲,否则就会感到饥饿而产生觅食需求,这会阻碍冬眠。但如果动物不吃东西,它的体重就会下降。尽管这是一种惯常的用来提示动物去觅食的信号,但是,这个关键性的生理调控因素在冬眠过程中被设置在一个较低的水平。

即使允许体重下降,冬眠中的动物也依然需要内部的能量储备。冬眠动物一般在冬季之前密集进食,以建立自己的脂肪储备。一些动物,比如肥睡鼠(*Glis glis*),在准备进入冬眠时喜欢吃种子之类的富含糖类和脂肪的食物。许多蝙蝠在秋季贮存的脂肪储备能占到自身体重的1/3。这些脂肪大部分都储存在褐色脂肪(BAT)中。这样命名这种组织,并不是因为它是在蝙蝠(bat)体内发现的,而是因为这种组织内部渗透着密集的毛细血管,导致颜色较深。褐色脂肪富含线粒体,可以使不饱和脂肪酸和／或葡萄糖迅速氧化以产生热量。冬眠动物的内部器官周围以及肩胛之间,都有褐色脂肪存储。它们的功能是快速产热,尤其在觉醒期。如何保证脂肪储备充足以及如何在冬眠过程中适当地消耗它们是个难题。脂肪储备有时候会被耗尽。拜氏黄鼠(*Spermophilus beldingi*)生活在加利福尼亚州泰奥加山口的高海拔区,一年中可能有7—8个月的时间都在冬眠。据估计,在拜氏黄鼠的冬眠过程中,约1/3的成体,以及60%—70%首次进行冬眠的幼体都会死亡。这个数据大得惊人。相关学者认为,大部分死亡是能量储备被耗尽导致的(Pough *et al.*,1996)。

进去的——不管来源是什么——都必须出来。大多数冬眠物种在觉醒时都会小便、大便、移动和改变姿势。这为许多重要的生理进程,诸如废物清除以及细胞过程的修复和维持提供了机会。在冬眠期间,肾脏的血流量极少,但是,即便冬眠动物此时的代谢率非常低,氮废物还是会在这儿堆积。如果不能经由生成尿液得以移除,氮废物最终会变得有毒性。冬眠的觉醒期与血压上升、肾功能增强以及尿液生成相关。

　　觉醒期的蛋白质合成加强支持了这一观点,即觉醒与细胞修复及保护相关。相互矛盾的是,一方面,传统上的共识是,冬眠是一种"深度睡眠";另一方面,冬眠动物的体温下降会造成睡眠相关的大脑活性的丧失。这些促使一些研究者提出了与我们直觉相悖的假说,即动物在冬眠过程中实际上是处于睡眠被剥夺的状态,它们定期觉醒是为了弥补睡眠不足(Heller & Ruby,2004)。

　　在大众的想象中,熊是冬眠动物中最具代表性的例子。但是,关于熊是否真正进行冬眠一直存在很多争议。目前,就此问题所达成的共识是否定意见,因为它们的生理特征没有发生足够显著的变化,而这是真正冬眠的标志。比如黑熊,它们表现出的是典型的冬季蛰伏习性:心率从每分钟40—70次下降到8—12次;代谢率有所下降,但仅下降了50%;体温只是从38℃降到了31—34℃。比起小型冬眠动物,熊的表面积对体积的比值较小,加上冬季的毛皮很厚,使得它们的热量损耗降低,从而能够保持温暖。不管怎样,它们能在蛰伏状态下不吃不喝不排泄。

　　雌熊的代谢水平不会发生激烈的变化,很可能是因为它们的冬季蛰伏伴随着幼崽发育及出生。黑熊在初夏交配,此时大部分浆果和坚果都还没有成熟。然而,受精卵会一直延迟到11月才着床,以便母熊到次年1月在洞穴里面产崽。新生的熊崽很小,仅有200—450克,差不多是母亲体重的1/250。小熊以奶水喂养,即使母亲在冬季蛰伏中,它仍会对幼崽的需求保持警觉,对它们因温暖、舒适和哺乳需求而发出的声音作出响应。比起出生于晚秋或初冬,这种通过延迟受精卵着床,并选择隆冬时分在洞穴里产崽的方式,使得幼崽被限制在洞穴里的时间缩短了。

冬季蛰伏的长度及深度与当地的食物供应密切相关。对于栖息在北部地区的黑熊来说,从5月至8月才有丰富质优的食物,蛰伏可以持续超过7个月。如果夏末时食物就已经很稀少,而且脂肪存储少,一些黑熊就会表现出深度蛰伏,需要被拨弄几分钟才会醒过来。在此只是顺带提一下,也许我们的祖先就是利用了这点,造成了大约29 000年前更新世的巨型洞熊的灭绝。对于南方地区的黑熊来说,食物全年都很充足,一些黑熊根本不进入蛰伏,而且,那些蛰伏的黑熊极其容易觉醒。黑熊何时进入或退出蛰伏,很大程度上是由环境变量,而不是内禀计时器驱动的。

伴随着持续的黑暗和相对较低的代谢水平,大量动物要在地下度过一年中的许多个月。一定存在某种信号来促使它们从这种不活跃状态中恢复出来。那么,是什么信号呢? 一个肤浅的解释认为,那是对环境因素,比如温度的响应。在一些物种中确实是这样,不过早在1837年,贝特霍尔德(Arnold Berthold)就曾猜测,可能存在一些内禀的年度定时器。一个多世纪后,在20世纪50年代和60年代初,加拿大人彭杰利和费希尔(Ken Fisher)提供了明确的证据,证明了在金背黄鼠(*Spermophilus lateralis*)中确实存在一个年度节律钟。在他们的初步实验中,从野外捕获的金背黄鼠被保持在不变的LD 12∶12的条件下,温度恒定。尽管实验条件是恒定不变的,但是它们仍然每年冬眠一次,而且每次冬眠都紧随体重和摄食量显著增加之后。在实验的第一年,这些动物在10月下旬进入冬眠,但是到了第二年,它们的冬眠提前到了8月中旬,第三年又变成4月初。这种表现类似于以10—11个月为周期自由运转的年度节律。即使是从没有经历过自然界光周期、出生就已被笼养的金背黄鼠,依然具有年度节律。(Pengelley & Fisher,1966)在后来20世纪70年代的实验中,实验人员将金背黄鼠分成了三组,分别将它们

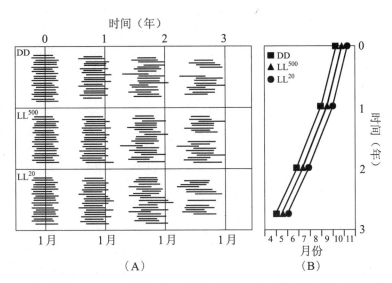

图5.2　保持在恒温3℃、不同光周期下将近4年的三组金背黄鼠的冬眠年度节律。
(A)水平黑线条代表这些条件下各个金背黄鼠的冬眠期。(B)实验中的三组动物连
续4年进入冬眠的平均日期(11月至次年4月)。该结果显示,不同的恒定条件下都
存在冬眠的自由运转年度节律。缩写词:DD,持续黑暗;LL⁵⁰⁰,500勒克斯的持续光
照;LL²⁰,20勒克斯的持续光照(Pengelley *et al.*,1976)。

保持在DD(连续黑暗)、LL(连续光照)和LD 12:12的条件下,时间超过
47个月。结果发现,无论光照条件如何,三个组的冬眠都是一年一次,
其周期通常短于12个月(图5.2)。

　　相似的冬眠年度节律也发现于其他的黄鼠物种,以及花栗鼠、旱
獭、囊鼠和睡鼠中。年度节律似乎不仅在大型哺乳动物(比如羊)的季
节性繁殖中起着重要作用,它还在冬眠中担当着重要角色。但是,研究
这些节律需要极大的耐心,比如收集金背黄鼠数据就用去了彭杰利和
费希尔好些年。然而,在世界各地还是有一些课题组勇敢地进行着这
项费时费力的生理学研究。伯明近藤(Noriaki Kondo)和他东京的同事
在冬眠的花栗鼠的血液中发现了冬眠特异蛋白(HP)复合物。他们的
研究表明,如果将花栗鼠保持在持续的寒冷和黑暗中,HP就会受到和

冬眠行为相关的一个独特的自由运转年度节律的调控。脑中HP复合物的水平在冬眠启动的同时增加,破坏脑中HP的活性会导致花栗鼠的冬眠时间变短。这表明,受到年度节律计时器调控的HP,带有对冬眠至关重要的激素信号(Kondo et al.,2006)。

在自然环境中,年度节律钟按照精确的12个月运行。但是,在恒定不变的条件下,这个周期通常会短于12个月(图5.2)。这表明,环境中的一些信号(授时因子)调整了这个钟。最明显的授时因子是光周期、温度和社交信号。有证据表明,光周期可以作为繁殖和其他季节性行为的年度节律的授时因子(第四章)。相比之下,光周期对冬眠节律的影响更难断定。有序地改变光周期,或者以6个月为期移动光周期,会导致黄鼠的冬眠时间发生一些改变,但是,具体影响是不确定的。可能的情况是,光周期在某种程度上作为一种授时因子,但是,因为黄鼠的年度节律在不同个体之间表现出相当大的差异,而且实验本身并没有进行足够长的时间,所以,光周期对冬眠节律的影响难以证明(Gwinner,1986)。

温度可以影响冬眠的年度节律周期,可能也对冬眠年度节律的形成有牵引作用——也许和光周期协同地起作用。彭杰利和费希尔再次对金背黄鼠进行了研究。他们将金背黄鼠在LD 12:12、35℃条件下驯化不同时间后,再把它们转移到0℃的环境中。研究发现,温度的下降引发了冬眠,但是,在转移到0℃之前暴露于35℃下9个月或更长时间的黄鼠,其下一个冬眠周期移动了大概半年。莫索夫斯基也为温度的诱导作用提供了强有力的证据。他把金背黄鼠保持在LD 12:12、21℃的环境中三年,结果这些黄鼠体重增减的年度节律以短于12个月的周期自由运转。同时,还有一个并行的实验组在第一年年末的时候被暴露到-3℃,9个月之后再转移回21℃。这9个月的冷刺激使这个实验组体重变化的年度节律延迟了 4.5 个月。这些实验,以及对欧洲仓鼠和榛睡鼠的类似研究表明,温度可能和光周期一起作为重要的授时因子,共同牵引冬眠节律(Gwinner, 1967)。

我们对这些年度节律知之甚少。最初的想法是,年度节律是一些计算昼夜节律天数(由 SCN 内部编码)的机制的产物。现在看来,这个想法成立的可能性非常低。因为损坏金背黄鼠的 SCN 并不会阻止它们冬眠和体重增加的年度节律(Ruby et al., 1998)。此外,损伤下丘脑和周边脑区,甚至移除松果体,对冬眠节律都明显没什么影响(Hiebert et al., 2000)。

林肯(Gerald Lincoln)认为,羊的年度节律计时器可能位于脑垂体的 PT(第四章)(Macgregor & Lincoln, 2008)。除此观点外,对于哺乳动物年度节律钟的组织解剖学位置,甚至是否存在一个独立的相应结构——且不说它确切的机制——我们都还不知道。这在如今"生物学必胜主义"的时代似乎有点难以置信。信息的缺乏一方面反映了试图将确切的脑区与特定生理学功能相偶联的普遍难度,另一方面也反映出研究一年发生一次的行为是个真正的大难题。

厚皮毛是北部高纬度地区哺乳动物一个突出的适应性特征。北极旅鼠可以加速新陈代谢来应对严寒,但是,除非食物非常充足,否则这种长期的能量需求是很难得以满足的。取而代之的对策是,它们更多地利用隔离和预防热损失来适应恶劣的天气。隔离主要是由羽毛或体毛来提供的,它们在干燥的时候都具有非凡的隔离效果。由于静态空气是非常糟糕的热导体,被困在羽毛和体毛下面的空气大大降低了动物与环境之间的热量交流。

鸟类的羽毛和哺乳动物的体毛因冬季的临近而发生了变化。这是它们为预期到来的恶劣天气而作的准备,但是,这个准备并不是由这种预期引发的。换羽／换毛是由秋季缩短的昼长所驱动的,在此期间,鸟类更换了它们所有或者大部分羽毛,哺乳动物长出了厚厚的毛。在很多物种中,换羽／换毛也具有年度节律。一些在恒定的昼长条件下的鸟类呈现出换羽的年度节律,但没有繁殖的年度节律,这再一次说明,昼夜和年度计时器共同调控季节性生理机能(Gwinner, 1996b)。鸟类具有两类羽毛:防水的正羽,覆盖在身体外表面;绒羽,位于正羽下面,困守住大部分空气。在冬季,家麻雀(*Passer domesticus*)的绒羽比夏天多出11.5%。每一根羽毛都由单独的肌肉来支配,能够挺立于或紧贴皮肤表面,这使得鸟类可以通过改变羽毛中的空气层的厚度来调控热量流失。

哺乳动物的"外衣"也由两种毛组成:紧挨皮肤困住空气层的细毛和形成半不透气表面的粗毛。毛越长,隔热效果就越好。北极哺乳动物每单位面积的毛都比其他动物的多,这给它们提供了轻微的保温优势。如果困住的空气被水——其热容相当于空气热容的25倍——替代的话,那么,羽毛和体毛的隔热特性将统统丧失。所以,北极熊的皮肤整个(除了鼻子和脚底)被油性的、不亲水的毛覆盖。当一只鸟用喙整理羽毛的时候,尾羽腺(preen gland)分泌的油脂使羽毛防水,加上正羽的结构特性,使得羽毛具备比皮毛更好的隔热效果(Davenport,1992)。

冬季伊始,鸟类和哺乳动物都改变了它们的社交行为。以繁殖对(breeding pair)度过春夏并对其他个体表现出高度攻击性的鸟类开始变得合群,并组成有凝聚力的大群体。这不仅为它们提供了数量上的保护,也使得它们能够通过观察群体成员的进食活动而提高自己的食物摄取效率。除此之外,还有一个好处是降低热量流失。苍白洞蝠(*Antrozous pallidus*)挤作一团栖息比单独栖息消耗的能量更少(Irving,

1966)。

蜜蜂也在冬天挤在了一起。"冬天来了,蜜蜂都到哪儿去了?"答案是,它们都待在蜂巢里紧密地挤在一起取暖,并且以储存下来的自酿蜂蜜为食。一些昆虫迁徙到别的地方过冬,为此黑脉金斑蝶(*Danaus plexippus*,俗称帝王蝶)要在秋季飞越数千千米。在非赤道地区,大多数昆虫将它们的繁殖和生长发育限制在春夏之际的温暖月份,并在滞育状态下度过寒冷的冬季。昆虫滞育是代谢活性大幅度降低、大多数情况下需要后续发育的一种状态。20世纪20年代早期,马尔科维奇(Simon Marcovitch,俄罗斯移民,曾与加纳和阿拉德在同一栋大楼工作,后来担任田纳西大学的昆虫学教授)的研究表明,蚜虫形态的季节性差异是由光周期调控的(Marcovitch,1924)。昆虫滞育通常由秋天缩短的昼长引发,它已成为我们逐步认识光周期现象的最重要的模型之一。

所有昆虫的发育都始于卵止于成虫,但是中间路径大不相同。诸如苍蝇、蝴蝶和甲虫等,属于完全变态型昆虫。这种类型的昆虫经历了卵→幼虫→蛹→成虫4个阶段的生活周期。它们在蛹中上演了从幼虫到成虫的"完全的"转变——幼虫或蛹看起来一点儿也不像成虫。相比之下,不完全变态型昆虫,如蟑螂、蝗虫、蟋蟀、竹节虫和蚜虫等,经历了卵→若虫→成虫3个阶段的发育过程。在大多数情况下,不完全变态型昆虫的若虫像一只没有翅膀的微缩版成虫(图5.3),它们不像完全变态型昆虫那样有形态完全不同的幼虫期和蛹期。此外,不完全变态型昆虫的翅膀在不同的若虫期持续发育,这些不同发育阶段即为大家所熟知的"龄期"。完全变态型昆虫的翅膀直到成虫期才出现(Gullan & Cranston,2004)。令情况进一步复杂化的是,完全变态型昆虫的幼虫经历的几个生长期,也被称为"龄"。

不同种类的昆虫在不同时期停止发育。伊蚊(*Aedes*)在还是卵中的

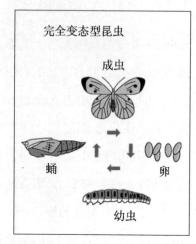

图5.3 完全变态型昆虫,例如欧洲粉蝶(*Pieris brassicae*)将卵产在卷心菜和旱金莲等植物的叶子背面。卵孵化成幼虫(毛虫),幼虫经几次蜕皮期(龄期)并变大之后,表皮开始颜色变深变硬从而形成蛹。冬季的蛹处在滞育状态,成虫将在春天破茧而出。不完全变态型昆虫,比如沙漠蝗(*Schistocerca gregaria*)没有幼虫期。卵孵化为若虫,在经历了一系列蜕皮(形成了不同龄期)之后,若虫越来越像成虫。在翅膀发育期间,它们飞到新的地区,在那里进食、交配、繁殖。成虫在夏末和秋季滞育,直到来年春季才性成熟。

胚胎时进入滞育;金小蜂(*Nasonia*)、麻蝇(*Sarcophaga*)和红蝽(*Pyrrhocoris*)分别在幼虫期、蛹期和成虫期进入滞育(Saunders *et al.*, 2002)。"滞育"这个术语由得克萨斯科学家惠勒(William Wheeler)于1893年首次使用。现在引用比较多的关于滞育的概念是由康奈尔大学的陶伯(Maurice Tauber)及其同事定义的:

滞育是神经激素介导的、低代谢活性的一种动态生理状态。伴随着形态发生的停顿、极端环境抵抗能力的增强、行为活动的改变和减少。滞育发生在昆虫由基因决定的变态过程中,它的表达方式是物种特异的,通常是对不利的生存条件来临前的一些环境刺激因子的响应。一旦滞育开始,即使环境条件适宜于发育,代谢活性还是会处在受抑制状态(Tauber *et al.*,1986)。

滞育不仅意味着要度过季节变化的特殊时期,还意味着要实现整个生活周期与不同环境中季节性变化的同步化。加拿大自然博物馆的丹克斯(Hugh Danks)简洁地解释了这个重要的观点:

> 每一个个体都通过拟定连续的发育策略而遵循着一个特殊的生活周期路径,比如,是否进入滞育,是否不活动,是快点发育还是慢点发育。当整个生活周期中有多个决策点时,多个不同的路径便成为可能。根据自身的遗传规划,尤其是对眼下环境信息的响应,通过调整未成熟期的持续时间、变为成体的时间,或者繁殖的时机,每一个个体可以最大化它的生存机会。当然,对特定环境的响应可以在生活周期中发生变化,以便短的光周期在早龄期有一个效应,而在晚龄期有一个与之相反的效应(Danks,2005)。

昆虫滞育的一个要点是,进入滞育的时间由生活周期中的一个时间点决定,滞育现象却在另一个时间点表现出来。但是无论滞育发生在什么时期,其调控过程中的关键事件都是阻止脑中至少一种神经肽的分泌,在神经肽低水平分泌甚至不分泌的状态下,发育被有效地"卡住"了。

昆虫的发育严重依赖于三种激素(图5.4)。促前胸腺激素(PTTH)由脑外侧的神经分泌细胞产生,储存在叫做"心侧体"的组织中,并从这里释放。PTTH刺激位于头部后面的前胸腺产生叫做"蜕皮激素"(ecdysone)的类固醇激素。蜕皮激素能刺激蜕皮,并能促进蛹发育为成虫。保幼激素(JH)是由咽侧体合成并释放的。它的作用是复杂的,但是根本上,高浓度的JH(和蜕皮激素)刺激另一个幼虫期产生,从而有效地延迟了完全变态型昆虫蛹期的到来。当JH低于临界浓度并且／或者靶组织的敏感度变低,蛹就会形成,这个发育是由蜕皮激素单独激发的(图5.4)(Gullan & Cranston,2004)。

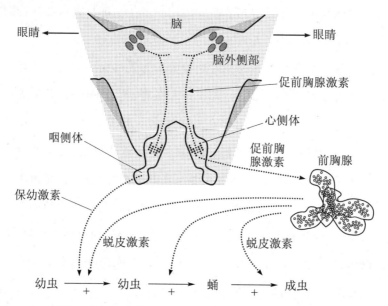

图5.4 昆虫脑的顶部(背面图)。参与昆虫发育的三种主要激素。(1)促前胸腺激素,由脑外侧的神经分泌细胞产生,由心侧体释放,刺激前胸腺产生蜕皮激素。(2)蜕皮激素,产生于前胸腺,刺激蜕皮和成虫发育。(3)保幼激素,产生于咽侧体,能够促进另一个幼虫阶段(龄期)的产生,因而延迟蛹的形成。当保幼激素处于低水平时,蛹就会形成。在成虫中,保幼激素介导生殖活动,比如卵的发育。

　　成虫滞育是因缺乏JH引起的。JH通常和昆虫的发育有关,尽管如是命名,事实上它在成虫中也存在,而且参与性成熟方面的调控,例如雌性的卵的发育。JH水平的降低导致了滞育产生。在马铃薯叶甲(*Leptinotarsa decemlineata*,可以摧毁马铃薯作物)中,成虫滞育是由短的昼长诱导的,并被春季变长的昼长终止。

　　威廉斯(Carroll Williams)和他在哈佛大学的同事对天蚕蛾(*Hyalophora cecropia*)蛹的滞育所进行的研究,可谓经典之作。在这个物种中,蛹的滞育发生在夏末,并且是由毛虫不能释放PTTH触发的,这接下来导致前胸腺释放蜕皮激素的水平降低。天蚕蛾静止在蛹中,到5月或6月初以成虫的形态出现。这些成虫只活大约两周,而且不进食,它们生存的唯一目的是进行交配和产卵(Saunders et al., 2002)。

滞育的光周期信号往往是在发育早期被探测的,这个阶段是"敏感期"(表5.1)。对于麻蝇,蛹的滞育是母体内胚胎发育时和幼虫早期发育时被触发的。敏感期的时间可能更早。例如在金小蜂和丽蝇中,光周期由母体探测,并难以置信地传达给尚未分化的卵。我们还不知道这是怎么发生的,不过看起来似乎是,在敏感期,作为诱导因素的光周期的数量需要叠加至一个阈值,方能启动滞育开关。尽管昼长是关键的环境因子,但是水分、饮食和温度都可以影响不同物种滞育的精确时间。一般来说,天气越冷,群体中滞育的发生率越高。

表5.1　显示不同物种在生活周期中进入滞育的时期,以及对诱发滞育的光周期信息敏感的时期

物种	滞育期	敏感期
家蚕(Bombyx mori)	卵	母体内
丽蝇蛹集金小蜂(Nasonia vitripennis)	幼虫	母体内
麻蝇(Sarcophaga argyrostoma)	蛹	胚胎
无膜翅红蝽(Pyrrhocoris apterus)	成虫	若虫
红头丽蝇(Calliphora vicina)	幼虫	母体内

许多昆虫使用专门的光探测系统,而不是精密的复眼和单眼来探测光周期的光信号。这是主要应归功于利斯(Tony Lees)的诸多重要发现之一。利斯是昆虫光周期现象(Saunders, 2005)的早期开拓者之一,他的兴趣是在剑桥开始研究果园害虫红蜘蛛(Metatetranychus ulmi)的时候被激发的。他把红蜘蛛放到实验室窗台上的玻璃容器里,秋天的

时候,他注意到这些红蜘蛛显然自发地开始产下它们要过冬的滞育的红色卵。他推断这是红蜘蛛对缩短的昼长的响应,因为实验室内的温度一直是相对恒定的。接下来,他在伦敦帝国学院进一步研究了巢菜修尾蚜(*Megoura viciae*)[哈迪(Jim Hardie),个人通信]。

这种蚜虫的生活周期有点复杂(图5.5)。其实,在漫长的春季和夏季,雄性是多余的。这个时期,雌性成虫繁殖不需要接触雄性,也不需

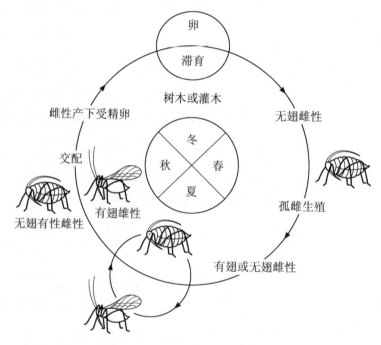

图5.5　巢菜修尾蚜的生活周期。卵以滞育状态度过冬季并在春季孵化,产生无翅的雌性蚜虫。它接下来通过孤雌生殖(不需要性的参与而产生子代)产下下一代雌性蚜虫,这些孤雌生殖产生的蚜虫被称为孤雌蚜(virginoparae)。春末和夏季,雌性蚜虫将依据种群密度产下有翅或无翅的雌性蚜虫。低种群密度促进无翅蚜虫的产生,而高种群密度促进有翅蚜虫产生。这些有翅雌性蚜虫将飞到其他地方祸害新的植物。秋季,随着白昼缩短,孤雌蚜产下有翅雄性和无翅有性雌性个体。它们交配后,雌性蚜虫产下硬壳受精卵,这些卵将在落叶层中以滞育状态度过冬天(Hardie & Vaz Nunes,2001)。

要雄性的帮助。这是一个被称为"孤雌生殖"的无性生殖过程。卵在母体内发育为雌性,直至出生,这个过程被称为"伪胎生"。随着秋季白昼缩短,雌性蚜虫转而繁殖出性成熟的有翅雄性和有翅雌性。它们交配并产卵,这些卵进入滞育以度过冬季(Hardie & Vaz Nunes,2001)。

利斯利用这个复杂的生活周期作为他的诊断工具,寻找蚜虫探测黎明和黄昏的光感受器。尽管20世纪60年代和70年代实验条件有限,蚜虫的个体又很小,但他竟然使用细的光导纤维来照亮它们身体和脑的特定部位。利斯把蚜虫放置在一间光周期为LD 14:10的房间里,以模仿初秋的光周期环境。此外,通过把光导纤维放置到蚜虫的脑部,为蚜虫提供了一个每天2小时的补充光照。他的逻辑是,如果蚜虫探测到了这2小时光照,并有效地将其加到了背景光周期中,那么,这些蚜虫就相当于被暴露在了LD 16:8的环境中,它们会认为这是夏天。在这种条件下,蚜虫将会进行孤雌生殖而产下雌虫。但是,如果这2小时光照未被探测到,蚜虫将把LD 14:10的光周期视为初秋,这将诱发雄性蚜虫和雌性蚜虫交配产卵。结果表明,为了维持孤雌生殖,最好把光纤放置在蚜虫头部的背侧中线处;如果光线直射眼睛或身体其他部位,"秋季"的昼长模式会促发有性生殖。这是一个明确的结果:光是专门由脑区的光感受器来感知的(Lees,1964)。

具有脑区光感受器的不是只有蚜虫。丽蝇的幼虫滞育是由母体感知短日照诱导的,即使母体的视觉系统被移除,幼虫滞育依然会被诱导(Saunders & Cymborowski,1996)。表明昆虫的脑区具有光感受器和光周期钟的确凿证据,来自对烟草天蛾(*Manduca sexta*)幼虫的脑分离实验。在这个了不起的实验中,研究人员从短日照(诱发滞育)环境中的天蛾幼虫身上,将脑和相关神经分泌结构(图5.4)分离出来,放置在培养基中,并在随后三天,将其暴露于长日照光周期下。之后,它又被植入已经做过脑移除处理的短日照天蛾幼虫中。在这个新身体内,滞育没被诱发。可见,分离出来的脑经过长日照驯化后,重新定向了发育进程,使天蛾幼虫沿着不滞育的方向前进(Bowen et al.,1984)。这个领域的任何工作都很不简单,因此光感受器存在于昆虫脑区的证据并不意味着昆虫对光周期的感知不需要复眼,也不能否认复眼在这方面的功能。有可能,一些昆虫利用复眼和脑区光感受器一起来探测光周期(Shiga & Numata,2007)。

脑区的光感受器利用一种基于视蛋白和维生素A的感光色素来起作用,其中,维生素A对光谱的蓝色部分(波长450—470纳米)最敏感(Shimizu et al.,2001)。昆虫脑区的光感受器和其他动物的感光色素一样,具有相同的以视蛋白/维生素A为基础的生物化学机制,而且和鸟类的脑区光感受器一样对光谱的"蓝光"部分最敏感(Foster et al.,1985),并具有基于视黑素的光敏感视神经节细胞(Hattar et al.,2003)。

探求昆虫光感受器的位置和结构、相关的生物化学机制,一直以来都是艰巨的工作,但是,这是理解光周期计时器的本质的前提。与植物、动物及鸟类一样,问题的核心在于,昆虫是否利用一个沙漏计时器或者昼夜节律计时器来定时,这个计时器又是如何作用的。研究人员利用南达-哈姆纳实验(Nanda-Hamner protocols)和宾索实验(Bünsow protocols,即夜间干扰实验,见附录)针对很多昆虫研究了它们是否以昼夜节律计时器为主导。大体而论,昆虫具有一个如图5.6所示的昼夜节律计时器。该图显示了支持存在昼夜节律计时器的实验数据。

正如我们在第三章所讨论的,宾宁曾提出,在植物中,光以两种方式与昼夜节律系统相互作用:在黎明和黄昏牵引昼夜节律,在光敏感期提供光照。随着昼长因季节而产生改变,如果感光期接触光照变多,就会产生长日照反应。这也可以倒过来:在诱导由光周期驱动的改变中

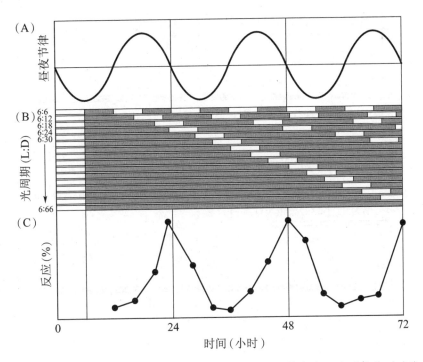

图5.6 (A)24小时昼夜节律图,该昼夜节律驱动对光照敏感的24小时节律。(B)该例子应用的南达-哈姆纳实验方案是,6小时光照之后接着越来越长的黑暗时间,使总周期(T)的跨度在12—72小时。(C)"正反应"图解。如果光周期诱导反应发生在24小时、近24小时或其倍数的时间点,即意味着潜在的昼夜节律发挥了作用。在蝇(丽蝇和麻蝇)和生活在20—22℃恒温条件下的金小蜂中都有这样的反应。

起关键作用的,是在光照敏感期光照的缺失。

各种实验方案的详细研究表明,滞育的诱导事实上是对黑暗敏感的,并且会被黎明后特定时间到来的光照所抑制。这个发现如图5.7所示。

尽管在很多昆虫中昼夜节律计时器和产生光周期反应强烈相关,仍有相当多的实验显示出与南达-哈姆纳实验不一致的结果。通过对巢菜修尾蚜的研究,利斯发现,当"夜晚"超过临界时长,滞育反应就会被触发,而且,这个反应并不涉及昼夜节律的调控(Lees,1966)。利斯

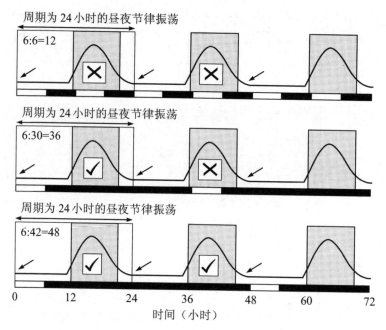

图5.7　假设有一个"黑暗诱导"（灰色框）的24小时昼夜节律（箭头指示节律的开始），如果黑暗在黎明之后的12—20小时来临，滞育将被诱导。如果昆虫在这段时间接触光照，滞育将被抑制。在LD 6∶6（如图中黑白标尺所示，周期 T=12 小时）的南达-哈姆纳实验中，光照总是落在黑暗诱导期，从而不会触发滞育。在LD 6∶30（T=36 小时）的光周期条件下，昼夜节律驱动的黑暗诱导期将先得到激发后又被抑制，依然不会有光周期诱导的滞育。然而，在LD 6∶42（T=48 小时）的条件下，黑暗诱导的24小时节律将总是（作为24小时的倍数）落在光周期的黑暗部分，滞育将被触发。

由此得出结论，一定存在一个沙漏计时器在起作用（图5.8）。

　　问题还在进一步复杂化。爱丁堡大学的桑德斯（David Saunders）是一位研究昆虫时间选择行为的专家。他发现，根据诸如温度、饮食或纬度等环境条件的变化，同一物种能产生不同的反应。例如，在麻蝇中，沙漏特征的反应能够在低温（大约16℃）下产生，高温（大约22℃）时，则发生昼夜节律特征的反应（Saunders *et al.*, 2002）。

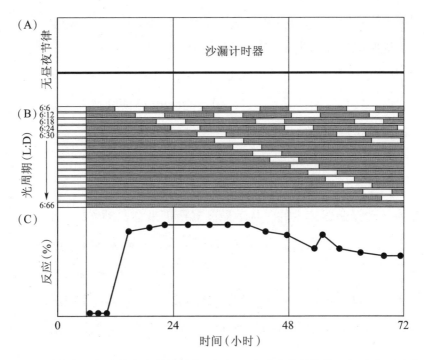

图 5.8　(A)非昼夜节律的沙漏计时器：没有 24 小时节律调控的任何反应。(B)南达-哈姆纳实验，利用了 6 小时光照加上逐步增加的黑暗期，使总周期(T)在 12—72 小时。这个方案和图 5.6 中所示相同。(C)"负反应"图解。当达到临界夜长时，光周期诱导的反应被触发。而且，在此之后，该反应达到稳定水平，没有明显的昼夜节律(24 小时)调控作用。这些反应表明，参与作用的是沙漏计时器而非昼夜节律计时器。在这个图解中(基于蚜虫研究)，当夜长超过 12—14 小时(类似于初秋)，蚜虫的有性形式就会产生，并最终产生过冬的卵(图 5.5)。

　　所以说，情况似乎是这样的：一些物种使用昼夜节律计时器，另一些物种使用沙漏计时器；在某些情况下，根据天气状况不同，起作用的有时是昼夜节律计时器，有时是沙漏计时器。这不是令人满意的解释，而关于昆虫的光周期反应的时间选择依靠昼夜节律钟还是沙漏钟这一论战已经持续了将近 50 年。宾宁比较中庸地提出了如下论点："自然进化定然有超过一种方法来解决这些问题。"（Saunders *et al.*, 2002）有可能不同物种进化出了不同的解决办法。生物学是无章可循的。

受麻蝇研究的影响,桑德斯和他的同事认为,昆虫不可能随着温度、纬度或饮食的改变而从一种形式的计时器转换为另外一种(昼夜节律计时器转为沙漏计时器,或反之)。他提出,不同的结果其实是单一机制在不同条件下的不同表现。

这个广义的解释有赖于主时钟(master clock)或起搏器(pacemaker)与从动振荡器(slave oscillator)的耦合。光周期反应不是由起搏器,而是由从动振荡器产生的。从动振荡器接下来会驱动光敏性节律(图5.9)。通常,从动振荡器(耦合着起搏器)驱动黑暗诱导反应的昼夜节律,此时,一旦黑暗期超过了临界时长(比如秋季变长的夜晚),就会触发滞育。如果从动振荡器与起搏器耦合得非常弱,它们会快速地解耦合,并在诸如黑暗或低温条件下逐渐减弱振动幅度。光照会恢复起搏器和从动振荡器之间的耦合,因而黑暗诱导的节律将重新出现,只要超过了临界夜长,滞育反应就会被触发。所以,一个严重衰减的昼夜节律振荡器无论怎么看都像是一个沙漏计时器!

并非所有人都认同我们已经找到了答案。而且,对一般读者来说,很明显,他们会问:这重要吗?如果我们想要加深对昆虫季节性时间选择的理解,答案无疑是肯定的。而且,一旦我们认识到昆虫对于农业的危害有多大,以及人们为防治虫害耗费了多少化学药品,我们就认识到了它有多重要。如果我们知道它是如何起作用的,我们就能设计方法来干预这个过程。

就目前而言,假设昆虫滞育是以昼夜节律振荡器为基础的,那么下一个问题就是,这种设计在分子水平上是如何预期季节性变化的。我们通常从研究黑腹果蝇(*Drosophila melanogaster*)开始来处理这个问题,因为这个物种已经为我们提供了很多关于动物生物钟的分子基础的概

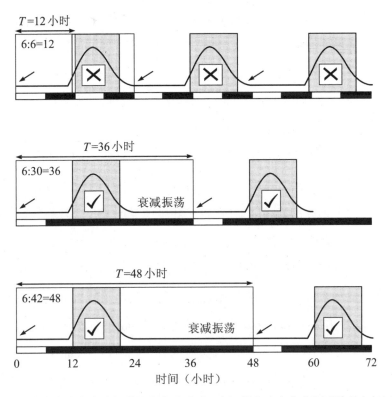

图5.9　快速衰减的从动振荡器如何在南达-哈姆纳实验中产生"负"结果(对比图 5.7)。从动振荡器(通常耦合着起搏器)驱动黑暗诱导的昼夜节律(箭头指示光照诱导的节律的开始),如果黑暗超过临界时长(比如秋季渐渐变长的黑夜),就会触发滞育。在黑暗中,从动振荡器与起搏器解耦,并快速减幅,导致了黑暗诱导节律的丢失。在南达-哈姆纳实验中,光照的定期来临将诱导起搏器和从动振荡器之间的耦合恢复,因而黑暗诱导的节律将重新出现。当夜长和黑暗诱导节律重合,滞育反应就会被触发。在这个例子中,黎明后12—20小时的黑暗将诱导滞育发生(灰色框)。如果昆虫在这段时间接触光照,滞育就会被抑制。在LD 6:6的南达-哈姆纳实验中(T=12小时),黑暗诱导期得到了第一个6小时光照的诱导,但黑暗诱导期大概位于黎明后12—20小时。因此在LD 6:6的光周期条件下,光照将总是落在黑暗诱导期,不会出现滞育。在LD 6:30(T=36小时)的光周期条件下,黑暗诱导期又被第一个6小时的光照诱导,并位于黎明后大约12—20小时。这段30小时的黑暗将和黑暗诱导期重合并激发滞育。在延长的黑暗条件下,这个节律快速减幅并消失。但是,随着光照来临,起搏器和从动振荡器会重新耦合并开始黑暗诱导的节律。同样的现象将在任何具有延长的黑暗期的光周期条件下发生,比如我们所见的上一个具有LD 6:42光周期的例子。因此,一个沙漏钟特征的反应(图5.8),理论上就能由严重衰减的昼夜节律振荡器产生。

念性理解,其他动物都没有这个优势。令人沮丧的是,果蝇对光周期只有非常弱的滞育反应。因此,对昆虫光周期计时器的遗传学和分子生物学水平的分析,远远落后于对其生理和行为的分析。至今,我们仍对那些表现出稳定的、因光周期改变而产生滞育反应的昆虫的分子生物钟知之甚少(Tauber & Kyriacou,2001)。

虽然果蝇在实验室里的光周期反应相当微弱,但不是完全没有。暴露在短日照和低温条件下的雌性果蝇会进入卵巢生殖滞育而停止产卵。在两个半球的高纬度地区,自然环境中经历了几个月的冬季后活下来的个体会在来年春季继续产卵。卵巢中没有卵意味着滞育,这个反应被用来研究生物钟基因是否和滞育相关。证明生物钟基因参与滞育的最好证据来自一项近期的研究,这个研究是由莱斯特大学的基里科(Bambos Kyriacou)和帕多瓦大学的科斯塔(Rodolfo Costa)合作完成的。

他们发现,生物钟基因 *timeless* 有两种天然变体:*ls-tim* 和 *s-tim*。携带 *ls-tim* 基因的雌性果蝇比携带 *s-tim* 基因的雌性果蝇更可能在短日照和低温条件下作出滞育反应。尽管这些研究把 *tim* 基因和滞育联系到了一起,但是,目前我们依然不清楚,*tim* 基因的变体是否作用于光周期计时器本身,或滞育中其他与时间选择无关的部分,比如这个计时器的光敏性。尽管有这些研究,对于昆虫滞育时间选择的分子机制,我们目前还只能说,它仍是一个谜。

另一个谜是,研究人员发现昆虫似乎还具有年度计时器!我们40多年前就知道,小圆皮蠹(*Anthrenus verbasci*)具有大约41周的温度补偿的年度自由运转周期,而且,这个周期是受光周期调控的。近期的工作已经确认并推进了这个发现(Nisimura & Numata,2003),提供了明确的证据证实年度计时器至少存在于一个昆虫物种中。然而,与鸟类及哺乳动物一样,我们还不知道这个年度节律钟的位置和机制。

第六章　择时迁徙

我该留下,还是离开。

——碰撞乐队(The Clash),

《战斗摇滚》(*Combat Rock*,1981)

　　想到迁徙,我们脑海中会不由浮现出成群结队的鸟儿或者太平洋鲑鱼,鸟儿们飞越沙漠、海洋或高山,鲑鱼群跃过阿拉斯加河水的急流、逃过灰熊的利爪,它们这样完成着一年一度的往返迁移。然而,"迁徙"远不限于此,它可以用来描述广义上的运动,包括微生物在土壤中的小尺度移动、浮游生物每天在海洋中的大幅度垂直位移、信天翁(*Diomedea* spp.)长达数千千米的觅食旅行。本书中,迁徙是指动物群体根据它们对环境的需求,季节性地更换栖居地(其中一处为繁殖地)的迁移行为。动物之所以季节性地迁徙,是因为它们的生存和繁殖从中受益。

　　几千年前,旧石器时代的人类祖先在欧洲平原和山路上观察到大型哺乳动物的季节性迁移行为。对这种行为的规律性的认识和预期,成为人类设置埋伏时的一种竞争优势。据《圣经》(Bible)记载,先知耶利米(Jeremiah)曾说:"空中的鹳鸟知道来去的定期,斑鸠、燕子与白鹤,也守候当来的时令。"古希腊人和古罗马人也曾提及迁徙。虽然人类有史以来无数次见到动物迁徙,然而,历经长时期的观察,我们仍未能揭开其神秘的面纱。1789年怀特(Gilbert White)撰写《塞尔伯恩自然史及古迹》(*Natural History and Antiquities of Selborne*)一书时,很多人相信家燕(*Hirundo rustica*)蛰伏于洞中或当地池塘的泥土里过冬,怀特似乎对此观点将信将疑。民间多有传言说北方水域的渔夫捕鱼的同时,也捞到了正在冬眠的鸟儿。对一生不曾远足的人们而言,他们根本无法相信那么小的鸟儿会飞越半个世界然后再飞回来。

动物的迁徙方式五花八门,飞翔、游泳、行走、爬行甚至危难时刻的随波逐流。目前,不同物种迁徙的进化起源仍在激烈争论中。某些物种迁徙主要是为了得到成功繁殖所需的大量资源,而另一些物种可能是为了避开当前季节严酷的环境和/或捕食者、寄生虫。许多物种进行圆形旅行或"环形迁徙"(图6.1),它们途经非繁殖区域回到繁殖区域(这里也是它们的出生地)的路线和离开时路线不同。有一些物种则进行单程旅行,例如很多昆虫从它们的出生地迁徙到下一个繁殖区域,在那里产下后代并且死去(Dingle & Drake, 2007)。鸟类的飞行距离是惊人的。每年,北极燕鸥(*Sterna paradisaea*)从它们的冬季栖息地南极迁至繁殖地北极,之后再迁回,行程约36 000千米。一些亚群可能要绕大西洋或太平洋飞行一圈(图6.1B)。斑尾塍鹬(*Limosa lapponica baueri*)可以持续飞行11 500千米。追踪显示,一只斑尾塍鹬在8天之内就能从阿拉斯加飞回新西兰。

诸如旅鼠之类的啮齿动物,当群体数量激增并超出资源的承载能力时,它们会离开所在区域。这不是迁徙,而是不再回归的不定期疏散,意味着大规模迁出及对另一个区域的大规模入侵。在北非,所谓的飞蝗(*Locusta migratoria*)大规模迁徙实际上是一种入侵,它们对庄稼造

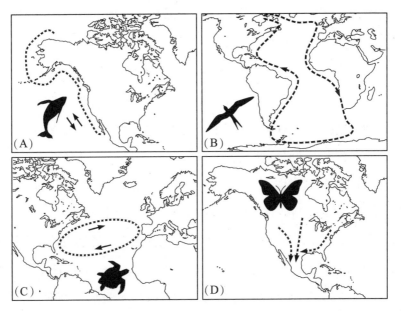

图6.1 四种动物的全程迁徙路线。(A)灰鲸(*Eschrichtius robustus*),其往返旅程大致相同。(B)北极燕鸥的环形迁徙,这种鸟一年可迁徙36 000千米,是世界上的长程运动冠军。(C)蠵龟(*Caretta caretta*)的环形迁徙。蠵龟经历了世界上最长的海洋迁徙之一。佛罗里达州东海岸沙滩上的蠵龟幼体离岸迁徙到北大西洋环流——环绕马尾藻海的圆形洋流。年幼的蠵龟在这个相对安全的开放式海洋环流系统内停留几年之后,才返回美国东南沿海的觅食区。(D)帝王蝶的单程迁徙。它们一天可以飞行120千米。

成了巨大破坏,但是,沙漠蝗在它们的冬季繁殖地和夏季繁殖地之间进行真正的迁徙。

除了上述情况,大多数飞行、游泳、行走、爬行和漂泊都是迁徙,其目的是找到合适的地方繁殖或者生存。新的目的地通常能为动物们提供优质而充足的食物,更有利于它们哺育后代和／或躲开捕食者。海龟(*Chelonia mydas*)每年在辽阔的海洋中迁徙2000多千米,从它们位于巴西沿岸的觅食地抵达筑巢地——宽不足10千米的小孤岛阿森松岛。通过同步化它们的繁殖,成千上万的子代几乎同时孵化,其数量大大超出了阿森松岛相对较少的捕食者的食物需求。很多新生儿被吃掉,更多则成功进入海里。

北象海豹(*Mirounga angustirostris*)于圣诞节前后进入生育期,它们的繁殖区位于加利福尼亚沿岸的偏远海滩。在这里,雌性总共停留约40天,而雄性超过100天。雄性和雌性在岸上时均不进食,它们会在这个生育季节失去30%的体重。生育结束之后,雄性向北迁徙到一些大陆边缘地区(从俄勒冈海岸到大约5000千米之外的阿拉斯加西部的阿留申群岛)。它们将一直停留在这些地方直到返回繁殖地。

雌性北象海豹则进入太平洋东北部的深水区。雄性海豹在食物充足的大陆边缘觅食时易受到大白鲨(*Carcharodon carcharias*)和虎鲸(*Orcinus orca*)的攻击,而生活在辽阔海洋中的雌性海豹就不太可能遭遇这些捕食者。虽然雄性北象海豹迁徙较远,日常所冒风险较大,但是生存下来并得以生育的雄性,其生殖成果是巨大的。一项研究发现,群体中180头雄性北象海豹里面,仅5头负责了和470头雌性中50%—92%的交配(Clutton-Brock,1998)。

和很多太平洋沿岸的其他迁徙动物一样,北象海豹的生存受到了气候变化的严重威胁。在1997—1998年厄尔尼诺现象期间,加利福尼亚的北象海豹幼崽死亡率高达80%。狂风、暴雨、上升的海平面和高涨的潮水共同导致了北象海豹群体被淹没,幼崽被冲走。预计,这种事件的发生将随着气候变化而愈发频繁(Mathews-Amos & Berntson,1999)。

在冬季,帝企鹅(*Aptenodytes forseri*)长途跋涉50—200千米,越过稳定的浮冰来到南极冰架,抵达几乎没有捕食者的繁殖区,这也许是最惊人的迁徙之举。4月初,当大多数南极的鸟儿向北出发远离这里的冬季时,帝企鹅却拖着脚步向南前进。帝企鹅打破一切常规,秋季产蛋,用4个月的冬季时间孵育。雌性帝企鹅在6月产下一枚450克的蛋。在徒步回到海里进食鱼类、磷虾和鱿鱼之前,它将蛋转交到雄性帝企鹅的脚掌上。蛋在雄企鹅的育儿袋中孵化,大约需65天。在此期间,雄企鹅不进食,仅依靠脂肪存储度日。育儿袋中的温度比外界隆冬的温度(-50℃)高出大约80℃,一旦蛋接触到冰,里面的小企鹅会迅速死去。

繁育群体通常待在受掩护的地方,这里的冰崖和冰山帮助它们防御时速可达200千米的寒风。帝企鹅不筑巢,这使得它们可以紧紧地挤在一起共同抵御寒冷。雌性帝企鹅回来后,它可以在数以百计的父亲中,通过叫声找到丈夫。之后,它接手照料小企鹅,将储存在胃里的食物吐出来喂它。这时已经失去将近45%体重的雄性企鹅会离开,走向大海。冰层的融化缩短了繁殖区与大海的距离,雄性企鹅的行程随之缩短。数周之后,雄企鹅便会返回,和雌企鹅一起照顾小企鹅。随着天气逐渐变暖,小企鹅们聚集在"托育中心"取暖并得到保护,不过它们仍需要父母的喂食。这是一个艰辛的过程,但在此期间,这个孤立的环境中捕食者甚少,主要是巨鹱(*Macronectes giganteus*)和麦氏贼鸥(*Stercorarius maccormicki*)。最后,小企鹅和父母一起返回大海,以南极洲附近沿海地区的充足食物为食(Barbraud & Weimerskirch,2001)。

鸟类是为数众多的移居者。大约40%出生在英国的鸟类物种不在英国过冬,它们向南迁徙,一些去南欧,另一些到更远的地方。家燕可以迁徙到遥远的南非海角。这些都是冒险的旅程,并且耗能巨大(Berthold *et al.*,2003)。尽管如此,65%的鸟类物种都迁徙。因为,即便旅程伴随着高死亡率,迁徙对于家燕和数以百计的其他鸟类物种来说,仍无疑是一个有效的策略。然而,迁徙原因比这个现象本身更为复杂。确实,留在较高北纬地区过冬是没有意义的,因为这里几乎没有植被,鸟类在较短的白日里没有太多时间去找到它们。但是在低纬度地区,仍有很多鸟类在冬天向南迁徙。

在春夏之际,北纬纬度较高地区有充足的种子、果实和昆虫。牛顿(Ian Newton)推测,如果没有其他鸟类迁徙到高纬度地区,那么,任何真正移居到那儿的鸟类,比起留在低纬度地区和留鸟竞争,都可以更好地利用高纬度地区丰富的、未被充分利用的资源繁殖更多后代。这将是一个巨大的选择优势。他以下列方式总结了这个论点:

> 秋季迁徙的优势是可以得到冬季更好的食物供应而提高了冬季生存率,春季迁徙的主要优势则是可以得到夏季更好的食物供应而提高了繁殖成功率(Newton, 2008)。

在离开之前,候鸟经历了一系列行为和生理的变化。食欲和摄食量明显上升——被称为"饮食过多",这开始于迁徙前大约2—3周,并贯穿整个迁徙期。这个现象伴随着脂肪生成和储存的效率提升。因此,一只候鸟可以通过脂肪积贮将体重每天提高10%,而平时是1%—3%。飞越墨西哥海湾的红喉北蜂鸟(*Archilochus colubris*)和从英国迁徙至西非的蒲苇莺(*Acrocephalus schoenobaenus*)都贮存了相对它们的体积来说大量的脂肪。这很必要,因为这两个物种的迁徙都是在持续飞行中完成的。那些携带较少脂肪或行程较长的物种通常分阶段飞行,并会沿途停下来进食并增重(Åkesson & Hedenström, 2007)。

此外,鸟儿的胸肌变大,并拥有充足的氧化("燃烧")脂肪所必需的酶。脂肪是最好的燃料,因为它单位质量提供的能量两倍于糖原和蛋白质。

在鸟类迁徙中,白颊林莺的表现是最惊人的。它迁徙至南非的水上飞行,要求它持续待在空中80—90小时,其代谢当量相当于人以约每分钟400米的速度持续奔跑80小时。如果一只白颊林莺燃烧的不是自身储备的脂肪而是汽油,那么它用每升汽油可飞行300 000千米。白颊林莺在繁殖季节结束时,体重一般是11克左右。而在为大西洋长途跋涉之旅作准备期间,它将积累足够的脂肪储备,体重增至21克。假设它在飞行中的脂肪消耗率是每小时0.6%的体重,那么,此时它已经为自己增加了足够的大约能飞行90小时的燃料,而通常情况下,此段迁徙之旅需要花费80—90小时。一个士力架巧克力棒中的14克脂肪,就可以提供1.5倍于白颊林莺从新英格兰飞到南美洲所必需的能量(Deinlein,1997)。

迁徙的准备涉及饮食的改变。许多秋季候鸟的食物从昆虫转变为浆果和其他水果。秋季来临,昆虫数目急速下降,而水果(糖类和脂类含量很高)变得充足。迁徙前,飞行肌通常变得更宽大,以便为新增加的脂肪积贮提供附加的升力。然而,根据格罗宁根大学皮尔斯马(Theunis Piersma)的解释,迁徙远不止吃、储存和燃烧脂肪这么简单。比如企鹅,它们在繁殖季节漫长的禁食期收缩肠子,而候鸟通常在准备迁徙时收缩肝脏、胃或肠子。皮尔斯马在20世纪90年代中期发现,在迁徙之前,尽管斑尾塍鹬吃得足够多,使得脂肪量超过了体重的一半,但它们仍收缩内脏。肠子或其他器官收缩一半甚至更多,减少了能量消耗。待再次开始进食之后,它们的肠子会有所增长。皮尔斯马对此过程给出了一个精辟的描述:"肠子不飞。"(Piersma & Gill,1998)

大多数迁徙物种在一年内的大部分时间里是独来独往的,不过在迁徙之前或迁徙期间,它们开始聚集在一起。这种社交行为似乎更有利于回避捕食者、寻找食物和判断方向。一些物种,诸如鹅、野鸭、天鹅、鹈鹕和鹤,排成V形飞行,这似乎能增加飞行空气动力,减少能量消耗(Nathan & Barbosa,2008)。

另一个根本性的行为变化是从只在白天活跃变成了晚上飞行。这种行动时间从日间转为夜间的行为发生在很多物种的迁徙过程中,包括大多数的水鸟和鸣禽。夜间飞行可能带来的好处包括:降低受天敌攻击的可能性,降低脱水或过热的威胁,更有可能遇到顺风,更易于导航。相比于白天的热空气和多变的风向,夜间的空气质量更稳定,而且,夜间飞行给鸟类留出更多的白天时间去觅食。

关在笼中的候鸟有一个看似奇怪的行为,这成为研究迁徙的关键之一。早在18世纪中期,鸟类爱好者就发现,昼行性的候鸟在为迁徙作准备之际,其被囚禁的同类夜间活动和跳跃频次总体上会有所增加(Farner,1950)。20世纪30年代,德国的鸟类学家将这种替代迁徙行为称为"迁徙兴奋"。1949年,克拉默(Gustav Kramer)以这种可观察并可测量的不安分行为作为研究迁徙活动的标记,结果发现,夜空下笼中的红背伯劳(*Lanius collurio*)和黑顶林莺(*Sylvia atricapilla*),其"迁徙兴奋"的朝向和正常迁徙方向一致。记录笼中鸟儿运动的方法之一是在笼子下面安装微动开关。另一方法是将鸟放在一个带金属丝网盖的笼子中(图6.2)。笼子呈锥形,可定向,内衬白纸,底部有印泥,每次鸟儿跳到笼子的斜面上,就会留下它漆黑的脚印。

这套实验室技术为研究人员在可控条件下考察鸟类迁徙中的重大问题之一,即它们如何为季节性活动选择时间,提供了方法。如果鸟类在迁徙之前要进行一系列准备活动,那么,它们需要一套方案来精心安排饮食、脂肪存储、器官缩小等一系列活动的顺序,同时,它们还得使这些活动的总体时间安排不耽误预期行程。此外,它们必须为离开选好时机,以便到达迁徙目的地时可以将春季成功繁殖和秋季安全返回的概率最大化。

埃伯哈德·格温纳在早期的工作中注意到,笼养的欧柳莺(*Phylloscopus trochilus*)在恒定的明暗条件下表现出一年一度的自发的"迁徙兴奋"。这为内禀年度节律参与鸟类季节性择时事件这一观点提供了第一个明确的证据(彭杰利在黄鼠研究中独立提出了相似的发现)。佩

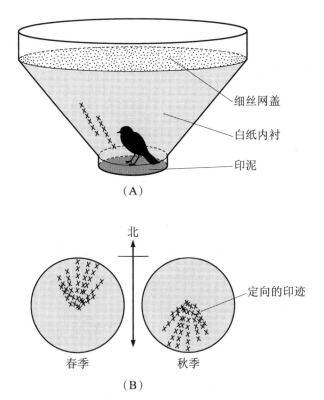

图6.2 庭园林莺迁徙兴奋(迁徙躁动)的方向定位。(A)锥形定向笼子,中心有印泥,并带有金属丝网盖。鸟儿每次从印泥上往边缘跳跃,就会留下脚印作为标记。(B)标记的方向,春季朝北,秋季朝南。

尔瑙(Count Johann von Pernau)在1702年断言,北纬较高纬度的鸟类在一年中相对较早的7月和8月向南迁徙不仅仅是受饥寒所迫,而是还存在一种潜在的动力驱使它们离开(Slater *et al.*, 2003)。格温纳的工作肯定了这个著名推断。

欧柳莺一年中的大部分时间留在赤道地区,春季向北迁徙,秋季返回。完整的换羽期发生在它向北迁徙后的夏季,以及向南迁徙后的冬季。研究人员发现,在持续28个月的人工调控的LD 12∶12条件下,笼养的欧柳莺依然存在迁徙兴奋节律和换羽节律,其平均周期大约为10

个月（Gwinner，1967）。在光周期信号恒定不变的条件下，迁徙兴奋节律和换羽节律在很多鸟类物种中可持续存在至少10个循环。这是一个令人信服的证据，说明了迁徙受到年度节律的调控（Gwinner，1986）。

值得注意的是，鸟类所呈现的"迁徙兴奋"表征具有物种特异性和种群特异性。德国黑顶林莺迁徙约1000千米，而加那利群岛的黑顶林莺并不迁徙。在秋季对这两个种群进行实验室研究，结果德国黑顶林莺表现出高水平的夜间迁徙兴奋，多达150天，而加那利群岛黑顶林莺的夜间活动仅有少量增加，只持续40多天。这两个种群的杂交后代呈现出的迁徙兴奋强度，介于两者之间，这说明对黑顶林莺甚至更多迁徙鸟类而言，迁徙机制中有一个很强的遗传组分编码了鸟类迁徙多久、迁徙多远（Berthold & Querner，1981）。

迁徙方向也包含在鸟类的季节性时间方案中。格温纳以园林莺为研究对象。他亲手将林莺养大，在它们的第一个秋季和春季迁徙季节，将其饲养在环形的、可定向的笼子中，提供恒定的LD 12∶12光周期和恒定的温度，定期监测它们所呈现的夜间迁徙兴奋的方向偏好。实验期间，这些鸟儿暴露于当地的地球磁场中，但是看不到天空。它们表现出显著的秋季向南、春季向北的方向偏好。格温纳总结："这些结果支持这一假说，即迁徙方向的逆转源于偏好方向的自发改变，偏好方向又由内禀年度节律控制的外在定向信号而定。"（Gwinner & Wiltschko，1980）类似的结果也发现于其他迁徙物种中，包括黑顶林莺（Helbig *et al.*，1989）和斑姬鹟（Gwinner，1996b）。

这个年度节律机制非常稳定。无论将笼养的鸟置于何种条件下，是完全黑暗、高湿度、模拟降雨，还是轻微的食物限制，它们迁徙兴奋的时间选择、发生次数和方向都保持正常。只有当鸟类经历极度饥饿——进食循环时，迁徙兴奋的次数才会下降。当食物持续受限时，迁徙兴奋的次数也会上升。唯一可以改变迁徙机制中时间选择的环境因素是光周期。短的光周期使秋季迁徙提前,长的光周期使春季迁徙提前。因此,光周期似乎是产生迁徙的年度节律的主要牵引媒介(Gwinner,1996a)。不同于季节性时间选择,迁徙兴奋每天发生的时间受昼夜节律调控。黑顶林莺在春季或秋季光/暗周期下显示出季节性的夜间迁徙兴奋。当它们被移到恒定的光照和温度条件下时,其活动和休息的模式不变,但昼夜节律周期变为25.5小时(Gwinner,1996a)。

无论向北还是向南,年度节律都是影响迁徙的时间选择的主要因素。在赤道地区,光周期信号弱,季节预测效果不佳,无怪乎鸟类要通过年度节律计时器来调控自己从赤道前往高纬度的迁徙。但是,存活于热带地区的鸟类并没有完全放弃依靠光周期定时。点斑蚁鸟(*Hylophylax naevioides*)分布于巴拿马中部低地雨林(98°N 79°W),在实验室条件下,它们能够对少至17分钟的光照期增加作出生理上和行为上的反应(Hau *et al.*,1998)。

也许更令人意想不到的是,从高纬度向低纬度地区迁徙时,除了光周期,鸟类还利用年度节律为迁徙选择时机。高纬度地区光周期信号强,正如鸟类依靠光周期决定繁殖的时间,它们也可以依靠光周期信号决定何时向南迁徙。然而,此时年度节律的影响似乎更大。一种解释是,年度节律可防止"光周期混乱"。因为一旦鸟类迁徙到低纬度地区,昼长将改变,而年度节律参照系可以覆盖这些混乱的信号。

并不是所有的鸟类都以相同的方式应对季节的改变。一些鸟类的迁徙时间是一成不变的,例如圣胡安–卡皮斯特拉诺的燕子所创造的"奇迹",它们每年10月23日(圣胡安日)离开加利福尼亚传教区前往阿根廷过冬,次年3月19日集体返回。虽然传说这种燕子200多年来只迟到过一天,不过,我们更认同它们迁徙的日程安排得很紧凑,而非精确。有别于这些燕子的是,大多数情况下,不同物种甚至同一物种的不同种群,迁徙、繁殖和换羽三者的发生顺序和持续时间都存在相当大的差异。如格温纳所述,年度节律、光周期和昼夜节律之间的相互作用,为动物和候鸟的"时间定位"和"空间定位"提供了主要依据(Gwinner,1996a)。

光周期灵活地将内禀计时器与季节循环同步,而且,年度节律对当地环境信号敏感。但是,没有人知道年度节律起搏器在哪、它是怎样起作用的。我们对鸟类的无知就像对哺乳动物一样严重。不过,有迹象表明,松果体所释放的褪黑激素可能在其中起了一定作用。在夜间迁徙兴奋过程中,褪黑激素释放量比较低(Gwinner,1996a,2003)。这是原因还是结果尚不明确——褪黑激素水平较低是因为活动量大,还是夜间褪黑激素水平降低导致了迁徙兴奋?

关于年度节律的产生机制,虽然已有几个模型被提出,但事实上并没有新的进展。一切仍如20多年前格温纳所写:"这在一定程度上源于我们对产生年度节律的生理过程几乎一无所知。"(Gwinner,1986)

迁徙和繁殖相互独立,而且,它们在很多方面是非常对立的。在鸟类离开繁殖区域飞向南方之前,它的生殖系统已经在光周期机制的影响之下萎缩。年度节律随后决定何时迁徙,并要求鸟类在到达繁殖地之时或很短时间之内具备生殖能力。这意味着繁殖程序需要在旅行途中激活,因此,如何选择时间恰好使得迁徙和繁殖达到平衡变得难以处理。在长距离飞行的途中,鸟类不能背负日益变重的生殖器官。而它在繁殖区域一着陆就需要产生适当的生殖行为,包括领域性行为和求偶。鸟类显然做得恰到好处。睾丸激素参与了繁殖的起始,但是鸟类究竟是如何掌握繁殖时机的尚不明确。

对大多数物种而言,在春季早早便开始生育的夫妻都喂养了很多孩子。早一点到达繁殖地可以保证它们占领食物充足的区域，并且往往意味着多产物种在同一个季节有机会生育第二批后代。

最早到达繁殖地点的鸟可能比晚到的——其中一些一个多月之后才能到达——条件好些。有很好的证据表明，冬季栖息地的质量可能是影响候鸟繁殖成功率的一个重要的决定因素。对橙尾鸲莺(*Setophaga ruticilla*)的研究显示，早期到达、条件良好的鸟比晚期到达的鸟在更好的热带栖息地过冬(Norris *et al.*, 2004)。当然，其他因素也很重要。因此，需要考虑鸟类生活周期的各个方面以评判其生殖是否成功。

迁徙兴奋的时间选择是迁徙的问题之一，另一个重要的问题是迁徙方向。鸟类知道它们飞越的景观，而且，它们似乎利用地标进行定向。雷达图像显示，暴露在强侧风下的迁徙鸟群飞离了航线，而如果它们平行于一条主要河流飞行，就不会出现偏离。这些鸟好像可以利用这条河作为依据来改变方向、校正偏离，从而维持正确的航向。同样，迁徙中的鹰要跟随苏必利尔湖北岸或阿巴拉契亚山脉山脊的上升气流，首先必须知道下方的地形，这样才能利用地形结构，节约飞行耗能。

以自然界的地标作为导航手段显然很有用，不过这首先需要迁徙中的鸟是看得见的，同时，它们必须曾经来过这里。鹤、天鹅和大雁的迁徙队伍中老幼皆有，年幼的可以从父母或同伴那里了解迁徙途中的地形图。然而，大多数鸟类并不以家庭式的群体进行迁徙，因此它们首次飞向南方过冬或春季回归时，必须依赖其他线索。一些"环境罗盘"被鸟类用来定向，包括太阳和星星的位置，甚至地球的磁场。

鸟类如果要以太阳作为导航手段，就必须有一套方法抵消太阳在天空中的视动现象。如果一只北半球的鸟想飞到南方，它需要保证早晨6点从东方升起的太阳在其左方，中午的太阳位于它所飞往的南方，晚间的西下夕阳在其右方(图6.3)。

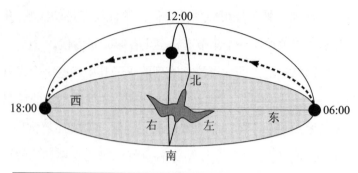

环境时间	昼夜节律时间	飞行角度
06:00	06:00	90°左
12:00	12:00	0°前
18:00	18:00	90°右

图6.3　时间补偿的以太阳作为罗盘的定向机制使得动物(本例中是鸟类)能够抵消太阳(图中以黑球表示)穿越天空的视动现象。一个内禀生物钟(昼夜节律)为鸟类提供了时间信息,使它们以每小时偏离15°的飞行方式来矫正它们的方向,从而弥补太阳视动带来的定向误差。本例中的鸟生存在自然界,因而实际的"钟"和昼夜节律时间是同步的。为了朝北飞翔,这只北半球的鸟必须保证早6点从东方升起的太阳在其左方,中午的太阳位于它所飞往的南方,西下的夕阳在其右方。

20世纪50年代,克拉默首次证明了太阳被不同的鸟类物种用来导航,而且,它们还能够抵消太阳穿越天空的视动现象。克拉默的第一批实验对象是紫翅椋鸟,他在户外训练它们往特定的方向飞以得到食物奖励。他推测鸟类以天空中太阳的位置,即方位角(azimuth)作为罗盘。为了验证这个假说,他将紫翅椋鸟移到户内,以电灯代替太阳指示方向。和之前一样,紫翅椋鸟还是会为了取食而往特定的方向飞,但是这次是以灯泡作为定向依据。电灯的位置是固定的,值得注意的是,虽然这些鸟飞往食物所在的方向,但期间它们在对应灯泡的角度上每小时按逆时针方向偏离15°。

　　克拉默推断,这些鸟一定知道太阳方位角的角速度约为每小时15°,它们有自己的时间机制来抵消太阳罗盘的运动,而且,它们知道自己位于北半球(Kramer,1952)。这个开创性研究最早证实了昼夜节律钟的存在。此后不久,1959年,克拉默在搜寻岩鸽蛋以进行实验时,不幸摔落而死。20世纪50年代末期,克拉默的同事霍夫曼(Klaus Hoffman)进行了后续实验。他将鸟类置于人为的光暗循环中,重新"驯化"它们依据太阳而产生的昼夜节律,结果发现,这些鸟回到自然环境中迁徙飞行时,将根据调整后的生物钟每小时偏离15°。所产生的偏差正好一致于太阳实际的方位角与鸟类依据内禀节律预测的太阳位置之间的差异(图 6.4)(Hoffman,1954)。很多人猜想,依据太阳导航是鸟类与生俱来的能力。然而,研究者在1981年证实,如果成鸟依靠太阳导航,那么,它年幼时必须以亲身经历认识到太阳穿越天空的弧度(Wiltschko & Wiltschko,1981)。

　　太阳不仅因为地球自转而呈现出穿越天空的运动,而且它的视位置也随纬度和季节变化。尚不清楚动物们如何解决后一个问题。此外,诸如昆虫、鱼类和两栖动物甚至不需要直接观测太阳,它们能根据天空中偏振光的模式推断太阳的位置,因为天空光偏振的特性随着太阳位置的改变而改变。

　　鸟类也利用星星导航。1957年,绍尔(Franz Sauer)把鸟放到天文馆中,并将星星投影到天花板上以模仿夜间星空。经过180°的旋转,他使得北极星及其周围的星星翻转到南方的天空。结果,这一举动很明显地使这些鸟的迁徙兴奋的方向旋转了180°。绍尔认为,鸟类利用了星象为迁徙兴奋定向,埃姆伦(Stephen Emlen)为此论断提供了证据。他所发表的在天文馆中对靛彩鹀(Passerina cyanea)进行的实验表明,它可以利用星星的位置信息在非定向磁场中定向。鸟类在年幼时学

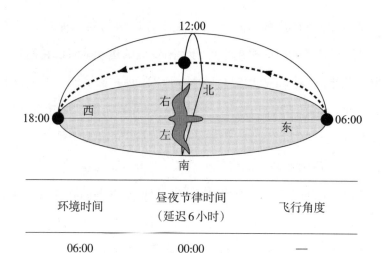

环境时间	昼夜节律时间 （延迟6小时）	飞行角度
06:00	00:00	—
12:00	06:00	90°左
18:00	12:00	0°前

图6.4 根据经过适当调整后的昼夜节律钟,时间补偿的以太阳为罗盘的定向方式。霍夫曼将鸟置于比自然环境的时间延迟了6小时的人为的光暗循环中。在这个条件下驯化一周之后,这些鸟产生了新的昼夜节律。候鸟在正常情况下向南迁徙(图6.3),但是,由于它的生物钟被延迟了6小时,因而,当把它放到自然界中,在中午12点时,这只鸟的生物钟会"认为"此时正是黎明时分,所以它将保持太阳在它左侧90°的方向上,向西而不是向南飞行。在18点时,这只鸟的生物钟"认为"此时为正午,由于正常情况下鸟儿在正午应该向着太阳飞行,因而它依然朝西前进。这种类型的实验表明,鸟类以及其他包括帝王蝶在内的动物利用昼夜节律定时系统来矫正太阳穿越天空的视动现象。这使得它们能够将太阳作为一个稳定的"指南针"(对比图6.3)。

习星图,并在第一次迁徙时利用这些信息为它们的迁徙兴奋定向(Emlen,1970,1975)。

鸟类还通过检测磁场来确定方向。20世纪中期,德国科学家默克尔(Friz Merkel)将欧亚鸲(*Erithacus rubecula*)放在一个没有任何环境线索的大水泥笼子里,这些鸟仍然能够正确地定向迁徙兴奋。但是,当他把它们放在一个大铁笼里时,笼子周围的磁力线被打断,这些鸟随之定向紊乱(Merkel & Wiltschko, 1965)。包括大西洋蠵龟幼体和候鸟在内的多种物种,都能够检测磁场并据此定向(Lohmann *et al.*, 2007)。

比起动物可以感知磁力,也许更奇妙的是我们居然能在一定程度上理解它们是如何做到的。毕竟,人类对磁性并不敏感。动物世界中关于磁感有好几种不同的机制。一种机制是基于一种叫做四氧化三铁的铁的氧化物,并涉及一些它们构成的具有永久磁性的微小晶体。鸽子上喙周围皮肤的特定位置,就分布着四氧化三铁晶体(Fleissner *et al.*, 2007)。针对负责这些区域的神经进行电生理学实验,记录显示,当喙周围的磁场改变时,神经活动发生变化,并且麻醉神经可干扰迁徙定向。

虽然大型哺乳动物靠嗅觉定位迁徙方向,但是长期以来人们认为鸟类的嗅觉极不敏感,更无法为它们导航。然而,有些物种可以很好地辨别气味,并且可能开发出可导航的"气味图"。比如,如果将信鸽的嗅觉神经切断,它们就不能像嗅觉神经完整的信鸽那样回家(Bingman *et al.*, 2003)。

鸟类整合了多重线索以达到精确导航。这对候鸟来说非常关键,因为不可能在给定的时间内得到所有定向信息,也不可能在特定的情况下所有信息都有用。不同来源的导航信息相辅相成,而不是相互替代。正如它们灵活地运用一套方法为季节性活动选择时间,它们也灵活地运用不同的导航手段。它们必须这么做,因为它们所面临的环境如此多变。当乌云蔽日或星星隐藏,那就靠地球磁场定向吧。多重来源的定向信息显然是适应自然选择的(Bingman *et al.*, 2003)。

本章的大部分讨论都集中于鸟类,是因为有相应的实验室技术可以对它们的迁徙进行研究,而我们难以在实验室中对羚羊的迁徙进行研究。鸟类可不是唯一具备远距离迁徙导航能力的物种。驯鹿（*Rangi-fer tarandus*）的一些种群为了寻找良好的草场，其迁徙路程超过了1000千米，一天竟能覆盖150千米。草食性哺乳动物经常靠嗅觉沿着既定路线迁徙。对鲑鱼的研究表明，它们主要依赖嗅觉定位，返回出发地点（Dittman & Quinn, 1996）。在黑暗中的蝙蝠、水下的鲸和海豹使用回声定位进行导航。此外，有一些鲸可能是通过目测岸上物体的方位来实现迁徙定位的。

最壮观的迁徙场面可能来自帝王蝶。秋季，橙黄色成为北美的主导景观，这不仅仅是因为树叶变黄，还因为数百万帝王蝶踏上了向南迁徙的旅程。一些帝王蝶将飞行4000千米。

迁徙期间，这些蝴蝶处于生殖滞育状态，不进行生育可以为它们的长途跋涉保存实力（Brower, 1996）。在一鼓作气飞向南方之前，它们已经有了一定的脂肪储备，迁徙途中，它们会停下来进食花蜜以补足能量供应。到达墨西哥的一小部分地区后，帝王蝶的生殖滞育会一直持续到早春，此时生殖滞育被逐渐变长的昼长打破。交配后的帝王蝶向北飞至美国南部，将受精卵产到马利筋（*Asclepias*）的叶子下面。靠马利筋养活的帝王蝶幼虫长成有生殖能力的蝴蝶之后，向北转移以找寻新鲜的马利筋。

帝王蝶在整个夏季生命短暂，只繁衍两三代，最后一代抵达它们可以到达的最北端。然后，秋季逐渐缩短的昼长促使帝王蝶向南迁徙。美国马萨诸塞大学医学院神经学系的里珀特（Steven Reppert）将其漫长而杰出的职业生涯中的大部分时间都投入关于哺乳动物昼夜节律的研究。近些年，他的工作重心转向了探索帝王蝶的迁徙。他认为，帝王蝶作为一个模型，可能可以帮助我们在细胞和分子水平上理解迁徙的时间选择机制，以及利用太阳导航的时间补偿机制（Reppert, 2006）。

帝王蝶脑外侧部仅有 8 个细胞似乎是"主"昼夜节律钟（图 6.5）。该部位表达三种节律蛋白：PER、TIM 和 CRY，其中 PER 的生成和降解呈现周期为 24 小时的振荡。此外，PER、TIM 和 CRY 蛋白也在脑间部表达，但是节律性较弱（Reppert，2006）。

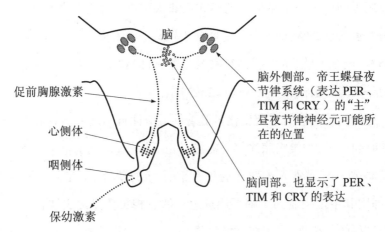

图 6.5　帝王蝶脑示意图，表明了脑外侧部"主"昼夜节律钟可能的位置。脑间部产生胰岛素样神经激素，该物质能够调控保幼激素的释放。含有 CRY 的神经元将脑外侧部的昼夜节律钟和脑间部联系到了一起。

几乎可以肯定地说，帝王蝶脑外侧部的昼夜节律钟参与了测量缩短的昼长，并导致它们秋季向南迁徙。在秋季，帝王蝶的保幼激素水平下降，表现出生殖滞育，这个过程和帝王蝶的寿命从夏天的几周增加到迁徙期间的几个月有一定相关性。脑间部产生的胰岛素样神经激素似乎能调节保幼激素的释放。含有 CRY 的神经元将脑外侧部和脑间部的昼夜节律联系起来，这个途径将光周期的变化传达给脑间部和脑部其他目标神经元，因而使得帝王蝶作出适当的生殖响应（Reppert，2006）。

帝王蝶的导航能力是与生俱来并程序化的。它们的昼夜节律和当地时间一致，迁徙过程中主要以太阳定向，并能根据自身昼夜节律抵消太阳的视动现象。飞行中的帝王蝶随着太阳位置的改变不断地校正自己的方向。将光/暗周期提前或者延迟6小时促使帝王蝶的昼夜节律更改之后,它们的飞行方向发生了和预期一样的改变(Froy et al.,2003)。此外,如果将帝王蝶置于恒定的光照中,它们的分子钟会被破坏,昼夜节律消失。在这种情况下,它们将无法利用太阳导航。

蝴蝶利用天空中偏振光的模式而非太阳本身作为导航线索,它们眼睛背侧边缘的紫外线光感受器似乎可以感知偏振光(Sauman et al.,2005)。也有可能,帝王蝶具有磁感受器,可以利用以黄素蛋白隐花色素为基础的磁敏机制(Froy et al.,2003)。

迁徙是动物应对季节变化最显著的适应性行为之一。它们选择恰当的时间出发,为漫漫旅途储备能量并正确导航,构成了自然界最伟大的壮举之一。尽管人类对迁徙已有50余年的研究,但是我们对其分子、细胞和生理机制的了解都还远远不够。相关信息的欠缺正反映了迁徙过程的复杂性:多种多样的脊椎动物和无脊椎动物类群,不同且交错的路径(陆地、水和天空),只有少数科学家愿意为此献身,经年不懈地尝试将这一切梳理清晰。

我们对动物的季节性时间安排机制还没有足够的认识。人类也是季节性的动物——常常表现在出人意料的方面。如果我们对动物的了解持续匮乏,那么,我们也将难以洞悉人类应对季节变化的相关机制。

第七章　季节和人类进化

好好度过每一个季节；呼吸新鲜空气，畅饮美酒，品尝水果，尽情享受这一切。

——梭罗（Henry David Thoreau，1906）

有规律的季节变化不仅在动植物的进化史上起着重要作用，也影响着人类。在人类的起源地赤道附近的雨林，季节就对人类早期祖先努力生存和繁衍的环境的形成有重大影响。由于我们的祖先不断向高纬度地区迁移，他们需要应对春到夏、秋到冬时越来越极端的天气转变。可以说，季节即便没有创造我们，也参与塑造了我们。

人类的进化之旅始于大约800万年前的非洲。当时，我们最早的祖先从他们的近亲中分化出来并向现代人逐渐演化，他们的近亲后来演化为黑猩猩和其他大型猿类。中新世早期到中期的非洲气候比现代湿润，热带雨林跨越赤道低地，从大西洋地区不间断地蔓延至印度洋沿岸。大约900万年前，在地质构造作用力的作用下，东非大裂谷开始形成（Cane & Molnar，2001）。大裂谷西侧隆起的山脉阻挡了从东部而来的雨云，从而形成了东非的雨影区。与此同时，洋流格局的改变导致全球变冷。总体的结果是，较之过去，东非显著地变得干燥了。

直到不久前人们才普遍认同：东非大裂谷分开了现代人和黑猩猩的共同祖先，使两者成为具有地理隔离的两个种群。非洲西部热带雨林的这部分灵长类演化为现代的黑猩猩。而在非洲东部和中北部越来越空旷干燥的栖息地，通过对多变气候的进化适应以及随后的适应辐射（adaptive radiation），这里的灵长类最终进化为现代人。

然而，2002年，普瓦捷大学的布吕内（Michel Brunet）和他率领的团队在乍得北部发现了乍得撒海尔人（*Sahelanthropus tchadensis*）的化石碎片，该化石的主人更广为人知的名字是"图迈"。这个发现不仅表明很早的人亚科*成员在非洲其他地方也存在，还显示了他们在非洲中部出现的时间比之前在非洲东部发现的人亚科成员早100万—200万年（Vignaud *et al.*, 2002）。这可能意味着人类的早期祖先是从现今乍得及其附近地区的森林中走出来并发展壮大的，或者，在非洲的不同地方还有很多有待发现的祖先类型——除了智人（*Homo sapiens*）所属的这个小分支以外，那些进化树上现已灭绝了的世系。化石记录远远不足以找到人类早期祖先完整的进化轨迹。

700万—600万年前，图迈住在现在的德乍腊沙漠。当时这个位于撒哈拉以南的区域和现在非常不一样。如今占地约5000平方千米的乍得湖，那时曾达到30万平方千米，接近法国的总面积。根据在那里发现的脊椎动物化石，可见在图迈的出土地点托罗斯-梅纳拉区域的周围是树木繁盛的稀树草原，那里水资源充足，丛林沿着溪流和河流生长，构建出了美丽的长廊。在乍得湖的边界附近是镶嵌着沙漠的栖息地。如果图迈是非常早期的人亚科成员，并且不是像有些人所怀疑的那些出土的、严重变形的头骨其实是早期猿类，那么，几乎可以肯定地

---

*人亚科一词用以描述人科中"人"这一子集；人科包括类"人"生物和大型猿类（great apes）。

说,图迈是社会性的动物,与居住在森林中的亲缘灵长类动物一样以草食性为主,凭运气偶然能吃到零星的肉片。

乍得撒海尔人住在乍得湖附近多姿多彩的环境中,当时非洲的季节越来越分明,有凉爽的湿季和炎热的干季。这可能类似于现代印度季风气候,但情况较极端。

在热带雨林,大多数食物来自树,现在和过去都是这样。树的果实被蝙蝠、鸟类、猴子和猿类等摘下,种子被丢到远处养料充分的地方从而得以传播。落地的过熟果子和猴子扔掉的果子被森林中的羚羊、猪和大象吃掉。由于没有明晰的季节,这里的果树,比如无花果树等在全年内不定时地结果。当一棵无花果树结果结束,食果动物必须找到另一棵即将结果的无花果树。热带雨林中大约90%的树利用果实传播种子,因此,果实成为这里的动物们,尤其是那些可以够到高处树冠的动物的主食(Galdikas,1988)。

住在热带雨林中的早期黑猩猩和它们今天的后代看起来非常相像。和现代黑猩猩一样,早期黑猩猩也以果实为主食,并传播它们的种子。但是,并非所有的热带森林都能全年多产,即使是常绿而潮湿的热带森林也有季节特征,其中一些具有显著的干季特征,树木每年按季节落叶。这是一个不那么稳定可靠的环境。大多数黑猩猩都能应对季节性特征,因为它们全年都能找到食物来源。它们可以吃树叶、嫩芽和果实;它们能够猎食其他灵长类并有广泛的饮食多样性。但是,以糖类为饮食主体的生活是艰辛的。据古道尔(Jane Goodall)研究,在黑猩猩典型的一天中,47%不睡的时间是用来吃的,13%的时间游走在不同的食物来源地之间(Goodall,1986)。虽然它们全天都会进食,不过,高峰出现在黎明前后到早上9点,以及傍晚时分到日落(Newton-Fisher,1999)。

森林中季节越分明,同一物种内部或不同物种之间的竞争压力越大。在干季,资源多样性和总量减少,导致很多动物对某一种食物的消耗量增多,或者,它们开始进食之前从未吃过的食物,包括埋在地下的植物组织、干果或其他特别的食物类型。这些新找到的食物丰富了森林中的食物多样性。

鉴于黑猩猩和猿的祖先住在季节性森林中,包括乍得撒海尔人在内的其他类人猿可能在竞争中被迫迁移到非洲中部和南部的季节性林地、埃塞俄比亚季节性高地,以及如今是卡拉哈里沙漠的当时有着深厚沙质土壤的开阔林地。一年中不同时间的资源承受着不同季节带来的压力,类人猿必须适应这种情况才能生存。剑桥大学人类进化学教授福利(Robert Foley)经过诸多努力得到下面这个重要的结论,关于进化模式,“当地情况对于包括人亚科成员在内的动物们如何应对季节情况至关重要。人亚科成员的策略不是单一的”(Foley,1993)。

图迈不是人的原型,可能最终进化成为人类,也可能没有。它基本上是猿,不过具备一些新的特征。如果我们接受德瓦尔(Frans de Waal)的观点,即人类和猿类并没有差太多,其实我们就是猿,那么,图迈和人类的进化都将变得更易于理解。据说,林奈(Carolus Linnaeus)之所以为人类分出单独的属——人属,只是为了避免梵蒂冈教皇找他的麻烦,但他知道这项单独分类的理由是不充分的(de Waal,2005)。

从乍得撒海尔人或其他类型的早期人亚科成员进化为现代人,经历了漫长的过程。人类进化史上一个开创性的事件发生在约180万年前,人类第一批能够进行有组织地狩猎的祖先直立人走出了非洲。他们的工具和遗迹广泛地分布于欧洲和亚洲。目前我们还不知道,他们究竟为何在非洲进化发展了约600万年之后迁徙。可能的情况是,当时当地发生了包括食肉动物在内的普遍的动物迁徙,直立人也随大流走了出来。这些早期人类可能是游牧生活的,由于植物的季节性转变和猎物的游走而选择离开了原来生存的地方。无论是什么原因,在数十万年内,人属成员已经抵达北至40°N的各个地方,比如今天的格鲁吉亚共和国的德马尼西和中国中部的龙骨坡山洞。

由于早期人类离开赤道地区,扩大了他们的地理范围。他们的资源的可用性和对住所的需求受到了季节的调节。以下是米森(Steven Mithen)的看法:

> 虽然新的环境相互之间差异非常大,但它们都比非洲低纬度地区有更明显的季节性。如果最早的人属成员已经征服了低纬度地区的稀树草原,那早期人类就有能力熟悉更广泛的新环境。大多数新环境纬度较高,拥有不同的景观、资源和气候(Mithen, 2005)。

季节改变和与之相伴的选择压力可能一直是影响人属发展的关键因素。

在某个时期,早期人类学会了火的一些简单应用,这使得他们能够住到越来越冷的高纬度和高海拔地区。他们学会得越早,我们越容易理解他们向高纬度地区迁徙的时间选择;而学会得越晚,他们进入非赤道地区的时间就越值得怀疑。50万—30万年前是最好的猜测,但是近期以色列的一项研究显示,早期人类在大约80万年前就已经在使用火了(Goren-Inbar et al., 2004)。这使我们更加相信直立人已经能够对火进行初步的使用,因为它使得支持这一说法的另外两个证据更加可信:一是在南非的斯瓦特克朗发现了遗留自150万年前的被烧过的骨头(Brain & Sillen, 1988),二是140万年前在肯尼亚契索旺加烧焦的小块土地(Gowlett et al., 1981)。

除了抵御野生动物之外,人亚科成员还可以用火做饭、冬日取暖并且还可能改进他们的武器。火使得洞穴不再仅仅是他们白天短暂的休息区。洞穴通常比较寒冷潮湿,住在里面很不舒服,而且长久居住也很危险。有了火,他们不仅可以看到洞穴的内部,而且可以在洞穴入口处点燃大火,这既能防止食肉动物进来,又可以取暖(Nicolas,2004)。他们还能用火做饭,而且正如柏拉图(Plato)著名的寓言所言,墙壁上的阴影能够引起人类对其存在奥秘的思考。

早期,火的使用受到限制。这虽然使第一批迁移者较晚走出非洲,但是火的出现使早期人亚科成员占领了大量新的土地。亚洲的高纬度地区先于欧洲大概100万年被占领,这可能是因为,再一次用米森的话来说:"更新世时期,在纬度较高的欧洲,季节变化的程度仍然超出了最早的人类能够应付它的能力。"(Mithen,2005)虽然人类在全球不同地区分布的时间不同,但他们定居某地的基础,都是对当地季节转变时间的了解,以及熟练控制环境以适应和利用可预测、有规律的环境变化的能力。

大约20万年前,直立人灭绝。智人的早期种类——早期现代人大约在同一时期出现。从那时起直至桑加蒙间冰期(10万年前),存在着两种智人,分别是克罗马农人(现代人)和尼安德特人。

非洲和中东以外地区,没有明确的早于5万年前的克罗马农人化石,这表明他们很晚才迁出非洲。6万—5万年前,一群克罗马农人(人数在1000左右)穿过曼德海峡(红海通往印度洋的出口)走出了非洲。多年来,这个群体不断分裂,开始扩散到世界各个角落。这些完全"现代"的人们很快发展了以"艺术品"为对象的交易模式。在法国的佩里戈尔地区挖掘出来的古迹中,人们发现了来自地中海的贝壳。在阿卜里·布兰查德、阿卜里·卡斯塔内和拉·苏科特的"工厂"里,人们还制造出珠子、项链、手镯和吊坠之类的人造装饰品。旧石器时代绘画艺术方面的专家,南非的刘易斯-威廉姆斯(David Lewis-Williams)指出,交易

暗示了社会的复杂性和相互交流:

> 一个核心家庭(只包括父母和子女的家庭)以上的社会整合在狩猎组织中是很常见的,尤其在狩猎迁徙中的野牛群、马群和驯鹿群时。例如,在韦泽尔河和多尔多涅河陡峭的山谷中,就有从中部山丘迁往西部平原的动物列队穿过。为了利用动物的迁徙,人们必须预测出最适合狩猎的时间和地点,然后组织各方在恰当的时机行动并发挥不同但互补的作用。旧石器时代的人们还能够预测早春时节鲑鱼迁徙到上游产卵的时间。找准适当的时间和地点意味着他们可以收获大量的鱼,然后将它们晒干并储存起来(Lewis-Williams, 2002)。

现代人迅速取代了尼安德特人并且定居在日益严酷的环境中。冰盖一直向南移动,最终到达一个贯穿了英格兰南部和德国北部的纬度。尽管非常寒冷,仍有不计其数的大型草食哺乳动物穿越这片寸草不生的土地进行迁徙。美国自然历史博物馆的塔特索尔(Ian Tattersall)把这些早期的欧洲人描述成:

> 狩猎者和采集者,即以这个地方现有资源为生的人……对技术娴熟并拥有现代人类所有认知能力的猎人而言,在如此开阔并能行动自如的地方,这些动物群是一种有待开发的不可比拟的资源,有时甚至只需付出较少的努力就可得到。

塔特索尔搜集了证据,他确定:

> 克罗马农人对他们一年四季的猎物都进行了仔细的观察:野牛在夏季脱毛,成年雄鹿在秋季发情期低声吠叫,披毛犀仅在夏天才会显露它的皮肤褶皱,产卵季节的雄性鲑鱼下颌突出且其前端向上弯曲成钩状(Tattersall, 2004)。

无论为了狩猎、捕鱼还是交易,无论在陆地上还是在海上,克罗马农人在行动时都需要知道他们身处的季节类型。从已发现的大量动物骨头来看,这些现代人类比早期人类更擅长预测动物的活动。通过观察动物和植物行为,他们得以理解并能更好地预测季节变化,这有助于他们从狩猎动物个体或动物小群体转向狩猎成群结队的驯鹿和马鹿,他们会在这些动物迁徙途中的关键地点袭击它们。

从人类最初的家园非洲开始,资源的可利用性以及人们对住所和衣服不同程度的需求都受到季节的调控。虽然我们的祖先主要关注的是他们直接接触的环境中的植物和动物,但是,由于这些小型游牧社会群体需要基于植物的季节性改变和动物的活动而迁移,几乎可以肯定地说,他们同时也关注着天空中有规律的变化,甚至在一定程度上利用这些变化。他们留意主要星星的季节性显现规律,以此预料季节的转变。同时,几乎可以肯定他们已经开始利用月相充当日历来记日子。阿韦尼(Anthony Aveni)指出:"他们知道何时打猎,何时采集,而且只需看到日落后西方天空的第一轮新月,就能肯定地说出它的其他部分何时会显露出来。"(Aveni,2000)因为到那时,人类已经存在了数千年,远在旧石器时代转变之前,他们已经意识到,一年中某些特定时间内的动物和植物资源没有其他时间丰富。为了保持食物充足,早期人类一定在某个时候开始举行某种仪式。随着社会的发展,这些仪式行为可能被他们编成法典,仪式的实施时间可能因月相而异,因为月亮是天空中变化规律最明显的天体。

月运周期已经支配了人类文化数千年之久,现在仍是如此。2001年,在斯里兰卡和津巴布韦之间进行的第一届板球测试赛不得不延期一天,因为津巴布韦政府的新规定不允许月圆那天进行体育竞赛。尽管长久以来人们固执地相信我们的心理健康状况和许多行为受到月相的调控,但是目前并没有确凿的证据表明月亮能够影响我们的生理

（Foster & Roenneberg, 2008）。

当人类还以狩猎和采集为生时，正确预测季节变化并明确季节变化的时间为他们提供了重要的生存优势。随着人们开始耕作，它变得至关紧要。早期海员可以透过没有污染的大气看到引人入胜的天空景象，这种经历极有可能很快转变成他们的一种导航手段。毕竟，鸟类可以根据星星导航。

我们最早的祖先离开了季节变化不明显的热带雨林，他们所到达的新环境迫使他们不得不持续和当地冷与热、干与湿、平静与暴风雨之间的周期性变化作斗争。这些周期性变化是自然选择的引擎。我们有理由推测，在跨越全球、历经千年的人类进化历程中，季节变化可能造就了我们基本文化结构的一部分，即我们的时间观念。动物能够测量时间间隔，比如当鸟类觅食的时候。但是，它们关于过去、现在和未来循环往复的概念与我们有所不同。比尔肯特大学的齐默尔曼（Thomas Zimmermann）认为人类的时间观念形成是由于：

> 通过季节性的迁移而产生的一种游牧式的生活方式决定了我们生存的基本常数——季节改变、日出日落、气候变化、对暴雨和烈日束手无策，这种生活方式对史前人类的影响远远超出了我们今天的想象。这些常数迫使人类遵照由休息阶段和活动阶段构成的某种节奏来生存（Zimmermann, 2003）。

包括我们在内的高等灵长类都属于昼行性动物。我们的内禀生物钟产生了与地球自转同步的昼夜节律。现代化的日常生活掩盖了这个节律，而在 25 000 年前，我们的克罗马农人祖先可是和太阳同起同眠的。尽管在黄昏来临之际，他们的视觉系统会切换至以视杆细胞为主导的弱光单色的视力状态，但他们不是夜间动物。在旧石器时代，我们祖先的生活环境很凶险，半睡半醒会让他们大难临头。因此，他们白天醒着,保持警惕,晚上才在有庇护的地方睡觉。他们必须知道一天中的时间和一年中的时间。此外,他们必须知道季节何时转变,以及这对他们的生存和繁衍意味着什么。这些"必须知道"究竟多大程度上得益于他们先天的年度节律机制,多大程度上属于通过了解了季节来临时的各种迹象而后天习得的行为,还值得商榷,但是,我们的一些"相对聪明"的祖先利用了这些知识来获得食物或寻求庇护,并让其成了他们的生殖优势。

虽然很多物种改变行为,使之与季节性变化同步,但是与人类相比,它们的时态感非常有限。正如时间哲学的权威弗雷泽(J. T. Fraser)所言:

> 很多物种可以交流它们的恐惧和意图,但是,除了范围有限的几个例子,它们无法产生或接收与过去有关的信息。我可以告诉一只狗"我来喂你",它会作出适当的反应。但是,我没办法告诉它"我已经喂过你了"(Fraser, 1987)。

驯鹿的内禀生物钟支配它们的行动,促使它们在冰期横跨北欧寒冷的草原进行迁徙。我们的祖先则基于对过去的认识来选择何时伏击并屠杀它们。

我们学会了应付、处理并最终熟练控制对我们有利的变化。但是,无论现代社会多么进步,我们800万年来(或更久)形成的生理机能和解剖结构至今仍留存着季节的印记。

第八章　人类的生殖时间选择

在春天,知更鸟的胸脯染上了饱满的深红;

在春天,淘气的田凫戴上了崭新的羽冠;

在春天,羽翼亮泽的鸽子拥有了更靓丽的虹膜;

在春天,少年的幻想悄悄地变成爱的思念。

——丁尼生(Alfred Lord Tennyson),

《洛克斯利大厅》(Locksley Hall,1842)

在维多利亚时代早期,当丁尼生写下诗歌,暗中表达他对一位年轻女子的爱恋时,不仅仅是因为春季正适宜于青年人谱写恋曲:晚春/初夏是怀孕的高峰期。他不知道,男性的精子质量在春季最高,而且体外受精的研究表明,受精成功率和胚胎质量在春季最高,秋季最低(Vahidi *et al.*,2004)。

回溯至工业化、避孕药和择期剖宫产出现之前的时期,通过对瑞典、芬兰、英国、德国和荷兰这几个欧洲北部国家的教区记录,以及当地和全国人口普查资料的仔细研究,怀孕和出生的季节性特征得以阐明。虽然不同国家之间有一些变动,但是,出生高峰期往往在春分左右,接下来,9月出现次峰,11月和12月是低峰期。这个"欧洲"出生模式在高纬度地区的农业人口中很典型,它反映了六七月的高怀孕率和秋收季节的低怀孕率(Lam & Miron, 1994)。绝非偶然,6月也是最流行结婚的一个月。这个传统始于古罗马,当时,6月(June)是以"朱诺"(Juno)来命名的。朱诺是女性和婚姻之神,她宣誓将保护在她的月份里结为夫妻的人们。6月或7月怀孕,次年早春生子,意味着这些母亲在秋收季节来临之前已经及时地得到了一定程度的恢复,从而能够应付接下来的忙碌。

瑞典的记录尤其可靠,在这个国家,生育的前工业化模式一直延续到20世纪,没有随着城市化进程及人们生活与农业之间的割裂而改变,而且在1969—1987年,月出生人数的最高值和最低值之间,差异超过30%,差不多是20世纪20年代和30年代的两倍。当瑞典的季节性生育模式如此顽强且不寻常地与过去保持一致之时,德国的出生高峰期已经在过去的60年间从2月、3月变作9月了(Lerchl *et al.*, 1993)。

美国南部路易斯安那州的记录也显示了明显的出生季节性特征。不同于瑞典,过去这里的出生高峰在秋季,而春季陷入低谷。路易斯安那州和美国其他很多州——即使在高纬度地区——的这种季节性波动,很难鉴于上文看似合理的欧洲模式作出合理解释。随着空调设备进入更多家庭,路易斯安那州的出生季节性波动曲线开始变得平缓。在南部各州,高温可能以不同方式影响了精子水平,或者改进了女性的排卵特性。性交频率可能在炎热的月份里没能保持,或者,也许是由于自然流产的高发生率导致了性活动的证据没能在9个月后出现?

20世纪70年代,已故的康登(Rick Condon)——在北极实地考察途中不幸罹难——和他的合作伙伴斯卡格林(Richard Scaglion)分别研究了地处不同半球的两个社会群体,并对两地人口的出生季节性作了比较。铜地因纽特人居住在加拿大的北极地带，在这里，冬天最低温度达到-30℃，夏天最高温度仅7℃左右，并且常年伴随着日照量、风速、风向和冰情的巨大改变。萨缪坤迪人居住在巴布亚新几内亚，这里的日平均温度保持在25℃左右，而且，虽然此地分干湿两季，但是大部分时间都比较潮湿(Condon & Scaglion，1982)。尽管这两个群体和西方人都有接触，尤其是因纽特人的生活方式已经和他们的祖先截然不同，但是，康登和斯卡格林仍然能够将传统模式和这项研究结合起来。

萨缪坤迪人的生活围绕着山药展开。男人们种植山药，同时他们的社会地位取决于这些山药生长的情况。此外，山药还是这里禁忌和仪式的核心。从7月直至次年1月山药收获的时候，这6个月是性行为禁止期。在此期间，甚至不允许一切性影射言论和性笑话，以及不能和经期妇女接触。这种文化上的性禁忌导致了10月成为出生高峰期，而其他部落并没有这种季节性特征。这个禁忌其实是一种自我强化，因为8月和9月是山药生长的关键月份，收获山药后很快怀孕的妇女在这两个月正处于孕晚期，因此不能接受性行为。

对因纽特人而言，"冬季集中、夏季分散的社会和经济模式是由季节改变调控的"(Condon & Scaglion，1982)。冬季是社交时节，此间，他们在住房中度过长达数月的黑夜。随着春季来临，天气好转，因纽特人的各个家庭纷纷离开住所去外面露营，并进行冰上或冰下捕鱼和猎鸭活动。这不仅有助于他们拥有更多隐私，还能增进家人之间亲密的感情。因此，妇女大多数在春夏两季怀孕，次年上半年生子。

对萨缪坤迪人来说，全年降雨量和湿度的节律性同步调控着他们赖以生存的山药的生长时间，而且，社会行为和文化禁忌以限制性行为的方式将这个季节性和他们的生活强烈地黏合在一起。这种社会生活节奏又同步调控了他们每年的生殖节奏，并且在环境中没有任何激烈的季节性波动(包括昼长)的情况下使出生季节性表现出来。与之不同,铜地因纽特人的经济活动、社会行为和生理反应直接与气候周期性规律同步,所有这些——康登和斯卡格林得出结论——共同导致了全年出生率的非随机分布。

也许并不出人意料,在其他社会群体中,简单的生物资源也能影响出生的季节性。在收获季节之前,刚果(金)伊图里森林中的利斯族妇女的体重普遍减轻。这种体重减轻伴随着唾液中的孕酮和雌二醇水平降低,月经间隔时间拉长,月经出血持续时间变短。所有这些趋势在收获期之后得以扭转,因为她们从那些收获的生物资源中得到了能量补充。随着时间的推移,相关学者已经建立了统计上显著的收获后怀孕季节性模型来反映这种卵巢功能的季节性变化(Bailey *et al.*,1992)。

对生存条件接近自然界的社会群体而言,人口出生具有季节性特征是理所当然的,而事实上,这种特征在我们今天的现代世界依然存在。尽管我们想尽了办法试图支配自然界,弱化季节变化对我们的影响,但是,无论在城市还是农村,在热带、温带还是寒带,有明显高峰和低谷的出生季节性变动特征仍普遍存在。即便我们都已经认识到季节性的高峰和低谷与过去有所不同,可我们还是不知道它为什么依然存在,明明现如今更加稳定的粮食供应、家中和办公室中完善的空调设备,以及"24/7"的照明已经有效地屏蔽了真实的自然界。不过,尽管出生的季节性特征依然存在,它在工业化国家已经远没有过去显著,要么在某些情况下根本无法发现,要么幅度很低(大约5%),而且,对它的研究需要有大规模的人口统计(Roenneberg,2004)。

羊和仓鼠等动物的生殖具有明显的季节性。人类和它们不一样,大部分时间,男人和女人都能随时准备好生育,假如女人没有怀孕且不在哺乳期。于是,我们不由会问,人类——这些相当机会主义的生育者——是怎样以及为什么甚至在今天还能表现出出生季节性?

不仅怀孕和出生显示了季节性变化特征,性行为的频率、性传播疾病的发生率以及避孕用品的市场需求,也都是随季节变化的(Meriggiola et al.,1996)。虽然人们想得到这些事件的时间选择之间的相互联系,但是要把解释人类性和生殖行为的生物学、经济、文化和社会等因素分开,是非常不容易做到的。在我们的历史上,农业经济很大程度上取决于随季节变化的天气,它所带来的压力促使人们最好在种植和收获的高峰期能够提供必需的劳动力,这在某种程度上关系着人们怀孕和生产的时间安排。

对于出生的季节性,一种可能的生物学解释是,它完全开始于大约5000代或更多代之前,那时,在解剖学上与我们已经非常相似的早期人类开始了走出非洲走向高纬度地区的漫长旅程。他们可能由于食物供应的变化而在高纬度地区季节性地繁殖。和羊一样,这可能是由光周期,或者甚至是由年度节律驱动的。

然而,关于人类现在或过去是否在真正意义上受到了光周期或年度节律的影响,还存在分歧。德国慕尼黑大学的伦内贝格(Till Roenne-berg)认为,人类确实受到光周期的调控,而且,人类繁殖和出生的季节性很容易受到昼长变化的影响。在阿朔夫(Jurgen Aschoff,故于1998年)的协作下,伦内贝格不遗余力地分析了很多国家的出生记录。他解释了西班牙的季节性怀孕节律——高峰期在晚春,相比较而言没有受到第二次世界大战后全球社会变革的影响——是如何在20世纪60年代发生显著改变的。当时,佛朗哥(Francisco Franco)发起了大规模的工业化运动,包括向农村引入大规模的电气化和工厂。伦内贝格认为,工业化意味着人们转移到室内工作,对日光接触的减少改变了人们对光周期的响应模式,从而导致了怀孕高峰从春季和夏季转移到了秋季

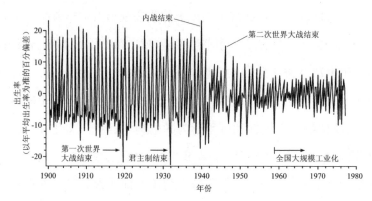

图8.1　以西班牙自1900—1978年每月出生率(图中纵轴所示,此处指与年平均出生率之间的偏差,以百分比表示)为例,说明季节性和社会性因素对人类生殖的影响。在1940年之前,出生率非常有规律,春季出现怀孕高峰,并且每年的出生率从波峰到波谷约有30%的差异。社会性干预,比如战争,带来了不均匀性,但对整体规律影响不大。在第二次世界大战期间及之后的十几年中,这个节律波动的幅度有所下降,但是延续了之前的特征。20世纪60年代,佛朗哥发动了大规模的工业化运动,将电气化和工厂广泛地引入了诸多农村地区。同时,每年的出生节律发生了巨大的变化,振幅下降更多,并且怀孕峰值移动到了秋季和冬季。(根据伦内贝格2004年的研究结果绘制)

和冬季。光周期和气温是调控人类出生季节性的主要因素,同时,它们也影响着人类的生殖过程(图8.1)(Roenneberg,2004)。

　　我们应该是受光周期影响的,因为正如曾任职于美国马里兰州国立精神卫生研究院的韦尔(Tom Wehr)所指出的:

　　　　研究表明,编码褪黑激素分泌持续时间的变化信号的系统,以及读取该信号的受体分子,其大部分解剖学水平和分子水平的底物在猴子和人类中是保守的。而且,从视网膜水平到褪黑激素分泌随季节变化的信号的水平,这个系统的功能都是完整无缺的……流行病学的证据表明,夏季的高温抑制了男性的生育力,而春季延长的光周期促进了生育力,这两者分别导致了低纬度和高纬度地区人类生殖的季节性变动（Wehr,2001）。

但是,韦尔作了附加说明:"虽然光周期调控的季节性生殖已被证明存在于猴子中,但是,我们还不清楚光周期和褪黑激素介导的光周期效应是否影响人类生殖。"

对哺乳动物的研究表明——如同我们在第四章中讨论的那样——褪黑激素的释放模式取决于昼长。这个信号可以帮助哺乳动物确定一年中的时间。对于人类而言,一些已完成的研究认为,只有生活在纬度超过60°的高纬度地区的人,褪黑激素信号的持续时间才依赖于光周期,而且这种依赖性还是极其微弱的。然而,当布拉格生理研究所(位于50°N)的伊尔纳欧瓦(Helena Illnerová)对一组学生分别在冬天和夏天做了研究后,她发现在自然光照的条件下:

> 与冬天相比,暴露在夏天的从日出到日落的自然光周期之下时,控制早晨褪黑激素减少和皮质醇增加的昼夜节律振荡相位有所提前,同时,褪黑激素信号持续时间有所缩短（Vondrasova et al.,1997）。

尽管如此,并不是所有人都认同人类普遍受光周期影响这一观点,更别提光周期响应是调控现代人类出生季节性的主要因素。持怀疑态度的其中一员是得州大学的布朗森(Frank Bronson),作为生殖方面的世界级权威之一,布朗森的观点相当有影响力。在一篇标题极具挑衅性的论文《人类受季节性光周期调控吗?》中（Bronson,2004）,他指出,那些人口统计学的研究结果是不稳定的,因为,把很多国家和气候类型的多个指标降低为一个或两个主要因素来解决这个问题,即便有可能,也是相当困难的。他认为,全球各地人群之间的季节性生殖差异反映了个体间的光敏差异,他认同一些人确实对光周期变化有反应,而且其中很多人反应程度的差异表现为临界昼长不同。但是,也有人没有光周期反应。乍看之下,这个论点似乎有点迂腐,但是,它指出了强调人口平均的流行病学研究方法和基于个体差异的研究方法之间的重要区别。

布朗森的观点是,在我们的早期祖先中,那些生活在赤道两侧10°—15°纬度带的人们可能对光周期没有反应。生物节律的资深专家梅纳克也持怀疑态度。在被问到"如果各种季节性节律在其他动物中稳定存在,而且人类也有能力对这些节律进行表达,那么,我们是怎么丢掉它们的"这个问题时,梅纳克的回答是:"是什么让你觉得我们曾拥有它们,我们可是在热带地区进化的。"(个人通信)

这并不意味着,热带地区根本不会出现季节性变化,但是,在这里确实没什么必要为生殖安排出一个特定的时间。而在高纬度地区,食物供应受季节变化影响,因此产生了明显的调控生殖的适应值(adaptive value),以便人们在食物供应最好的时机出生。当我们向高纬度地区移居的时候,我们是否已经变得相似还是一个争论未决的问题。不过,数千年来,随着我们的祖先控制环境的能力不断增强,季节可能变成了一个不显著的进化动力(Wright,2002)。

布朗森的观点是,从人类进化史的早期开始,人们对光周期的反应性就存在巨大差异。他认为,在过去的几代内,人类全球迁移模式——居住在热带地区的人们向高纬度地区迁移,也有部分人群从高纬度地区迁至热带地区——可能增加了这种差异性,同时,利用人造光来"延长"冬季白昼这一行为可能掩盖了人群中易受光周期影响的人们的光周期反应。

所有这一切的结果是,即使在对光周期有响应的个体中,曾存在于我们那些居住在高纬度地区的祖先中的内源季节性节律也已经被削弱了。综合人工照明和取暖的掩蔽效应、光周期响应的临界昼长差异，布朗森说，如果把一切都考虑进来，一个特定人群就是由不同比例的光周期响应者和非响应者组成的，这种混合意味着，对这个非纯一总体的特性作平均时，原始数据本身就是矛盾的。

究竟哪一种观点是正确的？问题又回到"我们是否普遍受到光周期的影响"。伦内贝格提出疑问，如果我们回归1930年的生活方式，仍然处在自然界的光暗节律之中，怀孕的年度模式是否会和1930年一样。换句话说，我们的内禀季节性节律是否将会显露出来。针对粗糙脉孢菌（*Neurospora crassa*）的一项实验与这个问题有些类似，将粗糙脉孢菌放在实验室条件下连续培养数代，即使已经有几代的节律被实验室环境有效地屏蔽了，但是它们仍能表现出强烈的光周期响应性。话说回来，我们并不是脉孢菌，也不可能针对人类做这个实验。虽然伊尔纳欧瓦的研究表明，在强光的自然条件下，褪黑激素反应在人类中是可能发生的，但是，这并不能表明人类的出生季节性受到了季节性光周期机制的调控。

温度作为一个因素，可以很好地解释北美人和西／中欧人季节性受孕率之间的显著差异。前者呈现了明显的每年两个高峰的双峰模式，而后者则是单峰模式——春分前后有一个突出的高峰，秋季还有一个小"尖头"。北美人典型的双峰模式也存在于东欧人中，这暗示了气候，特别是温度带来的影响：酷热的夏季和寒冷的冬季普遍存在于大陆地区（如北美和东欧），而没那么剧烈的季节性差异的温和气候存在于沿海地区（欧洲西部和中部）（Foster & Roenneberg, 2008）。

在从来没有经历过高温的国家（比如北极和近北极地区），怀孕率的最大值通常和一年中气温最高的时期相关。与之相反，在那些从未真正有过低温的赤道或近赤道地区，受孕和年度最低气温相关（Roenneberg & Aschoff, 1990)。在炎热地带,怀孕和气温似乎呈现负相关,而在寒冷的环境中,它们是正相关。在介于这两个极端环境之间的区域,在早晨最低气温达到大约12℃时,受孕率最高。人类生殖的时间安排有明显的纬度梯度,从极地到赤道,逐渐由晚及早。这个梯度很可能与温度相关,正如植物开花受温度梯度的影响。

如果不是光周期和/或温度,还有什么能造成已被充分证实的出生季节性?是食物供应模式、性行为、避孕、假期(9月的第二次出生高峰是圣诞节或新年受孕而产生的,在印度和以色列等非基督教国家也有假日效应),还是农业生产周期?是这些因素的总和,还是其中一些受次要因素调控的因果要素促成了这个全世界都存在的整体模式?

马克斯·普朗克学会人口学研究所的多布哈默(Gabrielle Doblhammer)认为,虽然天气和光周期现象都不能单独导致出生季节性,但是,"气候和光周期似乎能够用来解释整个区域的波峰和波谷的振幅变化,不过,不包括首次出现的那个重要的波峰和波谷"(Doblhammer et al., 2000)。

多布哈默仍在探寻她所谓的"人类出生季节性的统一理论"。基于对奥地利出生模式的详细历史研究,她提出了"弹性假说",该假说认为,许多小因素造成了这个出生模式轻微的位移、减弱和增强,而且,这些小因素是由极少数有弹性的、更强烈的因素导致的。她和她的同事指出:

> 以前的研究有效地鉴别了与人类出生率三大季节性特征
> [即地理、气候和农业生产]的振幅相关的决定性因素。然而,
> 对摆在首位的这三个特征的根本原因的细节研究,仍然有着
> 极大的吸引力和挑战性(Doblhammer et al., 2000)。

相关学者针对一部分荷兰妇女的记录做了研究,她们都是在

1802—1929年结婚,其后生子。不同于今天在人工照明和人工取暖环境中成长的人群,她们接触的更多是自然界的光照和温度。这项研究的结果表明,那些在一年中特定时间出生的妇女的怀孕率似乎比其他妇女更可能表现出季节性变化(Smits *et al.*, 1997)。这些妇女的生育率究竟为何会在一年中的某些时间受到抑制还是一个未解之谜。一种可能的解释是,卵母细胞(将分裂形成卵子)的质量依赖于褪黑激素的季节性差异。

之所以难以给出一个解释,其中一个原因是,人类生殖过程有一个古怪的持续时间。如果存在这么一位设计师,富有智慧或其他能力,高纬度地区人们的妊娠期就不该是9个月,而应该是1年。一年之期是最佳交配期和最佳出生期的最好组合。在狩猎-采集的世界里,理想的生活状态应该是,人们在春天中至晚期总体环境条件最有利的时候怀孕,然后在一年后生产,此时,婴儿和母亲都能享受到最充足的食物供应。

人类9个月的妊娠期非常不合乎情理。9月之期意味着,在温带,4月或5月受孕将导致仲冬时节生子。而如果4月或5月是最佳生产期——与其他物种一样,那么,怀孕的9月之期就意味着早秋受孕,而秋季并非本章开头丁尼生所歌颂的季节。

但是,人类的妊娠期就是9个月。而且,居住在非洲季节变化不明显的热带雨林中的黑猩猩和大猩猩的妊娠期也是9个月。这表明,这个270天左右的妊娠期可以回溯到我们的祖先开始长途跋涉走出热带之前。

妊娠期在很大程度上是——但不全是——关乎"大小"(size)的问题,更确切地说,应该是"比例"(scale),至少在哺乳动物中是这样。大型物种的子代体型比较大,需要更长的时间发育,而且,出生于发育晚

期的子代在母体内的发育期也会延长。大象需要大约640天,黑猩猩
和大猩猩需时为240—270天。猫和狗的妊娠期仅60天,兔子33天,小
鼠20天。即使在猿和猴中间,妊娠期也看似是一个关乎"大小"的问
题,猕猴需要154天,狒狒需要187天。

人类保持着大约270天(前后可能相差一周左右)的妊娠期。出生
可能发生在胎儿的能量需求超过了母体的供应之时,这是双胞胎易早
产的原因之一。胎儿在子宫内开始感到饥饿的时候出生。妊娠期差不
多是固定的,几乎不受环境中邻近因素的影响。因此,如果外部能量资
源不足,妊娠期仍保持在270天左右,孩子就会是"低出生体重儿",这
意味着孩子死亡的风险会比较高。

居住在高纬度地区的人们必须充分利用这9个月,因此,我们采用
了多种社会、文化以及生物学手段,试图使孩子的出生时间和一年中的
最佳时间一致。

也许,现在的出生季节性是对过去的重复。当时,出生月对生育力
和整体进化适合度有选择性效应。在北温带地区,与春季出生的男性
相比,秋季出生的男性后代较少,而且,没有后代的可能性较高。对这
里的女性而言,夏季出生的女性比其他时期出生的女性生的孩子少
(Huber *et al.*,2004)。

通过仔细分析生活在19世纪加拿大魁北克省圣劳伦斯河北岸萨
格奈河区域(约48°N)的艰苦气候下的加拿大妇女的记录,卢玛(Virpi
Lummaa)和特朗布莱(Marc Tremblay)研究了早期发育阶段的环境条件
对整体生殖适合度的影响。5月中旬至9月中旬是植物的生长季节,但
是,在5月底和9月初,霜比较常见。卢玛和特朗布莱分析了出生于
1850—1879年的一批人,包括她们的生存史和她们活着的后代——出
生于1866—1926年,并在这个群体中婚配——的全部生育史(Lummaa

& Tremblay，2003）。他们研究的女性基本上都讲法语，信奉天主教，以务农为主并且无文化差异。

值得注意的是，他们发现出生月份——作为对早期发育阶段所经历的条件的有效替代——预示了女性的"适合度"（适合度由孙辈数量来衡量）。出生于6月（"最好月"）的女性比出生于10月（"最差月"）的女性的孙辈至少多7个。那些生于高出生成功率月份的女性，结婚比较早（30岁之前）、最后一个孩子生得很晚、有较长的生殖寿命，在她们的生育年龄能生养更多孩子。

这些加拿大妇女的出生时间和受孕时间，究竟哪一个是决定性因素？哈佛大学生殖生态实验室的负责人埃利森（Peter Ellison）支持后者：

> 在妊娠早期将代谢能量转移给生殖的能力是影响妊娠成功与否的重要因素。事实上，在怀孕头几个月，尽管胚胎和胎盘的直接能量需求最小，但此时却是脂肪存储最重要的时期。这些储备将在以后被动用，以便满足妊娠后期和泌乳早期的高能量需求。脂肪存储的效率和妊娠早期的雌激素水平成正比。成功生殖取决于女性代谢能量的持续生成和转移，所以说，持有不断生成能量的潜能最为重要（Ellison，2003）。

繁衍后代是一切进化的驱动力。所有生物行为都是基于"最大化生殖适合度"而展开的。从理论上讲，对一位想最大化自身生殖适合度的母亲而言，她可以延长她的生殖寿命，尽可能地缩短下次怀孕之前的恢复时间，并且增加后代的生殖率。此外，她还要限制抚养孩子的生物需求，例如，限制生育多胞胎，缩短抚养婴儿直到断奶的时间。

灵长类动物一般繁殖得比较慢。在赤道地区，灵长类动物的怀孕大部分都是机会性的。母亲怀孕后进入妊娠期，继而在孩子出生后进入哺乳期。这个"怀孕—妊娠—分娩—断奶"周期的持续时间基本上是固定不变的。一只雌性大猩猩大概要花费4年的时间来抚养婴儿,之后才会准备再次怀孕。停止哺乳和再次怀孕之间的这段时间是这位母亲的恢复期,恢复期的持续时间取决于她何时能将她的代谢状态重新调至最佳,以便迎接下一个"怀孕—妊娠—分娩—断奶"周期。由于在赤道地区食物供应基本上是恒定的,因此,恢复期也相当固定。

相比之下,雄性灵长类动物通常随时作好交配的准备。雄性并不像雌性那样需要投入那么多能量用于生殖,但是,它们也面临着"权衡"(trade-off)。虽然,于雄性而言,总是准备着交配是有效的策略,但是,这种持续兴奋的状态意味着不同雄性之间随时可能发生争斗,从而导致了它们不得不承受高死亡率的风险。

所有这一切促成了赤道地区雌性灵长类动物的两次怀孕之间的最佳间隔时间。其结果是,个体的生殖周期基本上不依赖于一年中的时间,此外,在种群水平,怀孕和分娩没有季节性,或者季节性非常不明显。

人类的人亚科祖先向高纬度地区迁移时,随身携带着这种赤道生殖模式。但是,在高纬度地区,季节以及季节对食物供应的影响对怀孕和子代发育的成功率(或其他因素)非常重要。如果这还不够,还存在一个问题就是,在生长发育阶段,婴儿还会受到食物供应之外的其他季节性事件的影响。例如,多布哈默列举了一系列实实在在的近期的历史研究,勾勒出一些能和我们50 000年前的祖先所遭遇的情境产生共鸣的挑战:

> 在意大利,夏季出生的孩子较有优势,因为母乳喂养为他们提供了很好的保护,使他们安然度过夏天。待冬季来临,他们已经稍微长大,不太容易被呼吸道病毒感染。相反,由于冬

季的寒冷助长了呼吸系统疾病的盛行,出生于冬季的孩子们便不得已在生命中的最初几个月遭遇这些疾病的威胁。接下来,在母乳喂养所提供的保护已经减弱之后,他们还得面临炎热的夏季和相随而来的消化道病毒感染的威胁(Doblhammer, 1999)。

为了解决这个问题,他们要么以某种方式将在赤道地区时的最佳"怀孕—分娩"间隔时间与后来所在地一年中能够提供"最佳"整体繁殖成效(reproductive success)的时间统一起来,要么进化出一种光周期响应机制,将怀孕和分娩调整到与之前相同的效果。

人类是否曾受到光周期积极的调控,这点似乎总有疑问。因此,另一个策略——将女性适于应付受孕的最佳代谢状态和妊娠联系在一起——备受关注。这允许受孕高峰出现在晚春或初夏,此时食物供应和女性代谢状态最佳,随后,次年春分左右将出现出生高峰。在这种情况下,食物供应保证了母体处于最佳代谢状态,进而驱动了成功受孕和妊娠。

这个策略也能应付地区差异。由于生育、受孕、妊娠和分娩之间是相互联系的,因此,文化层面的因素可能被加进来,通过影响生育力的仪式或其他类似文化形式来限定怀孕时间。同样,据报道,在现代社会,一批接受调查的丹麦妇女为了在来年春季生孩子而希望在夏天怀孕,因为她们相信春季出生的孩子将会更健康(Basso *et al.*, 1995)。当然,现代的避孕方式足以满足她们想要择时怀孕的需求。

说到生育时间,人和羊可不一样。羊只能在一年中特定的时间内生育,此时食物供应足以维持产奶并能承受小羊断奶后的需求。而对人类来说,可能埃利森的观点是正确的,他认为,分娩时的资源供应并不是决定性因素,母亲怀孕时的代谢状况才是最重要的。此外,每位女性所拥有的"受孕—妊娠—分娩"周期是和她自身的怀孕状况相切合的。由于缺乏对其他人类社会群体的详细纵向研究,这些观点是否具有普遍意义还不清楚。因为人类的子代对母亲有一个相当长久的依赖期,而且,妇女妊娠期和哺乳期能量需求如此之高、耗时如此之长,可见,一年中不可能存在一个仅仅基于食物供应的怀孕最佳时间。应该做到的是,母亲必须能够在不同季节保持良好的营养健康状况。人类中的季节性生殖过程可能非常复杂,取决于多种环境和生物学可变因素,因此,针对不同社会群体和生活状况,季节性生殖的时机和幅度是非常不一样的。

这并不否认出生时间本身具有深远的影响。冈比亚村民生活在食物供应和病害具有明显年度循环特征的环境中,对他们的研究表明,出生时期和过早死亡密切相关。在非洲人中,死于传染性疾病的年轻人更可能出生于"饥荒时期"(Moore et al., 1999)。

妊娠情况不仅影响到当前的子代,还会影响随后的孙代。对在荷兰饥荒年代(1944—1945年)期间或之后不久成为母亲的女性的研究证实了这个结论。大约30 000荷兰人饿死在那个"饥饿之冬",饥荒之初怀孕,整个妊娠期忍受着营养不良的妇女所生的孩子,出生体重平均减轻了300克。这些"低出生体重"婴儿成年之后的生育能力没有受到不利影响,但是,他们的子代却比别人更可能遭受体重减轻的境遇,并且,这一特征与死产率以及早期婴儿死亡率正相关。其结果是,比起饥荒之前或之后出生的女性,在子宫内遭遇了饥荒的女性的"繁殖成效"降低了(Lumey & Stein, 1997)。

孕妇吃什么以及吃多少能够极大地影响子代的生长发育。基因组为大脑和中枢神经系统制定了基本蓝图,而实际的生长发育(宫内和宫外)发生在个体所成长的复杂环境当中。在温带地区,外界环境随季节而变,并影响着与胎儿早期发育息息相关的母体环境,造成了潜在的下游影响。即使是同卵双胞胎,实际上也有所不同!

在荷兰饥荒时期,成长在营养不良的母体内的胎儿承受着营养匮乏的压力。对出生于饥荒时期的成年人的详细研究表明,妊娠早期的母体营养可以永久地影响子代日后的血脂水平。妊娠早期遭受饥荒导致子代成年之后的低密度脂蛋白胆固醇与高密度脂蛋白胆固醇(通常称为"坏"胆固醇和"好"胆固醇)之比数值较高。另有研究证实,母体怀孕期间的营养摄入可对子代的健康产生永久的影响(Roseboom et al., 2000)。

有人认为,针对营养压力,胎儿采取了"节俭的"新陈代谢方式并在日后一直保持,即使压力在婴儿早期已得到缓解。当其孕育下一代时,母体的新陈代谢仍然是"节俭的",这导致了胎儿营养"供"不应求,因此发展出新一轮的"节俭的"新陈代谢方式(Sapolsky,2004)。基因组和环境之间的相互作用是表观遗传学的学科基础。基因组的表达方式是和当时的环境密切联系在一起的。例如,基因"开启"和"关闭"是通过组蛋白复合物直接包裹DNA来调控的。探讨生长发育时,人们逐渐倾向于参考表观基因组而非基因组本身。

研究人员已经证明,孕妇遭遇严重饥饿与后代的一系列发育障碍及成人疾病,包括低出生体重、糖尿病、肥胖、冠心病,以及乳腺癌等癌症是相关的,并且至少一组研究表明,妊娠期严重饥饿和孙辈"低出生体重"相关(Pray,2004)。这种观点已被纳入生物可塑性。包括我们在内的生物体都不得不应对季节变化以及随之而来的后果——食物供应、水资源供应、病原体侵染、温度和体温调节。从本质上讲,所有生物体、社会群体以及由日照的年度变化所带来的环境后果已经在不断演变,以至于子代发育阶段的基因组表达已经具有了相当大的灵活性。

子代能够预期自己未来生命历程中的生活条件。

　　如果怀孕期间遭遇了异常的环境条件（比如西欧的短期饥荒），那么，这个婴儿将会产生一种永久的、面向营养不良环境的新陈代谢方式，即使他／她以后会生活在资源富足的环境中。与之相比，真正可怕的是，在我们的现代社会，胎儿通过与母体胎盘交流而得到的关于外部代谢环境的信息很可能是虚假的。因为，比如吸烟等因素会影响营养供应，另外，母亲的不均衡饮食也能产生类似的影响。这些因素造成的结果是，我们倾向于在出生时拥有"节俭"的代谢模式，然而，我们实则生活在营养丰富的世界里。后果是，我们吃的比本该吃的多，并且超出了代谢所能应付的范围，因而我们变得肥胖（Gluckman & Hanson，2006）！这种基因组与母体环境的相互作用对子代日后健康的影响是复杂而惊人的。

第九章　出生月效应

儿童是成人之父。

——华兹华斯（William Wordsworth），

《虹》（The Rainbow，1807）

　　既然人类受孕可能有最佳时机，那么，在母体的营养状况一定的情况下，有没有一个理想的婴儿出生月份？如果说你出生的月份将影响你未来的生活机会，这听起来是不是有点荒谬？但是，你能活多久，长多高，在学校表现如何，成人后的体质，血压，女性的月经初潮年龄和绝经期，饮食失调的可能性，你的生育能力，患自闭症或恐慌症的可能性，你偏爱早晨还是傍晚，你可能患包括灾难性的精神分裂症在内的那些病，这一切在一定程度上都和你的出生日期相关。冬季新生儿比其他时间出生的孩子更喜欢寻求新奇和刺激（Eisenberg *et al.*，2007）。一项对美国棒球选手的研究甚至声称，出生月份影响到惯用左手还是右手（Abel & Kruger，2004）。

　　一直以来，大批占星家、算命先生和伪科学探究者将出生月当做一个宿命问题，乐此不疲地探究。首批严肃对待这个问题的学者之一是美国地理学家、耶鲁大学经济学教授亨廷顿（Ellsworth Huntington），稍令人不快的是，他还是一位重量级的优生学家。

近期，一项非常严谨的对超过 200 万死于 20 世纪最后 30 年的丹麦和奥地利人的研究表明，至少在这两个国家，寿命和出生月份是相关的（Doblhammer，1999）。这项研究剔除了 50 岁以前死去的人，并严格控制可能的混杂效应，例如死亡率的季节性分布（冬季高于夏季）。排除这些干扰之后，对包括事故和自杀在内的所有主要死因进行分组研究，结果显示，奥地利出生于第二季度（4 月到 6 月）的人比出生于第四季度（10 月到 12 月）的人死亡的平均年龄显著降低。

在此，"显著"是一个统计学术语，意思是说影响是真实的，而不是非得很大。该研究的具体结果是，第二季度出生的人的寿命大约比平均值少 101 天，而第四季度出生的人的寿命比平均值多 115 天。

在丹麦人中，出生于第二季度的人的寿命比平均寿命约少 60 天，出生于第四季度的人的寿命比平均寿命大概多 47 天。也就是说，如果你是奥地利人，出生于第四季度将比生于第二季度多活 200 天，而对于丹麦人，这个差异大约是 100 天（Doblhammer，1999）。对大多数人来说，这是一个值得重视的差异。

多布哈默对美国人口寿命的研究结论是，出生于秋季的人比生于春季的人约长寿 160 天。她还发现了一个重要的"出生月"模式，这个模式适用于所有主要死亡原因，包括心血管疾病、恶性肿瘤（特别是肺癌）和其他的自然死亡，比如慢性阻塞性肺疾病（Doblhammer & Vaupel，2001）。

南半球和北半球的"出生月"模式有半年之差。在澳大利亚，第二季度出生的人的平均寿命是 78 岁，他们比第四季度的出生者长寿 125 天。而澳大利亚的英国移民的寿命模式类似于奥地利人和丹麦人，显著不同于澳大利亚人（Doblhammer & Vaupel，2001）。

如果北半球出生于第四季度（10月至12月）的人相对长寿，为何我们不都在第四季度出生，反而使3月或4月成为出生高峰期。暂且不论孕妇的营养状况可能是孩子出生时间的决定因素，长寿本身就不是进化选择的根据——自然选择对生育之后的人们不感兴趣。长寿的一个可能优势在于，祖父母或外祖父母协助抚养孙儿也许能提高后代的存活率，但这一点远远不足以抵消其他因素。

不仅仅是寿命，疾病似乎也受到出生日期的影响。瑞典的一项长期研究表明，出生于夏季的婴儿比生于其他季节的婴儿更可能在15岁之前患上糖尿病。可能还有很多其他因素影响疾病的易感性，但是正如洛杉矶加州大学的艾伦·史密斯（Allan Smith）所言：

> 譬如，当前我们还不知道为什么一些人会患糖尿病。这一方面与基因有关，但不全是。季节似乎也参与其中。患病原因不是唯一的，如果我们想治愈[糖尿病]，或者仅仅想使之好转，我们必须知道究竟是哪里出了问题，重点是了解造成这些疾病的首要原因（Spears，2004）。

同样，夏天出生的孩子患腹腔疾病（消化紊乱）的概率高于平均水平，其真正原因尚未知晓。斯坦福大学的精神病学教授米尼奥（Emmanuel Mignot）发现出生于3月的人多患发作性睡病，他指出："环境因素非常难以研究而且不好确定，弄清楚究竟哪些环境因子参与导致了某种疾病犹如大海捞针。"（Spears，2004）

不过，史密斯的观点非常重要。即使和出生月份有关的差异不大，但对我们了解致病机制仍大有帮助。

昆士兰大学的麦格拉思（John McGrath）在谈到"为何季节性影响在研究中如此有用"时强化了这一点。虽然他讨论的是精神分裂症，但他作出了本质上的概括：

> 这是一个研究精神分裂症的非常激动人心的时代，过去
> 那套精神分裂症不分梯度(gradient)的理论令人沮丧，因为你
> 需要梯度来作为一个牵引(traction)，从而对不同病人的病情
> 进行层次划分……若你在冬天或春天出生，你的患病概率会
> 增加；若你是男性，患病概率也会增加。所以说，知道这些是
> 可以获益的。我们如此无知……就像发烧，古代医生把发烧
> 当成一种独立的疾病，我们如今仍这么认为。精神病是大脑
> 受损的最终的共同路径，我们必须先将导致这个结果的大量
> 因素区分开，再进行病情分析(Swan, 2005)。

根据梯度来获得一些疾病的根本原因这一想法并不新鲜，只是变得更加复杂了。一个梯度的百分比差异可能很小，但它们是真实的，最有可能反映一些潜在的机制，而非盲目的偶发事件。

流行病学领域的研究经常从对"梯度"的分析入手。为什么在中欧生于下半年的孩子比生于上半年的孩子活得更长？为什么在美国生于3月份的孩子比生于其他月份的孩子在未来的人生中更有可能患发作性睡病？为什么一些精神障碍在特定月份出生的人中更普遍？

在北半球，一年中较早出生的孩子比其他孩子将来患精神分裂症的可能性高出6%—8%(Torrey *et al.*, 1997)。一项来自流行病学的分析资料提出以下问题：为什么会存在这样的梯度差异？是什么导致了这个影响的产生？

精神分裂症是毁灭性的疾病。它是一种严重的精神疾病，以持续无法感知或无法表达现实世界为主要特征。未经治疗的精神分裂症患者通常会表现出严重的思维混乱，可能会妄想或幻听。虽然这个病主要影响的是认知能力，但是它也能导致长期的行为或情感问题。

在英国,无论何时,每10万名成年人中都约有250—300人患有精神分裂症。在美国,患病人数超过200万。疾病摧毁了患者的人生和家庭,他们中的1/10最终选择了自杀。

欧洲和北美的精神分裂症患者似乎多出生于冬季和早春(北半球的2月和3月)。在这几个月出生的受试者患病率比平均概率稍高,而8月和9月出生的受试者的患病率比平均概率稍低。在高风险出生月(冬季和春季)和低风险出生月之间,精神分裂症患病率约有10%的差异(Castrogiovanni et al., 1998)。

请注意,基于大规模群体研究的统计判断并不反映个体情况。患有这些病的大多数个体不是在高发病月份出生的,而且,出生于这几个月的大多数个体并不患有精神分裂症或双向型障碍。虽然6%—8%的差异听起来很大,但是就这些疾病的总发病率的影响而言,这个差异实际上很小。

图9.1列出了关于精神分裂症和其他病变的发现。它除了是一张统计表,是否还意味着什么? 譬如,对精神分裂症来说,病情是和年龄相关的。由于出生于一年中第一季度的人比生于同年第四季度的人年龄稍大,有人认为这个年龄间隔可能解释了为何不同出生月份在同一年显示出对病情的影响不同。但是,当这个年龄影响得到校正之后,季节性的影响依然存在。另一种观点是,由于春季的总体出生率较高,因此这个季度的精神分裂症病患也相应较多(Torrey et al., 1997)。然而,这似乎不大可能,因为北美和欧洲的怀孕和出生模式是不一样的,但这两个地区的精神分裂症患者的出生高峰月份(晚冬和早春)却是一样的。所以,一般的共识是,如精神分裂症这种情况以及其他病变,确实受到了受孕、妊娠或分娩时间的影响(图9.1)。

精神分裂症有很多可能的病因,里德利(Matt Ridley)在他的《先天,

出生月份 / 病情	1	2	3	4	5	6	7	8	9	10	11	12
一般病症												
哮喘(英国)										■	■	
哮喘(英国)					■	■	■	■	■	■		
哮喘(丹麦)			■	■								
克罗恩病(以色列)	■	■	■									■
儿童糖尿病				■	■	■						
青光眼				■	■	■	■					
霍奇金病		■	■									
精神疾病												
酗酒			■	■	■	■	■	■				
自闭症			■	■	■	■	■	■	■			
双相型障碍	■		■	■								
厌食症	■	■	■	■								
人格障碍			■	■	■							
神经官能症	■	■	■	■								
季候型情感紊乱			■	■	■							
分裂情感性精神病	■	■	■									
精神分裂症(北半球)												■
精神分裂症(南半球)						■	■	■	■			
自杀行为(西澳大利亚)									■	■		
神经系统疾病												
阿尔茨海默病		■	■									
肌萎缩侧索硬化					■	■	■					
唐氏综合征						■	■					
癫痫	■											■
精神发育迟滞				■	■	■						
运动神经元疾病				■	■	■	■					
多发性硬化(北半球)				■	■							
多发性硬化(南半球)										■	■	■
发作性睡病		■	■	■								
帕金森病				■	■	■						

图 9.1　出生月份和未来疾病发生率之间的关系。对于这个列表的结果仍须多加慎重。例如，比较出生月份和哮喘之间关系的不同文献有不同结果。参考文献：哮喘（英国）（Anderson *et al.*, 1981; Smith & Springett, 1979），哮喘（丹麦）（Pedersen & Weeke, 1983），克罗恩病（Chowers *et al.*, 2004），儿童糖尿病（Rothwell *et al.*, 1996），青光眼（Weale, 1993），霍奇金病（Langagergaard *et al.*, 2003），酗酒（Castrogiovanni *et al.*, 1998），自闭症（Castrogiovanni *et al.*, 1998），双相型障碍（Castrogiovanni *et al.*, 1998），厌食症（Castrogiovanni *et al.*, 1998），人格障碍（Castrogiovanni *et al.*, 1998），神经官能症（Castrogiovanni *et al.*, 1998），季候型情感紊乱（Battle *et al.*, 1999; Castrogiovanni *et al.*, 1998），分裂情感性精神病（Castrogiovanni *et al.*, 1998），精神分裂症（北半球）（Battle *et al.*, 1999; Castrogiovanni *et al.*, 1998; Hafner *et al.*, 1987; Hare & Moran, 1981; Hare *et al.*, 1974），精神分裂症（南半球）（Hare & Moran, 1981; Hare *et al.*, 1974），自杀行为（W. Australia）（Rock *et al.*, 2006），阿尔茨海默病（Castrogiovanni *et al.*, 1998），肌萎缩侧索硬化（Torrey *et al.*, 2000），唐氏综合征（Castrogiovanni *et al.*, 1998），癫痫（Torrey *et al.*, 2000），精神发育迟滞（Castrogiovanni *et al.*, 1998），运动神经元疾病（Castrogiovanni *et al.*, 1998），多发性硬化（北半球）（Battle *et al.*, 1999; Sadovnick *et al.*, 2007; Torrey *et al.*, 2000; Willer *et al.*, 2005），多发性硬化（南半球）（Willer *et al.*, 2005），发作性睡病（Dauvilliers *et al.*, 2003），帕金森病（Battle *et al.*, 1999; Castrogiovanni *et al.*, 1998; Torrey *et al.*, 2000）。

后天》（*Nature via Nurture*）一书中对一些原因作了阐述（Ridley, 2004）。不过，他主要感兴趣的是表明，基于弗洛伊德精神分析法的陈旧观点——全是无爱心的母亲的错，简直是一派胡言。据最新统计，关于为何精神分裂症易受到出生月份的影响，至少有10种解释。其中一些比另一些的可能性要大。在精神分裂症倾向于世代相传这一观点被提出之后，针对这个疾病的季节性差异，有学者这样认为："在夏季，人们在床上穿得较少……一个精神分裂症患者更容易注意到他／她的配偶，并据此开始性行为。"（Ridley, 2004）

　　更为可能的是下面的这个观点，即不同季节的光照量和光照强度带来了一定的影响。麦格拉斯表明，怀孕动物缺乏维生素D将导致幼儿大脑发育异常(McGrath,1999)。他指出,对于人类的精神分裂症,"我们的理论……病因在于出生前维生素D供应不足……尚存在极大疑问"(Swan,2005)。体内维生素D的合成需要阳光,在工业化进程中,人们从农村转移到城市,拥挤的住户和重重烟雾迫使居民,尤其是儿童接触到自然光照的机会变少。从佝偻病的出现我们可以看到这一点,这个病正是由于缺乏维生素D造成的。麦格拉斯自己也认为,他的这一观点仍面临着诸多质疑。

在过去的20年间,学术界尤其关注传染性病原体和病毒在精神分裂症中所起的作用。流感有多种类型,其中一些类型有明显的季节性特征,很多研究表明它们主要在冬季出生者中传播,而冬季出生者也正是精神分裂症的高发人群。2004年,哥伦比亚大学的萨瑟(Ezra Susser)和他的团队提供了直接的证据,证明了流感确实是罪魁祸首(Brown *et al.*,2004)。他们从冷冻的血清样本中鉴别出了流感病毒的抗体,加利福尼亚在20世纪60年代开展过一项儿童健康发育研究,血清样本就取自那些参与研究的怀孕的母亲。同时,他们还表明,怀孕的头三个月接触流感病毒会导致子代患严重的精神疾病的概率上升7倍,包括精神分裂症。如果延迟接触病毒的时间,比如说在怀孕头三个月的中点和接下来三个月的中点之间,子代的患病概率仍有增加,只是总体影响从7倍降至3倍,更长的延迟将不造成影响。这个研究之所以重要是因为,虽然它基于小样本,其结果在统计学上也不显著,但是,它检测的是与流感的实际接触,不像其他研究,只依赖于母亲的回忆,以及出生日期和已知的流感暴发之间的相关性。

别忘了,总体风险仍然很小。怀孕早期到中期患流感的妇女所生的孩子,有大约97%不会得精神分裂症。但是,有差不多14%的精神分裂症病例如果在关键时期没有接触流感病毒就不会发病。显然,如果上述的研究结果是有效的,不妨建议所有育龄妇女都接种流感疫苗。为什么不给孕妇接种呢? 因为我们还不知道精神分裂症和流感之间关系的潜在机制,如果妇女在怀孕期间接种疫苗,可能对胎儿产生有害的不良反应。

对于精神分裂症和流感之间潜在的相互作用,相关研究人员进一步提出了"双击假说"。该假说认为,起先,精神分裂症或双相型障碍受到围生期的季节性因素影响,更有可能发生。很多年之后,其他因素,不一定是季节性的,比如吸食大麻,导致病症产生。

众多重要行为的发生率、身体素质和疾病都与出生月份相关。在美国,180 000名死于癌症的病人当中,出生于冬天的患者的平均寿命比出生于夏天的患者长1.5年。在瑞典,6月出生的女性比12月出生的女性患乳腺癌的风险增加了5%(Kristoffersen & Hartveit,2000)。

在本章开头,我们列举了一系列似乎受到出生月份影响的特征。孩子的羞怯、月经初潮的来临、青春期的猎奇、成年后倾向于晚睡还是早起、身高、血压、寿命、多发性硬化和癫痫之类的神经系统疾病的发病率,研究表明,我们所反复提及的这些特征受到出生月份不同程度的影响。图9.1列出了出生月份与以后生活中增加的发病率之间的关系,由于这些数据来自不同的国家和不同的研究,请慎重权衡其权威性。此外,对于哮喘,且不说不同国家之间,单就一个国家的研究而言,其结果尚存在矛盾,有待更多数据和分析加以验证。

究竟在哪一个月出生最好,答案是"碰运气,各取所需"。每个月所产生的影响都是长期的,而且,其影响的重要性如何强调都不为过。例如,多发性硬化的发病率因纬度而异,在赤道附近根本就不存在。澳大利亚有明显的纬度梯度,多发性硬化在温带塔斯马尼亚的发病率是亚热带昆士兰的5倍。牛津大学的埃伯斯(George Ebers)团队对超过

40 000名分别来自加拿大、英国、丹麦和瑞典的多发性硬化患者进行了研究。结果表明,在北半球,生于11月的多发性硬化患者显著较少,这个月正是日后发病率最低的出生月,而5月出生的患者显著较多。5月出生者比11月出生者的患病风险高13%。

在南半球,情况正好相反,11月是高峰,而5月最低。埃伯斯指出:

> 患病风险因月份而异的剧烈变化暗示,风险增加和减少存在一个阈效应(threshold effect),原因很难解释。但这些已发现的变化也许能在一定程度上解释为何英国的亚洲和加勒比地区的移民,其第二代患多发性硬化的风险有所增加——移民到英国并没有改变他们的基因,但是,气候中的某些因素可能使得他们的某些基因改变了(Willer *et al.*,2005)。

埃伯斯和悉尼的麦克劳德(Jim McLeod)等学者的研究结果表明,在遗传背景非常相似的人群中,发病风险因出生时间和地点而存在显著差异。

一些线索可以说明这一点。对于都患有多发性硬化的半手足关系(同父异母或同母异父)的两个人,他们同母的情况远远多于同父的情况。亲源效应(parent of origin effect)可能来自决定风险的母体环境,也可能来自"遗传印记"——要紧的是基因是从谁那儿继承来的,它本身无法区分两者,当然它也可以是两者的结合。然而,本例中的母源效应(maternal parent of origin effect)暗示,妊娠期或新生儿期的环境决定了成人患病的风险。

一项重要的研究对异卵双胞胎、两个或两个以上的兄弟姐妹都患多发性硬化的风险作了比较。由于异卵双胞胎并不比年龄不同的手足有更多遗传上的相似,这个研究结果理应是没有差异。但事实证明,异卵双胞胎都患多发性硬化的风险确实显著高于非双胞胎手足。双胞胎几乎同时出生,只相隔几分钟,最多几小时。可见,该研究所得到的差异一定和他们产前及产后的共享环境有关(Willer *et al.*, 2003)。

然而,准确地找出真正起作用的环境因素相当困难。最早表明基因组和发育期间的环境因素之间存在相互作用的线索,来自20世纪50年代的苏格兰,埃伯斯叙述如下:

> 冬季出生的孩子更可能患脊柱裂和无脑畸形等神经管缺陷疾病。这种病与"较底层的社会经济团体"及"冬季出生"强烈相关。在50年代的苏格兰,穷人买不起新鲜蔬菜,导致他们在冬季季末普遍缺乏叶酸,而目前研究人员已经有力地证明,大量的叶酸可以预防这些先天缺陷。在本例中,我们不能确定叶酸对神经管有多少影响,但是,它确实给我们提供了一个暗示,即对这种疾病的预防基础可能和母体环境强烈相关,或者,也可能和新生儿期极早阶段的环境强烈相关(个人通信)。

能够说明维生素D和多发性硬化相关的一个明显线索是,多发性硬化在食用大量富含维生素D的鱼类的日本人(他们对维生素D的需求有90%来自鱼类,3%来自蛋类,还有3%来自牛奶)中的发病率是3/100 000,而在苏格兰和澳大利亚塔斯马尼亚,其发病率高达250/100 000。这和以下观点一致,即在苏格兰和塔斯马尼亚,5月出生的孩子发病率过高意味着两地冬季的弱光照导致了孕妇的维生素D水平偏低(Willer *et al.*, 2005)。

虽然无法证实维生素D是对抗多发性硬化的环境因素,但这个学说是令人信服的。它可以解释多发性硬化显著的地理分布特征,同时也解释了两个特有的地理异常现象:一个是在瑞士,多发性硬化在低海拔地区发病率高,在高海拔地区发病率低;另一个是在挪威,多发性硬化在内陆发病率高,在沿海地区发病率低。在高海拔地区,紫外线强度较大,导致维生素D_3合成率较高,因而发病率低;在挪威沿海地区,鱼类的消耗量非常大,而鱼油富含维生素D_3(Hayes *et al.*, 1997)。

尽管对出生季节性的研究模模糊糊地开始于优生学的边缘领域,但是我们可以利用它来发现环境因素的影响。利用流行病学数据所显示的梯度对多发性硬化进行的研究,可以帮助我们更好地理解病情内外的相互关系。埃伯斯断定,"季节性出生效应可能和决定患病率的环境因素有关。这些环境因素似乎广泛地作用于人群,也许我们能从中找到疾病预防的关键"(Willer *et al.*, 2005)。

几千年来,很多人都相信出生时间和个人命运之间存在一定的关系。尽管莎士比亚让恺撒(Caesar)宣布我们的过失是我们自己造成的,和星星无关,如今还是有极多的人坚信,出生时某颗行星(比如金星)的位置关系着未来的生活际遇。这种占星观是迷信的一部分,因利益驱使而盛行于易受骗的公众中。同时,毫无疑问,伪科学的支持者开始疾呼"出生月份影响着以后的人生"。但以上种种,都不应该削弱我们越来越深刻的认知:母体环境的改变将会影响后代未来的生活。环境状况和季节密切相关,既然我们毋庸置疑地受到环境条件的影响,胎儿或新生儿时期理应最易受到影响。将出生月份作为影响我们健康和疾病的重要因素加以考虑是有意义的。事实上,不仅仅限于人类,出生月份还极大地影响着家畜的健康,这关乎经济利益,没有一个饲养员敢忽略它们。

从怀孕到分娩的9个月间,发育中的胎儿在母亲的子宫中是安全的。但是,他/她并不与外界隔绝。胎儿的生理机能受制于母亲所提供给他/她的环境,他/她有可能在母亲怀孕期间患上某种疾病,多年后才能被看出来。

　　鸟类、羊、仓鼠和很多其他形式的生命体都受到所处自然环境中光周期的影响，拥有了与之同步的年度生育节律，我们顺理成章地认同了这点。然而，更有吸引力并且十分重要的观点是，现代人类可能和上述生物一样受到了类似的影响，即便影响相当细微，其结果是，我们一生的健康和安宁有赖于我们的出生时间。

第十章　疾病和季节性时序

医生应该意识到，存在"圣诞快乐冠状动脉"和"新年快乐心脏病"。

——克洛纳（Robert A .Kloner，2004）

　　不同的季节带来不同的疾病。半个世纪之前，许多忧心忡忡的家长认为夏天以及室外游泳池是可怕的脊髓灰质炎的邀请函。当现在的家长固执地拒绝在孩子身上接种MMR（麻疹、腮腺炎和风疹）疫苗的时候，他们很难相信索尔克（Jonas Salk）和他所研发的脊髓灰质炎疫苗曾经英雄般的地位，那时每间教室里至少有一名使用双脚规形夹的孩子。纳尔逊（Randy Nelson）和他的同事制作了表10.1，列出了很多季节性疾病。这些研究往往针对具体的国家，并且许多结论是暂定的。

　　我们容易在冬季感冒，在春季得花粉症。食物中毒在夏天更常见，部分原因是细菌在炎热潮湿的环境下长得更快。疟疾的峰值在雨季刚刚结束后出现，因为此时正值蚊子数量的上升期。在19世纪的美国，婴儿霍乱被赋予"夏季疾病"这个名字。炎热的夏季里，这种病在中部和南部地区的大部分城镇里人工喂养的婴儿中很常见，西部地区也是如此。它的特征是胃痛、呕吐、腹泻、发烧和虚脱，患者经常在3—5天

表10.1　多种疾病的季节性发病时间（改自 Nelson *et al.*, 2002）

疾病	发生的季节	文献
疟疾	春天 / 夏天	Hviid, 1998
军团病	夏季	Fisman *et al.*, 2005
利什曼病	冬季 / 初春	Andrade-Narvaez *et al.*, 2003
流行性感冒	冬季 / 初春	Zucs *et al.*, 2005
人反转录病毒感染	冬季	Kapikian *et al.*, 1976
呼吸道合胞病毒感染	冬季 / 初春	Hall *et al.*, 1991
呼吸道合胞病毒感染	夏季	Sakamoto *et al.*, 1995
冠状病毒感染	冬季 / 初春	Cavallaro & Monto, 1970; Hambre & Beem, 1972; Hendley *et al.*, 1972
肠病毒感染	夏季	Glimaker *et al.*, 1992
结核病	冬季	Pietinalho *et al.*, 1996
布氏菌病	春季 / 初夏	Dajani *et al.*, 1989
肺炎	冬季 / 初春	Eskola *et al.*, 1992
真菌病	冬季 / 初春	Chariyalertsak *et al.*, 1996
冠心病		
（a）卒中	冬季	Douglas *et al.*, 1990
（b）脑梗死	春季 / 夏季	Biller *et al.*, 1988
（c）缺血性发作	冬季 / 春季	Wang *et al.*, 2002; Dunnigan *et al.*, 1970; Azevedo *et al.*, 1995
脑出血	冬季 / 初春	Azevedo *et al.*, 1995
短暂性脑缺血发作	夏季	Sobel *et al.*, 1987
胰岛素依赖型糖尿病	秋季 / 冬季	Blom *et al.*, 1989
类风湿关节炎	秋季 / 冬季	Rosenberg, 1988
儿童白血病	冬季	Karimi & Yarmohammadi, 2003
乳腺癌		
（a）诊断出的病例	冬季	Cohen *et al.*, 1983
（b）初步检测	春季 / 夏季	Mason *et al.*, 1985
（c）死亡风险	无季节性效应	Galea & Blamey, 1991
（d）出生的季节	夏季	Sankila *et al.*, 1993; Yuen *et al.*, 1994
肺癌	夏季 / 秋季	Tang *et al.*, 1995
黑色素瘤	春季 / 夏季	McWhirter & Dobson, 1995
膀胱癌	秋季 / 冬季	Hostmark *et al.*, 1984

内死亡。

人们在任何时候都会生病,但有明显的季节性的高峰和低谷。早在耶稣诞生前400年,希波克拉底(Hippocrates)在他的格言中说道:"任何疾病在任何季节都会发生,但有些疾病倾向于在特定的季节发生,并且病情较为严重。"这种现象所反映的并不仅仅是一年的时节和天气状况之间简单的相关性,而是一个更为复杂的相互作用,关乎外在的季节性诱因以及我们体内生理环境的季节性循环。据传,病原微生物学说的创始人巴斯德(Louis Pasteur)在弥留之际宣称:"细菌根本不算什么,细菌滋生地本身才是问题所在。"(Delhoume,1939)很明显,同时暴露在同一种疾病病原物面前的两个人,一个会生病,而另一个不会。类似的,在一年的不同时间,同一个人对同一种致病因素的反应也不同。每个个体都有独一无二的内部环境,当个体的内部环境与季节一起变化,我们对疾病的易感性也会随之改变。

有些疾病,像季候型情感紊乱(SAD),是我们内部的生理机能改变的结果,这可能是由于光照的时间、强度,以及照射总量的改变。有一些疾病则是由外部传染性媒介引起的,如蚊子携带的疟疾以及登革热。还有一些是天气造成的,例如温暖潮湿的天气预示着由细菌引起的军团病的暴发。理解这种关系有助于我们预防实际的生理疾病和心理疾病,至少能改善症状。

数千年前人们已经知道在雨季之后会立即出现疟疾的发病高峰,因为自古以来已经有关于这种疾病的大量研究,它总是能造成大批居民死亡。如今它是一种热带疾病,而早在公元前5世纪,希腊生理学家希波克拉底已经就其做过记录。公元前323年,它杀死了亚历山大大帝(Alexander the Great)。17世纪初,耶稣会会士给欧洲带来了可以治疗疟疾的金鸡纳树皮——随后人们发现其中含有奎宁,然而克伦威尔

(Oliver Cromwell)明确地拒绝了教皇党人的药品,并因偏见死于疟疾。第二次世界大战中,纳粹从意大利撤退的时候蓄意传播疟疾。疟疾一度很常见——它得名于意大利语mala aria,意为"空气不好",直到1970年11月17日,世界卫生组织才官方地宣布它从意大利消失了。

据估算,疟疾每年导致100万—200万人死亡,死者主要分布在撒哈拉以南的非洲区域,而且大部分是儿童。这个与贫穷和气候相关的疾病的发病率还处于上升趋势。考虑到气候变化的影响,人们担忧这种疾病将在高纬度地区出现。在人类中,疟原虫(*Plasmodium*)引起了这种疾病,并通过雌按蚊(*Anophele*)的叮咬传播(疟疾不是在人中直接传播的,只能通过公共的皮下注射)。

传染水平受环境因素影响,包括温度、降水和湿度。疟疾疫情一般发生在雨季之后。温度高于33℃时蚊子的死亡率升高,在18℃以下,蚊子体内的病原体发育时间比蚊子的生活周期还长,因而疟疾的传播被阻断。

生活在疟疾传染区的人会一而再地感染这种疾病,从未完全康复,因此就会有稳定的传染病库,并维持这个恶性循环。季节性的天气也决定了人们的活动,可能会增加他们在黄昏到黎明这段时间接触按蚊的概率,那时蚊子最为活跃。炎热潮湿的天气会促使人们到户外睡觉或者不使用蚊帐。

蚊子不仅是疟疾的携带者。在100多年前,埃及伊蚊(*Aedes aegypi*)就被美国军医里德(Walter Reed)鉴定为黄热病的携带者,它同时还是登革热的携带者。登革热也能被埃及伊蚊的近亲白纹伊蚊(*Aedes albopictus*)传播。这个物种能耐受较低的温度,于是那些受感染的蚊子将登革热从墨西哥带到了美国。伊蚊这个物种可以在平静或停滞的水中繁殖,它们的数目会一直增长至雨季结束。

导致登革热的微生物属于一个被称为黄病毒属的群体。许多疾病,例如登革热、黄热病,以及日本脑炎,是蚊子传播的,另一些则通过蜱类传播。在大多数地区,节肢动物造成的传播以及黄病毒感染仅仅在湿季的后期才达到流行的规模。然而,得克萨斯州农业试验站的昆虫学家奥尔森(Jim Olson)指出:

在得克萨斯我们从没有摆脱过蚊子的困扰,仅仅是蚊子的种类随季节改变。一些种类在冬天、秋天和夏天都活跃,夏季种类最多(Olson, 2005)。

在得克萨斯至少有86种蚊子,归为13个属。季节性的特异化是另一个根据时间来划分生态位的例子。

锥虫病是另一个季节性杀手。原生动物锥虫(*Trypanosoma*)由舌蝇(*Glossina* ssp.)传播,严重制约了非洲撒哈拉以南地区的牲畜业和混合作物畜牧业的发展,并在人群中引发昏睡病。接近900万平方千米,超过40个国家被舌蝇侵害,数以百万计的牛和人暴露在这种昏睡病的威胁中。尽管这种疾病在20世纪60年代中期接近消亡,但是40年的战争以及内乱严重制约了防治进程,目前估计,每年至少有10万人死于该病。

大多数苍蝇将卵产在潮湿的环境中,幼虫在那里生长发育。舌蝇与之不同。怀孕期间受精卵一直在舌蝇子宫内,由母亲提供营养,并在子宫内发育到三龄幼虫时才分娩。这时幼虫可能比母亲还重,它挖洞进入松散干燥的土地中,并在几分钟内将自己包裹到坚硬的蛹壳里继续发育。经过至少三个星期,成年舌蝇从蛹壳中钻出来,它会非常饥饿,因为它从作为幼虫出生之后就没吃过东西。

这种特别的生活周期,导致潮湿的环境不会促发舌蝇数目大量增加,干热的环境也不怎么抑制舌蝇繁殖。因此舌蝇数量的季节性变化不像蚊子那样明显。但是,例如在炎热的津巴布韦,当温度经常逼近40℃时,舌蝇的数量会下降近90%(Torr & Hargrove,1999)。

疟疾、昏睡病,以及动物中的锥虫病的季节性改变,对撒哈拉以南的游牧民族一年一度的迁移有重要影响。例如,遍布苏丹西部和乍得东部的上百万班加拉人和他们的动物一起迁移,以最大化地利用降雨,但是他们的迁移也需要安排时间,以避开舌蝇及蚊子猖獗的季节。

在公共卫生方面,气候变化带来的一个主要的担忧是,诸如疟疾等媒介传播疾病会回到那些很久之前这些病已经灭迹的地区,并传播到从未被它们入侵过的地方。俄勒冈大学的布拉德肖(William Bradshaw)和霍尔茨阿普费尔(Christina Holzapfel)已经对北美瓶草蚊(*Wyeomyia smithii*)进行了多年研究,这种蚊子在猪笼草的食肉性叶子里发育。他们的团队已经将控制日照反应的基因位置定位到三条染色体上,其中两条染色体还有一个重叠的基因表达来调控物种进入生存所必需的滞育期。布拉德肖和霍尔茨阿普费尔相信,"这项工作将会指导研究人员关注一些控制动物的季节性发育的特殊基因"(mathias *et al.*,2007)。这提供了一些希望:人们也许能预测到哪些动物能在变化的气候中存活下来,哪些疾病的携带者可能会向北迁移。

心脏病也是一种有显著季节性的杀手疾病。但是,它的诱因不是通常的外部病原体,而是饮食、吸烟等生活方式,以及有遗传特点的压力因素。无论是在伦敦、纽约还是在东京,心脏病在冬天的发病率都比其他时间的高50%。这也许与冬天的胆固醇水平较高有关,也可能与血压有关,在北部纬度地区例如在英国,人们冬季的血压比其他季节的血压要高5毫米汞柱。

在冬季,心脏病死亡率较高。在英格兰与威尔士,每年冬季会多两万例死于心脏病的病人(Pell & Cobbe,1999)。一个可能的原因是在寒冷天气中,血管会收缩以帮助保持身体的热量,而血管收缩会导致血压升高,给心脏带来额外的负担。然而,并不是降雪诱发了心脏病,而是铲雪时的活动引起了这些伤害。又或者,诱因是流行性感冒或其他感染。上述的这些因素在冬季更常见,甚至在热带地区也是如此。在一项研究中,研究人员发现,在一次急性呼吸道感染后的10天里,心脏病发作的危险性比平时高3倍(Meier *et al.*,1998)。洛杉矶县的一项死亡情况调查中显示,心脏病最可能发作的时间在1月1日附近。由于这个地区全年气候温和,所以说,并不是天气状况,而可能是假期带给人们的情感波动,以及在此期间人们倾向于在食物、酒精和性方面放纵等因素导致了心脏病发病率较高。高脂肪的节日餐会干扰动脉扩张,还可能会激活凝血系统,给患有冠状动脉疾病的人们带来麻烦。同样,额外的酒精摄入会使血压上升,并导致心脏节律异常(Kloner,2004)。此外,较多的性活动也可能是一大诱因。或也许,仅仅是因为此段时间就医的人们比其他时间遭到了更多延误,因此到达急诊室时的情况更糟了(Phillips *et al.*,2004)。

在《影响心脏病的季节性因素》这篇综述中,格拉斯哥大学的佩尔(Jill Pell)与科布(Stuart Cobbe)注意到,除了之前提到的因素,研究人员也在关注以下因素:紫外线辐射和维生素供给,血红蛋白水平,葡萄糖和胰岛素水平(夏天比冬天低),由幽门螺杆菌(*Helicobacter pylori*)引起的消化性溃疡(也是在冬天达到峰值),还有年龄,性别,等等。

人们努力地想将这些缠绕在一起的因素解开。就像佩尔和科布所指出的:

> 尚不清楚发生在冬季的过多死亡反映的是可避免的死亡,还是在短时间内无论如何都会发生的不可避免的死亡。如果前者是对的,鉴别并改正这些与季节性差异相关的因素

将会仅仅影响总体死亡率(Pell & Cobbe, 1999)。

疟疾、昏睡病及心脏病都会致死。感冒,就自身而言,只不过让生活变得不那么舒服罢了。然而,尽管我们可以很容易地根据生物的生活周期,看出为什么疟疾、昏睡病及其他媒介传播的疾病具有季节性的特点,却很难一眼看出为什么感冒通常发生在冬季。会引起各种感冒的200种或更多种病毒的混合物,包括鼻病毒和冠状病毒,一年到头都多多少少地飘浮在空气中。教科书中的回答是,感冒之所以更多地发生在寒冷的情况下,是因为我们喜欢聚集在通风很差的室内,从而使感冒更容易传播。但是感冒其实很难传染。传播感冒病毒通常需要与其他的人紧密而且长时间地接触。病毒在鼻腔细胞中复制,并在黏液滴中随着咳嗽或喷嚏散布。鼻子中的分泌物也会留在我们的手指间,通过接触传播而感染其他人。

这套解释感冒的拥挤理论提出至今已有100多年,而事实上,我们的城市在夏天和冬天一样拥挤。在较早的时候,人们确实在冬天跟他们家养的动物密切地生活在一起,这一习惯至今依然存在于贫穷的农村地区,特别是在发展中国家。这也许对这些地方冬天产生的新的流感毒株负有责任。

加的夫大学的感冒实验室有一个解释季节性感冒的新理论:

　　我们的鼻子在冬天比在夏天温度低,这就降低了鼻子对传染的抵御力。如果外面很冷,我们就会多穿些衣服,但鼻子依然直接暴露在冷空气之下。我们每次呼吸都会让鼻腔衬膜变冷,降低我们的抵抗力。如果这一理论是正确的,那么在冬天用围巾包住鼻子将有助于预防感冒(Eccles, 2002)。

另一种可能的原因是冷空气及较低的空气湿度。病毒在相对湿度为20%—40%时最为稳定。干燥的空气会导致病毒附着的水滴变小,使得它们在空气中悬浮的时间更长,从而提高感冒传播的概率。此外,呼吸系统中的纤毛在寒冷的环境中工作得更慢,使得病毒会在呼吸道中得到传播并通过喷嚏或咳嗽扩散(Lowen et al.,2007)。

还有相当多的证据表明,日常生活中的压力会降低人对感染的抵抗力,影响易感性。研究人员发现,当感冒病毒进入健康的志愿者鼻子时,志愿者的感冒易感性就与其近期的心理压力有一定相关性。心理压力之所以影响免疫系统,最可能的原因也许是与压力相关的类固醇皮质激素的上升,因为类固醇皮质激素会抑制免疫系统的功能(Cohen,1995)。

大多数儿童的腹泻都是由轮状病毒引起的,这种病毒具有明显的季节性特征。这种疾病每年至少杀死600 000名儿童,死亡病例主要在发展中国家。实际上,世界上的孩子在5岁之前都会被"轮状病毒"感染至少一次。仅10个病毒颗粒就会对儿童造成伤害。20世纪80年代,美国的研究人员认识到这种传染病有一个独特的季节性模式。轮状病毒肠胃炎在美国西南部出现并逐渐迁移至东北部的城市,比如波士顿和华盛顿,并在12月至3月间感染儿童。

尽管天气情况与许多疾病密切地联系在一起,仍有一些表面上的季节性疾病很难归结于大气情况的规律性变化。在撒哈拉以南的非洲地区,脑膜炎的大流行紧随着干燥的季风并在雨季开始的时候结束。关于这个现象的一个解释是,干燥的黏膜表面增加了细菌传播的概率,而降雨使得黏膜变得湿润或者减少了依附在尘土上的细菌传播。然而,在美国的俄勒冈州以及其他地区,脑膜炎的峰值出现在雨季。相似地,休斯敦地区"侵袭性肺炎链球菌感染症"的发病季节与平均温度低于24℃高度相关,但这种相关性没有在其他7个天气有更大范围变化的区域出现。在美国,呼吸道合胞体病毒流行于冬天和春天寒冷的月份,通常造成支气管炎以及轻度上呼吸道感染,进而引起严重的甚至致死性的下呼吸道问题,尤其在婴儿中特别常见。与之相矛盾的是,在新加坡及香港地区,这种疾病的流行期出现在最热的月份(Dowell,2001)。

疾病与季节性因素之间的相互关系也许非常复杂,但理解内在生理机能与对各种外部因素的易感性之间的相互关系所带来的潜在益处,令研究人员非常兴奋。问题已经从为什么会存在传染性疾病大暴发以及它们何时暴发,转向为什么它们不暴发和它们何时不暴发。如果这种有规律的夏季感冒和冬季花粉症的低潮期是由于宿主抵抗力的增强而造成的,并且我们能控制这种机制,那么我们就可能找到新的治疗途径。布朗森总结了这一关键点:"个体已经进化出一套机制以加强免疫系统的功能,以应对季节性重复的、有可能损害免疫功能的压力因素。"(Nelson et al.,2002)

佐治亚州亚特兰大疾控中心的道尔(Scott Dowell)注意到:

传染病的季节性循环被归结为大气条件、病原体的流行或毒性、宿主的行为等的变化,但很多疾病发生的季节性现象很难用以上原因解释。尽管天气情况和人群行为千变万化,依然存在如下现象:疾病在同一纬度的不同地区同时暴发,在流行病的非高发季节检测到病原体但疾病并未流行,疾病发生模式与季节性变化一致(Dowell,2001)。

道尔指出,实例之一就是北美和欧洲地区的流行性感冒倾向于同步暴发,这对单一起源、只通过人人之间传染的疾病而言,传播得未免太快了。存在易感性的规律性变化也许是一个更好的假定。

有一个流行的假说这样解释我们对感冒的易感性,即它是从其他系统,包括我们的免疫防御系统,"偷取"能量以在寒冷的天气下维持体温及其他代谢过程的结果。这种观点认为,人们的免疫系统可以通过相应调整来适应可预测的外部因子的季节性变化,并且在更冷的温度下加强反应。但是如果外界挑战太剧烈,或者免疫系统强化程度不够,那么此时缺乏抵抗力的免疫系统将无法应付病毒或其他传染性病原体的入侵。

这种能量供应重心的转移表明,应对有规律的季节性变化时,个体调控免疫系统,使它能够在总能量有限的情况下调整到最佳状态,以对付外界影响因子,这样做有进化上的优势。能量上的成本-效益综合考虑很重要。尽管理想的做法是使一个免疫系统始终处于最佳状态,但在这种策略下,能量消耗会过于巨大,并会以其他功能,例如生长和繁殖作为代价。

本质上,任何一种影响机体稳态平衡的因素均可称为压力因子。压力因子引起压力,并影响人的免疫系统。我们认为肺炎是老年病。对"二战"前的一代医生而言,这种病被称为"老人的朋友",因为如果没有抗生素的话,肺炎会在很短时间内夺走老人们的生命。而且,它还是军队中的难题,因为年轻的士兵也会染上这种疾病。仅在2002年3月的2周内,南印度一所军医院就报告了31例肺炎。军医认为,这种疾病的暴发是由于兵营中的过度拥挤造成的压力抑制了士兵的免疫系统功能,从而增加了他们对这种疾病的易感性(Banerjee *et al*., 2005)。

对军事人员进行的其他研究也支持这种观点,即压力,例如训练,会损害免疫系统的功能。美国游骑兵团中的肺炎病例引发了一项关于他们训练体制的研究。在最初两个月的高强度训练中,新兵的体重会减轻12%—16%,这种体重下降会影响T淋巴细胞的反应能力,而当他们的能量摄入增加了15%后,这种能力在9天内恢复(Kramer *et al*., 1997)。

有趣的是,压力因子本身不必直接与免疫系统发生关系。特有的压力感受会完成这一点。萨波斯基(Robert Sapolsky)以他独特的方式将其描述如下：

> 然而，灵长类将这一点发挥得有些过头了。比起其他物种，灵长类的压力反应不仅能被具体事件激起，还能由纯粹的预期引发。当这种预期准确的时候（"这是一条黑暗、废弃的道路，所以我要作好跑过去的准备"），一个预期的压力反应是高度适应的。但是，当灵长类、人或其他动物长期并且错误地认为一个稳定的影响因子将要发生的时候，他们就会进入神经官能症、焦虑以及偏执狂的世界(Sapolsky,2003)。

萨波斯基描述了一个实验：两只猴子，给其中一只提供无营养的食物，而另一只什么也不给。尽管食物没有营养，并且两只猴子饥饿程度相同，但是，那只得到"安慰剂"的猴子体内作为压力表征的糖皮质激素水平没有上升，另一只则表现出受到了压力。

更好地理解和认识传染性疾病发生的季节性和天气状况之下隐藏的内在机制，不仅仅出于学术上的兴趣。宾夕法尼亚德雷克塞尔大学公共卫生学院的菲斯曼(David Fisman)恰如其分地指出了该研究的意义：

> 理解天气和季节与疾病(如军团病)之间的关系，可能有助于医疗人员识别这些难以诊断的疾病，提高目前用以检测生化恐怖袭击的"综合征"监控系统的准确性，并在全球气候变化的背景下为公共卫生政策提供建议(Fisman et al.,2005)。

尽管当今许多人生活在衣食等压力较小的世界，但是，群体性疾病、死亡率，以及伴随它们而进行的免疫系统调整，依然具有季节性变化的特征。给动物带来生存压力的环境状况，例如食物减少、温度下降、过度拥挤、没有居所或者捕食压力增加，会季节性地重现，个体的免疫系统也会出现季节性波动。然而,要完全理解它们之间的相互作用,不仅需要一些关于免疫系统的背景知识,了解它与神经系统和内分泌系统的相互关系,还要对生物体不得不维持的能量平衡有一定认识。

对人类免疫系统的研究有一个相当曲折的历史。公元前430年,修昔底德(Thucydides)记载了在雅典肆虐的瘟疫,要不是其中一些身染瘟疫又康复的患者使得人们有了对"免疫状态"的认识,当时那些生病和垂死的人不会受到任何关注。中世纪时期的土耳其人已经对人痘接种——接种的一种形式——有一定了解。1798年,詹纳(Edward Jenner)在一名男孩身上注射了牛痘,并证明他因此获得了对致死性天花的免疫力。

尽管早有先例,巴斯德或许可以依然被视为免疫学之父。1885年7月6日,9岁的小男孩迈斯特(Joseph Meister)的父母把他带到了巴黎。这个孩子在两天前被患有狂犬病的狗严重地咬伤了。巴斯德将弱化的狂犬病毒注射到迈斯特体内,这个孩子因而幸运地活了下来。这是已知的第一例被患狂犬病的狗咬伤之后活下来的患者。

尽管迈斯特的故事说来动听,人们也认识到了疫苗的重要性,但是,免疫系统以及它令人迷惑的术语,依然很难理解。免疫系统对我们的健康至关重要。在20世纪,医学研究的一个关键问题就是有关免疫的:人体怎样防御微生物病原体?

我们可以把免疫系统想象成为一个驻扎在身体周围的堡垒链,它保护着我们的身体免受外界敌对势力的侵袭。将这些堡垒连在一起的是一个名为淋巴系统的网络,堡垒就是淋巴结。淋巴系统与循环系统相链接,并补充血液供应。淋巴本身是透明、稀薄的流体,由体内组织产生。它包含白细胞,并在淋巴系统内循环,填满组织间隙并传输营养物质、水和氧气,这些是每个细胞必需的物质。(这些物质透过毛细血管壁到达淋巴液,通过淋巴液将其运输至细胞。虽然体内的每个细胞与毛细血管的距离不超过5个细胞直径的总和,可是如果没有淋巴系统的话,每个细胞就得有它自己相应的毛细血管来供给营养。)

　　扮演着头发斑白的侦察员来巡视这个系统的是巨噬细胞。它们一直在寻找病毒、细菌、真菌、寄生体等任何能造成伤害的东西。帮忙的是中性粒细胞,我们可以将之想象为初级侦察兵。中性粒细胞是迄今最常见的一种白细胞,骨髓每天产生上万亿个中性粒细胞,并将其释放至血液。一旦中性粒细胞找到一个外源颗粒或者细菌,就会包住它,并从自身颗粒中释放出酶、过氧化氢及其他化学物质来杀死它。在一个严重的感染区(许多细菌在此滋生)会形成脓。脓只是死掉的中性粒细胞和其他细胞的残骸。从骨髓中产生的未成熟的巨噬细胞被释放至血液中,进入组织并分化为巨噬细胞。在与入侵细胞的接触方式上,它们有点像变形虫,通过分解、弱化、吞噬、消化以及清除来消灭入侵者。

　　如果入侵细胞太多,或者它们属于新的类型,巨噬细胞就标记侵略者,并召集更多特殊类型的免疫细胞加入战斗。它能发出一种化学信号,被称为白细胞介素-1[想象一下韦恩(John Wayne)调派一队年轻骑兵]。白细胞介素-1会召唤B细胞和T细胞前来帮忙。两者均产生于骨髓,但T细胞在胸腺中成熟。

　　这就是事情真正开始变得复杂的地方。辅助性T细胞可以发送白细胞介素-2作为信号,该信号能促进T细胞增殖,这转而又能促使细胞毒性杀伤细胞过来摧毁传染性病原体。这条路径被称为细胞介导的免疫反应。

　　还有一条路径,被称为抗体介导的免疫反应。与前者不同,辅助性T细胞发送一个B细胞生长因子信号,促进B细胞的分化和增殖。B细胞制造和释放与病原体结合的特异抗体,并利用名为补体的蛋白质消灭这些病原体。

事实上，事情比这复杂得多，涉及的成分也更复杂，像白细胞、淋巴细胞、单核细胞、粒细胞、浆细胞、细胞毒性T细胞、抑制性T细胞、自然杀伤细胞、嗜酸性粒细胞、嗜碱性粒细胞和吞噬细胞。而这仅仅是涉及细胞的部分。除了细胞生长因子外，还有干扰素、肿瘤坏死因子和白细胞介素，如淋巴因子、单核因子和趋化因子等。

巨噬细胞和其他细胞在外巡逻时，会参与规模较小的前哨战。它们会在淋巴结里集结，在那里，免疫系统的防卫者和入侵者间展开激烈的大战。

这个奇妙而有效、但又复杂的系统通过下丘脑与神经系统衔接，这解释了为什么我们的感觉会影响免疫系统的工作。

这个复杂系统的关键点在于它的动态性。细胞以及化学信使不断地被制造和销毁，从而维持一个有效的免疫系统，而这些活动都需要能量。将能量分配给不同的、常常相互对立的生命活动——这些活动可能对维持生存来说是必需的，诸如生长、繁殖、体温调控和产热、康复、运动、休眠、蜕皮、维持视力等——是一个根本的生存问题。尽管动物（包括人）将免疫系统整年维持在高水平是一种理想状态，但是，这样做的能量耗费是巨大的。

每时每刻，我们的身体不间断地将资源分配给不同的功能。例如，消化系统占用了10%—20%的能量。特定条件下有特殊的需求，例如，妊娠期的女性需要额外的大约200 000千焦的能量，当哺乳的时候，她每天需要2000千焦或者更多的能量来产生足够的乳汁。

关于人体能量分配的一个经典的研究实施于"二战"结束前，那时盟军遇到了饥饿而衰弱的市民。他们中许多人仅仅靠面包、土豆，还有其他一些分量很少的东西活了下来。关于人类的饥饿，以及如何应对食物极端匮乏之后的饮食，人们仅有很少的科学知识。

基斯(Ancel Keys)是明尼苏达大学的一位生理学教授，他设计并带领开展了著名的明尼苏达饥饿实验。36名青年男子自愿参加了这项研究，他们均因道德感拒服兵役。实验过程中，前3个月他们正常饮食，随后的6个月能量摄入量减半，并在最后的3个月再进食。

平均而言，这些健康的年轻人在"饥饿期"体重减轻了25%。他们开始时体重在70—80千克，而在6个月之后，他们都变得瘦弱。他们称，自己对寒冷的忍耐力下降了，还经历了眩晕、极度疲劳、肌肉酸痛、脱发、协调性下降，以及耳鸣等感觉。他们中的几位说自己对女人以及约会的兴趣几乎在半饥饿阶段开始的同时就消失了："我能明确地告诉你，性冲动消失了，一点都没了。"(Kala & Sambc,2005)另一位的说法更形象化，说他"不比一只生病的牡蛎更有性欲"(Garner,1997)。

在身体指标上，他们的体温、心率、呼吸及基础代谢率都下降了。基础代谢率指的是身体在静息状态下(无体力活动)维持我们正常的生理过程所需要的能量。基础代谢占用身体总能量的2/3，剩余的能量被体力活动耗用。在半饥饿状态结束时，志愿者的基础代谢率比正常状态时下降了大约40%。

为了应对能量越来越少的状态，这些研究对象通过调整资源分配，已经适应了有所降低的能量摄入。但这样做的同时，其他许多生理功能受到了损害，而它们都是在"正常条件"下对生存至关重要的功能。

基斯没有现今的技术，因此无法在研究过程中追踪免疫系统中发生的变化。但在20世纪70年代中期开始的一系列实验中，赖贝格(Alain Reinberg)发现，人体免疫系统的组成成分呈现出一个内在的季节性变化规律，而且到了冬天，健康的人体内明显存在更多的外周血淋巴细胞(Reinberg et al.,1977)。

在冬季,一些淋巴细胞,如B细胞以及辅助性T细胞,更多地参与抗体介导的免疫反应。而另一方面,细胞毒性T细胞等淋巴细胞参与了细胞介导的免疫反应。

在抗体介导的免疫和细胞介导的免疫间可能存在季节性的平衡。纳尔逊和他的同事曾经指出:

> 抗体介导的免疫反应对应付细菌传染是至关重要的。细菌性传染病在冬季最为常见。因此,抗体介导的免疫反应的季节性变化也许针对细菌病原体的季节性变化,进化出了一套共适应机制。相反,细胞介导的免疫反应能力在夏季更高,在对付病毒性病原体方面起关键作用(Nelson et al.,2002)。

人们还无法对人类免疫系统季节性调整的机制下定论。也许是病原体的季节性变化引起了免疫系统功能的被动变化,而不是免疫系统主动进行调整。它也许是主动与被动反应的复合体。目前为止,我们还没有确定的证据表明,细胞数目或免疫系统功能在季节性影响因素的峰值来临之前发生改变。问题在于,大多数人生活在一个人工的环境中,主要在室内,这样与外部环境间就存在了一个缓冲。因此,我们不得不在研究样本很少的情况下寻找相对小而且微妙的变化,这使得人们难以得到明确的结果。

有一个直觉性的观点,即免疫系统的功能上升和下降有一个规律性,反映了外部挑战的上升和下降,这种季节性的改变是许多民间医学的依据。中医关注个人体内的阴阳平衡,让患者自身的免疫系统来维持身体健康。这个观点认为,体内的"气",即内部的能量随着季节在有规律地循环流动。因此,冬季被认为是一个该从外部世界撤退的时期,适合反思、恢复以及休息。当季节转向春天,万物复苏,随着昼长变长,体内积累的能量开始流动而不是储存。与之相比,传统的印度阿育吠陀医药对个体有类似的关注点，持有平衡以及和谐的观念。和中医一样，它也认为当季节变换时，个人饮食也需要改变以维持平衡。

考虑到即将来临的环境威胁，免疫系统功能的季节性波动也许有相当重要的意义。随着温度上升，动物与植物已经在扩大它们的地理分布。在一些与蚊子相关的疾病已经灭迹多年的地区，蚊子很可能会回来复仇。此外，我们还面临着一个日益拥挤的世界，水和卫生设施方面的压力不断增加，这也许会导致季节性传染病来得更加猛烈。虽然我们还没落到那种地步，即在现今温带的大部分地区，人们不得不与季节性暴发的疟疾、昏睡病、登革热、霍乱及其他恐怖的疾病作斗争，但这种境遇不是没有可能的。

季节性的变化并不仅仅影响免疫系统。我们的情绪、表现、睡眠模式、体温调节能力、甲状腺功能、皮质醇水平，以及其他人们在意的几乎所有事情，都呈现出季节性波动。维尔斯-贾斯蒂斯（Anna Wirz-Justice）提供了一张完整的列表，并从中总结道：

> 无论测定的是行为、心理、激素，还是神经化学，实验结论都强调了它们与季节的相关性。而且，我们检测到的振荡行为不是病理性的，而是构成了功能上的优势。季节性节律就像昼夜节律一样，预测重复性事件并作出适当的生理学反应，这种能力在进化上有显著意义（Lacoste & Wirz-Justice, 1989）。

第十一章　季候型情感紊乱

有的人体质更适合夏天,有的人则更适合冬天。

——希波克拉底

　　有些人喜欢高纬度地区漫长且阴暗的冬天,不过更多人喜欢阳光明媚的天气。当你从抵达盛夏中的澳大利亚的飞机上下来时,无论时差有多严重,你都能感觉到精神一振,但依然有1/4的澳大利亚人受到抑郁症的困扰。几千年前,我们就知道阳光对抑郁症有治疗作用,治疗效果与阳光照射的强度相关,受到的光照越多,感觉就越好(Cajochen, 2007)。

　　公元前4000年,巴比伦国王汉谟拉比命令祭司利用阳光治病(Koorengevel, 2001)。古埃及、巴比伦以及亚述人都建有太阳花园。希波克拉底及随后的希腊和罗马医师推广了阳光疗法。公元1世纪的医生塞尔苏斯(Celsus)建议他的病人生活在光线充足的房子里。差不多同一时间,卡帕多基亚的阿勒特奥斯(Aretaeus of Cappadocia),作为某种意义上的第一个精神病医生,大力推广光治疗,他写道:"不活泼的人应该处于光线中,接受阳光的照射(因为这是阴暗性质的疾病)。"

（Eagles，2004）德国部落采用日光浴，古冰岛诗集《埃达》（Edda）记述了春天的时候让病人躺在向阳的地方，利用阳光治疗疾病。一些部落将发烧的儿童放在屋顶上以接受阳光的照射，以便更快地恢复（Fielder，2001）。基督教的兴起以及它将"晒太阳"视为异教徒行为的立场使得阳光疗法逐渐遭到了人们的冷遇。然而，在19世纪初期，攻读于巴黎大学的法国医生科万（J. F. Cauvin）在博士论文中讨论了阳光的益处。他认为，阳光是治疗那些虚弱忧伤患者的一剂良药，并认为阳光可以用来治疗瘰疬、佝偻病、坏血病、风湿病、麻痹、水肿、浮肿及肌肉无力（Cauvin，1815）。

阳光作为一种强效的药物已经有一段历史了，但很少有人像《阳光与健康》（Sunrays and Health）一书的作者那样激进。他们在1929年宣扬，现代妇女应该"躺在海滩享受阳光的照射，让皮肤从浅黄色变成马鞍色，而不应该躲在遮阳伞的后面保护她适合晚装的粉色和白色皮肤"（Millar & Free，2004）。

现在有种看法认为，最早有关现在称之为季候型情感紊乱（SAD）病例的描述出现于乔丹尼（Jordanes）的《哥提卡》（Gotica）一书中。这本关于哥特人历史和地理的书大概写于公元550年，其中包含了一条关于生活在"斯堪亚"或称斯堪的纳维亚半岛的阿多基特人的评论。在乔丹尼的记载中，据说阿多基特人：

> 仲夏时期，连续40天是白天，而冬季有同样多的时间处于黑暗中。由于这种悲伤和欢乐的交替，他们有不同于其他民族的独特的痛苦和幸福（Jordanes，AD 551）。

在谈到季节性抑郁理论的发展时，美国国立精神卫生研究院的韦尔高度赞扬了被认为是现代心理学之父的皮内尔（Philippe Pinel）。皮内尔曾是法国大革命时期毕塞特医院的院长，不久成为拥有7000名患者的萨彼里埃医院的院长(Wehr, 1989)。他在《精神病专题》(*Treatise on Insanity*)一书中描述了三个病例：

> 当寒冷的12月和1月到来时，疾病开始发作；随着气温在温暖与极度寒冷间改变，患者的病情相应地好转或恶化。

皮内尔强调了季节和天气的改变对于精神病患者的重要性，并指出周期性精神病是最常见的精神病。

皮内尔的学生埃斯基罗尔(Jean-Etienne Esquirol)成为他的接班人，继续了他关于季节影响情绪的研究。在1825年冬天快结束的时候，埃斯基罗尔开始治疗一位42岁的患者，并记录下了病人的病状：

> 我忍受这种轻度暴躁已经有三年了。当它在初秋发作时，我变得忧伤、悲观并且多疑。随着病情加重，我放弃事业，抛弃家人，以便躲避不安。我感到虚弱……变得暴躁……还忍受着失眠和厌食……最后我变得极度冷淡，除了饮酒及哭泣，无力做任何事。但随着春天的临近，我感到自己的感情回来了，我所有的心智活动以及对事业的热情都恢复了。在整个夏天，我感觉都非常好，但当潮湿寒冷的秋天开始，忧伤与不安又回来了……(Esquirol, 1845)

埃斯基罗尔的记录很好地描述了现在称之为冬季SAD的疾病。更进一步的是，他也注意到了SAD也许以一种"亚综合征"(subsyndromal)的方式发作，现在被称为"S-SAD"，或是更流行的"冬季忧郁症"(winter blues)。对这种疾病，埃斯基罗尔开出的药方是，从10月到来年5月留在意大利。这毫无疑问会受到意大利旅游业的欢迎。

冬季抑郁症可能会影响每个人，但是有些人特别严重。作家们在冬天似乎都过得不好，以《水孩》(*The Water Babies*)闻名的作家金斯利(Charles Kingsley)就恨它：

　　　　每个冬天,当伟大的太阳转开他的脸

　　　　地球便跌入了悲伤的深谷

　　　　绝食,哭泣,并将自己藏身于阴影之下

　　　　留下她婚礼的花环慢慢腐败

　　　　而当春天来临时又跳跃着迎向太阳回归的吻

　　19世纪伟大的美国抒情诗人狄金森(Emily Dickinson)一点也不欢迎冬天,她写道:

　　　　冬日的下午,

　　　　倾斜而来的光,

　　　　压迫着我们,

　　　　沉重得像来自教堂的乐曲……

　　维多利亚时代的极地探险者们抱怨冬天的黑暗带来了疲惫。美国内科医生库克(Frederick Cook)是其中最有争议而令人敬畏的一个人,被阿蒙森(Roald Amundsen)描述为他见到的最非凡的人。许多人认为库克是第一个到达北极的人。他在格陵兰岛西北海岸线待了多年,在此期间描述了船员和当地原住民中出现的一种病症,特征是抑郁、疲惫,丧失活力和性需求。他写道:

　　　　在北极,夏天的阳光……对身体与精神来说是一剂有效

　　的补药。但夜晚来临前,这种刺激就逐渐被低迷代替。之后,

　　黑暗、寒冷以及孤独将人引向悲伤。

　　在北方高纬度地区的日子仅仅是开胃菜。库克随后去了南极,当他们1898年被困在冰中的时候,库克显然用明亮的光线来改善船员的身体状况(Rosenthal & Blehar,1989)。

　　然而,如果要找出第一个对SAD作出科学记录的人的话,那么有理由相信这个人就是德国心理学家格里辛格(Wilhelm Griesinger)。他在

1855年写道："病人有规律地在一个特定的季节，例如冬天，出现明显的精神忧郁症，在春天转变成躁狂症，然后又在秋天逐渐进入精神忧郁状态。"（Eagles, 2004）

20世纪，另一名德国心理学家马克思（Helmut Marx），描述了在"二战"中驻扎在寒冷黑暗的斯堪的纳维亚半岛北部的士兵中反复出现的冬季抑郁症。他成功地用太阳灯和露天浴场光照治愈了他们（Marx, 1946）。马克思假设（在那个时代非常难得），这些现象要么由于垂体功能不全，要么**由于变化了的24小时光／暗周期对下丘脑产生了影响**。

冬季SAD的现代理论起源于美国工程研究员克恩（Herb Kern）的研究。作为一名SAD患者，他详细记录了自己15年间规律性的季节情绪周期，而且他意识到自己有着特别严重的冬天的抑郁以及春天的轻躁狂。

他提出了一个理论：既然他的情绪随着昼长的变化而变化，那么兴奋-忧郁紊乱也许与环境的光线相关。他加入了美国光生物学协会，出席会议并认识了这个领域的专家。当他知道马里兰州贝塞斯达市国立精神卫生研究院的莱维（Al Lewy）、韦尔以及其他成员在光线和褪黑激素上的研究后，他联系了国立精神卫生研究院的研究组，并讲述了自己的疾病以及关于光线的看法。

莱维和韦尔已经表明，明亮的光线会抑制人体在夜晚产生褪黑激素（Lewy et al., 1980）。这是一个重要的发现，因为在那之前人们普遍认为，与其他动物不同，人类的时间性行为由社会性因素而不是由光线来调节。

1980—1981年的冬天，63岁的克恩住院接受治疗。莱维推断，通过人工增加光照时间的方式来模拟夏季从而抑制褪黑激素的水平，有可能减轻这种抑郁症（Lewy et al., 1982）。他提出，克恩应当接受一天6

个小时的额外光照,天明之前3小时,天黑之后再3小时。从某种意义上来讲,莱维及他的团队正在开创全新的治疗方法,他们意识到光线强度、光照时间和剂量的组合具有关键意义。

研究人员让克恩坐在人造的能够发光的盒子前,盒中拥有全光谱的荧光灯发射出的光的强度,等同于"春天时美国东北部一个人站在窗户前"所接受的光照(Rosenthal,2006)。这相当于大约2000勒克斯(光照的计量单位,用以估算人们观察到的"亮度",1勒克斯是约1米外一只普通蜡烛的照明度)。

总体而言,我们因为很少在户外,所以受到的光照少得惊人。表11.1表明,我们在办公室里接受的光照只及在日光下的1/40—1/20,约只及在夏天阳光明媚的沙滩上的1/200。冬天人们在远离窗户的房间工作时,一直处于生物学意义上的黑暗中。

只用了三天,克恩就感觉好多了。根据一个在组里工作的年轻南

表11.1 不同场景下的光量,单位是勒克斯(来源:光线研究中心)

光量(勒克斯)	场景
100 000	阳光明媚的天气
10 000	阴天
1000—2000	手表维修工的工作台
100—500	常规的办公室
200—1000	夜晚的运动场
10	黎明
1	昏暗的黎明
0.1	满月
0.01	四分之一月
0.001	无月的明亮夜晚
0.0001	无月的晦暗夜晚

美医生罗森塔尔（Norman Rosenthal）的记录，病情好转非常明显，无可争议。在首个成功的治疗案例之后第二年，9名病人同时用明亮及昏暗的光线进行治疗。延长的昼长与明亮的光线是一个有效的抗抑郁的方法，昏暗的光线没有效果。

到了1984年春天，罗森塔尔和他的同事共鉴定并治疗了29名SAD患者，该病的特征之一是每年都在同一时间产生抑郁。SAD患者容易感到疲惫、渴望糖分、体重增加、越来越焦虑和忧伤、明显缺乏活力。随着春天白昼变长，病人逐渐从他们的抑郁中恢复，有时甚至表现出轻微的躁狂症状（轻躁狂）。

在随后的20年间，研究组努力使医学界相信，SAD确实存在，而且该病的许多患者可以通过光照进行治疗。在某些方面，他们成功了，一个用于治疗SAD的光线盒子已经在药店、百货公司以及其他经销店出售了。但在另一些方面，他们失败了。在美国，大多数保险公司不为SAD的光疗法提供保险，并且大多数医疗课程以及住院医师教学点并不提供光疗法方面的医学训练。就像瑞士的科研领军人物维尔斯-贾斯蒂斯所指出的：

> 生物精神病学权威对光疗法比较轻视，并将其归为该领域的边缘学科——不够分子，有点太加利福尼亚，或者说，有点过于被媒体曝光了，认为这只不过是给有些轻微神经质而且不喜欢吃难吃的药物的中年妇女的安慰剂（Wirz-Justice，1998）。

研究组被解散了，2005年罗森塔尔写道：

> 因为缺少资金，现在关于光疗法的研究事实上已经停止了，这种治疗方法也受到排斥。曾经的巨额联邦资金已经枯竭了，由于用作光疗法的设备看起来不会给制造商带来巨大

的利益,其他来源的资金支持也没能落实。

我没有关于医生使用光疗法频率的数据,但基于多年与 SAD 患者在一起的工作经验,我觉得医生并不认为它是一种合适的疗法,或者基于其他的原因而不使用光疗法(Moran, 2005)。

仅仅因为光线治疗对保守的医学专家来说太荒唐,还是有其他更本质的原因,才使一个看起来安全和有效的方法不能在主流医学中占一席之地?

20多年来,关于SAD是否真的是疾病一直争论不断。人们遭受的到底是一种季节性的压抑,还仅仅是种碰巧在冬天感觉更糟糕的复发性抑郁。毕竟,我们的情绪根据我们周围世界的事件而发生改变。当我们成就了什么事业时会开心,当我们认为失败时就会情绪低落。我们太随便地使用"抑郁"这个词,但是临床抑郁症(clinical depression)与日常的挫折感不同。抑郁症本身拥有悠久的历史,《旧约全书》(Old Testament)中所罗门王因为抑郁而试图自杀。我们所谓的临床抑郁症是一种常见的疾病,在发达国家发病率为10%—20%。这种疾病在女性中的发病率是男性的2—3倍,这确实给医生的诊断带来了一些问题。在许多遭受抑郁折磨的人中,有些人会连续两年、三年甚至四年在冬季发作,呈现出一种冬季发病模式,即使其他时间也会随机发病。如果我们谈论的是没这么严重的抑郁情况,那么患者还会更多,发病时间就会表现出更多的随机性而不是季节性。

有些人完全忽略SAD这个定义,他们争辩说,有些生活在高纬度地区的人感到情绪低落,这与下雨、寒冷、流感有关,那么,即使SAD症状确实存在,为什么它应该被视为一种"疾病",即使它是种疾病,为什么它应该被视为与标准的抑郁症不同。有些人认为这确实是种病,但它的一些症状可能被误解为其他疾病,像传染性单核细胞增多症、低血糖、甲状腺机能减退。

可能没有什么别的地方比特罗姆瑟更习惯于季节性变化和其对情绪的影响了。特罗姆瑟是挪威的一个城市,处于北极圈的北部边缘。太阳在11月21日至1月21日间都沉在地平线之下,随后是从5月21日至7月21日的持续白昼。人类已经在这一区域生活了很久,有证据表明2000年前这里就有了萨米文化,在这段时间中,人们学会了应对季节的极端变化。他们用社会和文化方面的手段度过冬天的黑夜,并且对使用现代医学手段来应付这种自然变化有些抵制。生活在挪威北部的人认为他们已经适应了季节的变化,并有些鄙视他们南部的同胞,因为后者像其他欧洲大陆的居民那样应对冬天的黑夜以及伴随的不适。然而,特罗姆瑟居民填写的关于他们感受的调查问卷显示,25%的人实际上是SAD患者!

挪威北部的孩子每天都吃富含Ω-3脂肪酸的鱼肝油,许多人终生如此,这可能有些帮助。尽管存在一些争议,依然有明确的流行病学的证据表明,大量食用鱼油的群体中较少有抑郁症病人。这种潜在的干扰因素表明,确定疾病的形成原因,特别是精神疾病的原因有多困难。

有些被称为“绿色运动”成员的人认为,像SAD一类的情况并不存在:

> 当冬天来临时我们变得迟钝些,不怎么愿意外出和参加人际活动,这又能怎么样呢?如果一年里有一段时间我们从高强度的工作中解放出来,或者我们更多陷入沉思并思考自己在万物中的位置,这是不好的事情吗?与其拒绝这些改变,倒不如接受其中好的一面,认为这是季节变化中自然的循环,是为即将来临的春天作精神上的准备(Smith, 2005)。

20世纪60年代,我们对一个由于技术进步而消除了单调重复工作的休闲未来充满向往(当然,我们都觉得现在工作时间比以前更长了)。哲学家德格拉齐亚(Sebastian de Grazia)评论说:

> 也许你可以通过人们清静无为的能力——卧床沉思,漫无目的地散步,坐下来喝咖啡——来判断一个国家的精神卫生状况,因为当一个人什么也不做而思绪肆意弥漫时,他一定在平静中(de Grazia, 1962)。

以下正是一个反对精神病学学派的支持者——萨斯(Thomas Szasz)的观点,他会这样对他的学生讲:

> "她为什么不开心? 是得了抑郁症,还是遇到了许多麻烦和问题?"他转身用大的粗体写下"抑郁"一词,并在下面写上"不开心的人"。"告诉我,"他对全班的人说道,"这个精神病学术语除了这个简单的描述性短语之外,还告诉了我们什么? 除了将有麻烦的'人'标记成患病的'病人'之外,它还有别的用处吗?"(Oliver, 2006)

患者说SAD比临床抑郁症程度轻些,但比"有一点情绪低落"严重得多,也许更极端的环保主义者会得这种病。SAD似乎妨碍了患者假期、个人和家庭生活的质量。一些症状,像白天时疲惫、恍惚及嗜睡,对工作及职业安全有显著的影响。罗森塔尔自己也遭受着SAD的痛苦,他到纽约的第一个冬天是"勉强坚持"下来的,就像他描述的"仅仅让每件事避免崩溃"(Rosenthal, 2006)。

网络上,关于SAD的信息各执一词,令人迷惑。天主教认为这已经足够严重到要指定圣皮奥(Saint Pio)作为缓解压力以及"一月忧郁"的主保圣人。起初罗森塔尔将之定义为一种在秋天或冬天较严重、在春天或夏天病情较轻的抑郁症。但现在它被作为反复性抑郁或者双相型障碍的一种形式,特征是症状有季节性变化(有些人会得夏天的SAD)。这一领域的"圣经",美国心理学家联盟(RSM)的《精神疾病诊断与统计手册》(*Diagnostic and Statistical Manual of Nebtak Disorders*,简称DSM),将之列为分裂情感性精神病(情感障碍)的一个伴有季节性模式的子类(Rodin & Martin, 1998)。DSM设定的标准包括:

抑郁发作与一年的某个特定时间之间必须有相关性。

抑郁的症状不能在一年内的其他时间出现。

这种发作和消失必须至少在过去两年内出现。

患者的一生中季节性抑郁发作次数必须多于非季节性抑郁发作次数。

至今依然没有完全清晰的诊断标准,不过在精神病学领域一向如此,很多情况并没有清楚的定义,包括"精神忧郁症"。事实上,季节相关的情绪、能量、体重、睡眠时间、食欲以及社会活动方面周期性的改变,组成了冬季SAD症状。

莫索夫斯基,加拿大生物学家、研究动物适应季节变化能力的专家,严格分析了SAD的早期症状。他指出,通过与冬眠进行听上去很诱人的类比来给这个疾病一个生物学解释的做法是不对的,因为没有一种体重超过5千克的哺乳动物是真正的冬眠动物。大型动物积累脂肪的速度快于代谢脂肪的速度,而小型动物在几天内就能耗尽所贮存的脂肪,除非它们真正地进入冬眠。

莫索夫斯基还批评早期通过广告来寻找SAD病例的做法,他写道:

让我举一个类似的反例来看待这个定义SAD的问题。假设身上的痣(皮肤上的斑点)的分布是随机的或者相对随机的。我们定义,任何有3个或3个以上的痣排成一行的人得了痣排列紊乱病(Mole Alignment Disorder,简称MAD)。我们随后做广告,寻找有这种问题的人。在排除了一些调查对象后(痣太小,没有完美地排列在一起)我们得到了一个群体。我们随后就能研究MAD患者在生理和心理上的表现(Mrosovsky,1988)。

这是强有力的论证,但莫索夫斯基总结说:

在动物季节性的研究中完全确定的事情是它们有惊人的适应力:从瘦到肥,从黑色外表到白色外表,从性欲旺盛到无欲,从有活性到无生气。哺乳动物中种类繁多分布广泛的适应季节性变化的能力不可能在人类中消失,也不可能不受病理表现的影响(Mrosovsky,1988)。

总体上讲,21世纪的医学界已经抛弃了许多陈旧的、关于季节如何影响健康与疾病的观点。但是,即使我们并不确定自身大体上具有光周期性效应,并且许多人也许确实没有,忽略人们受到的季节性影响也并不容易,不仅抑郁症会季节性地反复出现,对安慰剂的反应也是如此。根据时间的不同,纽约州心理研究所分析了不同抗抑郁药双盲对照试验中安慰剂的10天应答率。研究表明,在夏天的应答率是在冬天的3倍(Wirz-Justice,2005)。

SAD的发病率似乎随着纬度的升高而上升,位于27°N的佛罗里达,发病率为1.4%,40°N的纽约的发病率为12.5%(Rosen *et al.*,1990),而在15°N的菲律宾,正如所预期的那样没有SAD病例。SAD看起来随着纬度上升而增加,但就像无数的生物学现象一样,事情并没有这么简单。尽管人们认为冬天的SAD由缺乏阳光照射引起,因此在冬天昼长较短的高纬度地区,SAD患病率应该较高,但事实上并没有观察到两者之间直接的因果关系。例如,日本SAD的发病率较低,在39.75°N为0.89%,在33.35°N为0.48%。

也许最有趣的发现来自北极圈边缘的冰岛。冰岛人生活在64—67°N的地区,SAD发病率为3.6%,与之相比,生活在纬度低得多的美国人发病率为7.6%(Axelsson *et al.*,2002)。另一方面,在64°N的俄罗斯西伯利亚,报道的发病率为16.5%(Axelsson *et al.*,2002)。毫无疑问,纬度与光照、昼长相关,但它不等同于冬天的天气。

在加拿大曼尼托巴省温尼伯市,纯种冰岛人后裔中SAD发病率为4.8%,而非冰岛后裔的发病率为9.1%。冰岛人与其他人的差别也许是由于遗传上的原因造成的。尽管第一批维京人仅仅在1200年前才来到冰岛定居,但这对遗传的正选择效应而言足够长了。例如,大约1/5的欧洲女性在17号染色体上有一段被颠倒了的片段,这可能影响家庭成员数目。有这个片段的冰岛女性比没有的平均多3.5%个孩子,因为这段序列对产生下一代有益,因此这个变异变得越来越常见(Stefansson *et al.*,2005)。

然而,纬度与SAD患病率的不一致性,也许仅仅因为SAD是大多数人都会遭受的情绪季节性变化更为严重的表现形式。

用光照来治疗这种重复发生并受季节影响的冬季抑郁症的成功率很高,这是光线与昼夜节律和／或年度节律间存在相互关系的最好证据。感觉不好的人们在接受光照治疗后感觉好多了,这种情况发生得太多,无法被忽视,但它对于光照或者黑暗如何触发SAD没有任何解释。继第一例被治愈的病人克恩之后,85%接受治疗的患者都声称他们的病情在冬季时有所好转。

怎样研究光治疗过程中的安慰剂效应,是研究人员长久以来面临的一个问题。因为人们通常认为SAD是由于冬天较短的昼长引起的,SAD病人可能认为抑郁是由于缺少光线刺激造成的。因此光照是个条件性刺激,反应就是情绪振奋。研究光疗法内在的困难在于:

　　弄一个在外观上和实际使用的药物一模一样的安慰剂药片或胶囊很容易，但让实验对象无视实验中白色光线则困难得多（Golden *et al.*, 2005）。

　　然而，光疗法的原理最近已经获得了证实。2005年，一个由美国心理学家协会成立的专家组报告说，当他们分析了所有经过随机化处理并且设计了对照组的实验后发现：

　　　　经过光照治疗，SAD和非季节性抑郁症病人的临床症状都有明显改善，对SAD患者在黎明时进行刺激也有显著的效果。换句话说，当去除研究中不可信的噪音后，光疗法的功效与很多抗抑郁剂差别不大（Golden *et al.*, 2005）。

　　研究人员用了25年才得到这个结论，此外专家组指出，尽管光疗法看起来有无可置疑的有效性，但医学专家接受这一疗法的困难也许在于，与多得多的有利可图的药物相比，光在本质上不能申请专利，因此作为一种治疗手段而言它接受的实践不够而且市场价值不大。新药物或新疗法投入市场并为医生广泛使用前耗费巨大，由于没有制药公司的资金援助与支持，大多数有关用光照治疗抑郁的研究没有满足严格的医学界公认标准就一点也不奇怪了。

　　尽管如此，在帮助遭受情感紊乱的人方面，光疗法功效确切，特别当发病模式有季节性特征时。在美国甚至有一个手机专利，屏幕上有一些光格，当用这部手机的时候将会对使用者进行"光疗法"。但这依然无助于解释该病的诱因。

　　关于SAD的第一个假设是，变短的日照时间导致抑郁。因此，在冬季一天的起始与终结时接受光照有助于模拟夏天的光照情况并恢复人们的行为。这就是前文中精神卫生研究院光疗法的研究的基本原理，从早6点到9点照射3个小时，然后从晚上4点到7点再次照射3个小时。后来人们发现,单独增加光照时间对SAD不总是有效,并且每天强烈光线的照射与早晚时分光线照射同样有效。

单独抑制褪黑激素并不足以治愈抑郁症。有些实验记录了SAD患者冬天晚上的褪黑激素值,发现比非SAD患者高很多,但他们夏天的水平是正常的。然而,即使抑制褪黑激素产生,例如通过阿替洛尔,一种数百万高血压患者使用的长效β受体阻断剂,SAD却没有受到任何影响,因此褪黑激素单独未必是诱因。然而,有证据表明普萘洛尔,一种短效的β受体阻断剂,对SAD病人确实有效果(Lam & Levitan, 2000)。有可能是普萘洛尔半衰期较短,因此最大程度缩短了褪黑激素分泌受到抑制的时间,但这仅仅是猜测。

另一个看法是,在SAD中肯定存在一个遗传性因素,就像之前提到的冰岛人一样。对澳大利亚4639对成年双胞胎所进行的研究表明,遗传能够解释29%的季节性差异(通过调查问卷的形式得到这些资料)(Madden et al., 1996)。总的说来,季节性相关的遗传因素与所谓抑郁症的"非典型"植物性症状相关,比如食物摄入量、体重以及睡眠均有增加,治疗性研究表明这些症状能最好地预测光疗法的有效性。

从基于遗传因素的观点出发,因为多个基因编码5-羟色胺的转运,一个重要的线索就是研究主要的单胺神经递质,例如5-羟色胺、多巴胺,以及去甲肾上腺素,这些都和情绪紊乱有关。5-羟色胺特别值得关注,因为5-羟色胺低于正常水平与抑郁相关。此外,对甜食的强烈渴望是SAD患者唯一的身体症状。如果SAD患者冬天调节5-羟色胺水平有问题,那么他们对糖分的需求就是一种补偿方式,因为糖类可提高神经递质的水平。盐酸氟西汀(百优解)是选择性的5-羟色胺重吸收抑制剂,被广泛地用于治疗抑郁,在治疗SAD方面与光照治疗同样有效(Lam et al., 2006)。在人类中研究这些比较困难,因为有些神经递质比其他的难研究,例如,引起精神病和成瘾的危险性极大地限制了我们对多巴胺系统的直接研究。另外,这些神经递质在很多水平上相互作用,很难区分出哪个神经递质在哪个过程中起作用。因此,这种因果关系还不清楚。

将SAD与5-羟色胺调控失衡相连可以解释为什么SAD与其他疾病有共性,例如焦虑失常、惊恐性障碍、神经性贪食以及慢性疲劳综合征,这里面都有季节性因素。SAD也可能与注意缺陷障碍[伴多动](attention-deficit/hyperactivity disorder, ADHD)有关,这两种情况均被描述为"中枢性低唤醒机制失调加上对外部刺激高度敏感"(Golden et al., 2005),而且均更常见于女性。

还有理论将乙醇和SAD连在一起。酒精的季节性使用量也可能与SAD相关。一些酒精中毒的病人自认为得了酒精抑郁症,或者表现出酒精引起的季节性抑郁症。这种模式看起来存在家庭因素,就像ADHD与SAD的联系一样,也许与5-羟色胺的产生有关(Sher, 2004)。

尽管有多个因素与SAD的发展有关,但最有可能的原因是控制我们日常活动的内部昼夜节律在时间上匹配错误。这个观点认为,在SAD中,核心节律,像皮质醇水平和体温,以及遵从昼夜循环的睡眠时间,相对外部的钟或其他的节律而言相位有所延迟。这种情况天天发生,就像维尔斯-贾斯蒂斯描述的:

> 情绪的变化紧紧跟随着核心体温的变化。我们早晨起来时情绪低落,但会逐渐好转,傍晚时到达峰值,并在晚上下滑。这个清醒相关的现象表明,当没什么压力、晚上睡了个好觉之后我们是很愉快的,但随后情绪随着清醒时间的延长而下降。如果睡眠-清醒循环和昼夜节律在时间上的匹配能影响健康受试者的情绪,那么这对抑郁症患者影响就更大。作

为抑郁状态的一个特征,昼夜情绪变化也许确实是源于相位

关系出错(Wirz-Justice,2005)。

任何这种错配都可能引起情绪波动,特别是在易感人群中,最近的研究表明这也存在季节性。这个观点就是,冬天太阳升起较晚,这能够推迟一个人的内在节律,从而他们内在节律就与睡眠–清醒循环以及时钟不同步了。为这一类患者提供一个提前的相位,像清晨的光线,可以重新将内在核心节律与睡眠周期同步化,以此治疗抑郁。类似地,那些相位提前的患者,也许对冬天较早的黄昏起反应,可以通过晚上光线延迟加以校正。

俄勒冈大学的莱维以及他的同事检验了这个相位偏移假设,这个实验也许是一系列研究的起源。他们改变一些SAD患者的周期性相位,衡量他们的抑郁状态,并将其与4个星期后这些人的抑郁状态相对比。莱维等人这样评价这项研究的意义:"SAD也许是第一种在症状的严重程度与治疗前和治疗过程中的生理标记之间,找到了统计学意义上的相关性的精神病。"(Lewy et al.,2006)

实验中,魔鬼常匿于细节,需要相当仔细地分析和考虑。实质上,他们需要更改研究对象的相位,计量更改的幅度,并将其与抑郁状态做相关性分析。

褪黑激素就是那个能移动相位的药剂,因为它被认为能影响昼夜节律相位,这个相位的提前和延迟与光照调整的方向相反。光照可以改变昼夜节律的相位。前半夜的光照能够导致随后一天活跃节律上的延迟,相反后半夜的光照将会导致相位提前。在实验中,让SAD患者在早上或晚上服用褪黑激素,以期延长"生物学晚上",而只有服用的褪黑激素引起了昼夜相位的移动,才能起到治疗作用。

实验结果表明,应该在与光疗法相反的光周期阶段服用褪黑激

素。据此,与清晨吃药相比(预计会造成相位滞后),大多数SAD病人(相位延迟的)应该在下午或者晚上吃褪黑激素(预计会造成相位提前)。这个实验在每年1月、2月进行,持续4年。每年,有一组SAD病人在下午吃褪黑激素,一组在上午吃,剩下一组吃安慰剂(每年患者不同)。所有患者都记录睡眠日记,除了第一年外,他们佩戴手腕活动检测仪,记录晚间活动,以此衡量睡眠起始与时间。

暗光下褪黑激素起作用时间(DLMO)用作生理上的标记,这是晚上褪黑激素的水平上升(在昏暗的光线下取样以避免对产物的抑制)并维持在一个阈值之上的时间,操作时将阈值定为每毫升血浆中含10微克褪黑激素。比较DLMO与睡眠模式可以衡量相位移动的距离。

结果很明确。大多数SAD患者都属于相位后移型,并且SAD的节律性问题可以通过在适当时间服用褪黑激素加以治疗(Lewy *et al.*, 2006)。

SAD是一种周期性抑郁症,出现于易受昼夜节律偏移影响的人中。这种抑郁症有季节性模式,对生理环境的规律性变化有反应,而与心理上的季节性压力例如假期和节日无关,这是先天的反应(Harrison, 2004)。女性中SAD患病率显著高于男性,并随着年龄的增长而下降。温带地区的育龄女性最有可能患有这种情绪紊乱,一年又一年在秋分到春分间的6个月内经历这一切,因为这6个月内,昼长表现出明显的季节性变化。但SAD患者可以通过光照、服用抗抑郁剂或者褪黑激素进行治疗,还有人声称用认知行为疗法治愈了SAD。

大多数人到了冬天情绪就会变得低落,在过去这也许是个有益的保护性措施:人们放慢生活节奏,做得少而且消耗更少的能量,以此度过严酷的冬天。现在我们生活在一个人造的明亮环境中,有些人对人工光线不太敏感,需要更多的光照才能有效同步他们的内在节律。

第十二章　死亡的季节性

我们既无法选择出生的日期,也不能选择死亡的日子,尽管选择是意识范畴中至高无上的能力。

——怀尔德(Thornton Wilder),

《第八天》(*The Eighth Day*, 1967)

约2000年前,罗马哲学家塞涅卡(Seneca)写道:

就像出海航行时我会挑选船只,定居时我选择住所一样,当我决定离开人间时我应该选择我的死亡时间(Noyes, 1973)。

在这一点上他错了。皇帝尼禄(Nero)指控他以前的老师企图谋反,勒令他自杀。这是史上最混乱的死亡之一,塞涅卡割腕、服毒,并跳进热水中以加速血液流动。最后,他终于死了,据塔西佗(Tacitus)说,是因池中升起的蒸汽窒息而亡(Tacitus, 1971)。

塞涅卡关于选择死亡时间的想法完全是傲慢自大的表现。有些人挺喜欢这种可以在生命将尽时延缓或加速死亡的观点,有些人则感到不安,这取决于个人口味。尽管缺乏证据,但有一种流行的看法认为,人们在一定程度上能影响死亡时间,在一些有意义的事件之后,例如生日或者宗教节日之后,死亡率显著上升。研究"周年反应"的美国社会学家分析了在生日前后自然死亡的 2 745 149 个人(Phillips *et al.*,1992),结果表明,与其他时间相比,女性倾向于在生日后的一周内死亡。除此之外,女性死亡的概率在生日之前低于平均水平。这个结果看起来并不是由于季节性的起伏、对死亡证明的错误记录、威胁生命的手术的延期,或者与生日相关的行为上的改变造成的。可能的解释就是女性能够短暂地延长生命,直到她们完成一个积极的、有象征意义的事件。因此,生日似乎对某些女性而言起着生命线的功能。相比之下,男性死亡的峰值在生日之前的几天内出现,暗示对男性而言生日有截止日期的含义。

然而,华盛顿大学的斯卡拉(Judith Skala)及其同事详细分析这项研究及其他研究后认为:

> 已有的研究并不能令人信服地证明,死亡过程可以被意志的力量推迟,或者由于失去活下去的愿望而加速。这种轻微的效应在一些组中存在,但在其他组中不存在,在有些例子中有而在其他例子中没有,在有些研究中可见而在有些研究中不可见,而且批评者已经开始质疑此类研究中的方法论。这些研究结果几乎没有提供明确的生物心理学机制方面的信息,而该机制也许是造成这种时间上变化的原因(Skala & Freedland,2004)。

所以,又有一个美妙的理论被丑陋的事实杀死了。但是,尽管我们不能选择死亡的时间,多年来医生、心理学家以及社会学家依然对季节在死亡中的作用着迷不已。

许多行为,例如性侵犯、自伤,甚至自杀,都显示出一种季节性的波动（图12.1）。美国医生莱芬韦尔（Albert Leffingwell）在他1892年的一本名为《反常，以及季节对行为的影响》（*Illegitimacy and the Influence of Seasons upon Conduct*）的书中，发表了一些欧洲国家自杀行为的数据。5年后，涂尔干（Emile Durkheim）关于自杀的论文（发表于1897年）首次认真地试图将社会学的理论与经验主义结合在一起，解释这种社会现象。涂尔干收集了7个欧洲国家的自杀数据，而他的结果与莱芬韦尔的结论相符，即自杀行为有明显的季节性模式。北半球的自杀率在5月和6月最高，或者，就像他说的那样，"自杀行为在一年中最好的季节达到了峰值，那时自然在微笑，气候最为宜人"（Durkheim，1897）。这看起来很奇怪，因为大多数人在直觉上都认为自杀率在寒冷的冬天应该比春天或者初夏阳光明媚的时候高些。

涂尔干的数据在当时是正确的，现在依然如此。尽管撒马利亚慈善咨询中心在圣诞节前后接到的求助电话最多，但真正自杀的峰期，特别是暴力自杀的峰期，在北半球是5月、6月，而在南半球是11月、12月，峰值与波谷之间的差别是20%（图12.1）。

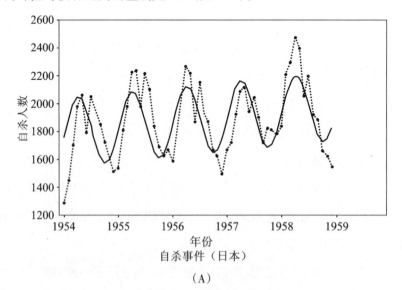

年份

自杀事件（日本）

（A）

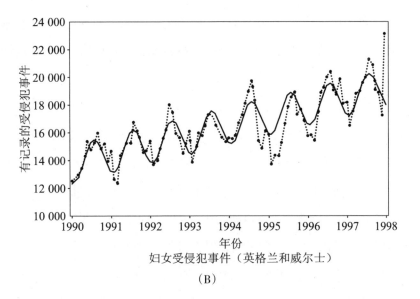

妇女受侵犯事件（英格兰和威尔士）

（B）

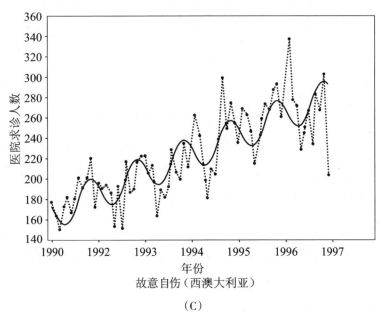

故意自伤（西澳大利亚）

（C）

图12.1　不同行为的季节性变化。(A)自杀人数的季节性变化（日本）。(B)有记录的
对妇女的侵犯(英格兰和威尔士)。(C)因自伤而到医院求诊的人数（西澳大利亚）。
图中虚线为原始数据,实线为季节性模式。资料来源:西澳大利亚大学,神经精神
医学临床研究中心,罗克(Daniel Rock)博士。

作为社会学之父，涂尔干认为，貌似纯粹是个人行为的自杀，在本质上是社会性的。他注意到自杀率与昼长相关，但他相信一个社会的自杀率是那个社会的一个特征。

他得出如下结论：与高自杀率相关的因素一定与"社会活动的高峰期"相关。一天中的某个时刻、一周中的某一天、一年中的某个季节等因素本身，并不是自杀波动的原因。当社会生活与人们之间的相互联系变多的时候，自杀率上升。而且在白天较长的情况下，社会交往也较多。在涂尔干的分析中，自杀率与阳光的照射量之间并没有因果关系，但是延长的昼长影响社会环境，而社会环境与自杀率间有因果关系。

有一个假说认为春天和夏天温暖的天气造成了自杀率的上升，涂尔干对此持否定态度。这个假说认为，炎热让人不舒服并受到刺激。但如果热是一个因素，那么炎热的国家应该比寒冷的国家自杀率高，但事实正好相反。

第三个假说可称为心理上的原因，与没能达成的预期目标相关。我们将春天与新的开始联系在一起，夏天也在某种程度上意味着新的希望。因为心中期待一个全新开始，抑郁的患者能够很好地度过黯淡无光的冬天。然而，当预定的时间，也就是春天来临时，他们的生活并没有发生想象中的改变，期望与现实的落差也许就是压垮骆驼的最后一根稻草。

无论以上解释是否正确，一些研究人员相信，有足够的证据表明季节性自杀中存在一个关键的生物因素，它直接与日照时间的变化联系在一起（Heerlein *et al.*，2006）。

雅典大学的一个研究组分析了经济合作与发展组织（OECD）中20个国家的自杀数据（其中18个国家位于北半球）。这个详尽的研究强有力地支持了自杀的高峰出现在初夏的观点，用他们的话说，"季节性变化的程度,即季节性差异的振幅,可以在很大程度上被每月的光照时长的变化所解释,这包括国家内部以及国与国之间的差异"(Petridou *et al.*,2002)。

如果明亮的阳光与自杀率上升相关,是不是SAD的光疗法存在问题?简单直接的回答是:不。美国的一项研究表明,仅有3%的SAD患者在治疗后有一个轻度的自杀倾向上升,此外,没有患者仅仅因为潜在的自杀风险就企图自杀,或中断光治疗(Lam *et al.*,2000)。抑郁明显与SAD的情况不同。

总体来说,阳光对情绪有一种有益的效果。因此,明亮的阳光与自杀率上升相关看起来就很奇怪。有一种观点认为,阳光虽是天然的抗抑郁剂,但首先它是一种刺激,随后才改善情绪,因此在改善前的滞后期内,存在潜在的、短期内自杀风险增加的现象。研究人员分析了10年来希腊人的自杀数据和太阳光照强度的数据后发现,自杀前一天太阳光照强度的增加与自杀风险的上升强烈相关。事实上,之前四天的平均太阳光照强度也与自杀率上升有很强的正相关。与12月相比,6月的自杀风险上升中归结于阳光效应的比例从52%升为88%(Papado-poulos *et al.*,2005)。

墨尔本贝克心脏研究所的兰伯特(Gavin Lambert)和他的同事研究了澳大利亚维多利亚州10年来的自杀统计数据(Lambert *et al.*,2002)。在其中他们发现了一个与昼长相关的显著季节性差异。自杀的峰值出现在2月及9月,在6月最低。他认为这也许表明神经递质5-羟色胺参与了这一过程,因为之前在健康人群中他发现日照与大脑中5-羟色胺的水平相关,其他研究表明,自杀死亡的人大脑和脑脊髓液中5-羟色胺失调(Arehart-Treichel,2003)。这也许表明自杀的人在伤害自己的时候5-羟色胺水平较低。但5-羟色胺如何在特定的人群中触发自杀行为依然不清楚。

排除了政治及宗教因素导致的自杀后,我们在此讨论的自杀是多种因素作用的结果,不存在单一的原因和影响。进一步地讲,自杀是导致死亡的自伤行为,自伤和自杀间的关系意味着必须小心解释一些季节性数据,因为自伤和实际的死亡时间可能是不同的。

然而,尽管在自杀率的浮动是否正在消失上有一些争论,自杀的季节性仍是一个已经被充分证实的流行病学特征。全世界每年约有80万—100万人自杀。就像世界卫生组织指出的,每40秒就有1人自杀。自杀是世界上的第十三大致死原因,是15—44岁年龄段人群的第三大致死原因(Krug et al.,2002)。死于自杀的人数多过死于交通事故的人数。每个自杀死亡的人之前大概都会尝试20次,可能多次被送入医院治疗。实际的自杀死亡人数和企图自杀的人数比记录的数字高得多。在这个棘手的领域,科学家很难得到准确的数值。比较自杀趋势也不容易,但在过去的半个世纪,考虑到人口数目的增加,世界范围的自杀率大约上升了60%。从前自杀率倾向于随年龄增加而上升,但最近几十年,年轻人的死亡率也在上升中,在很多国家,与人口结构的变化相反,45岁以下的自杀人数比45岁以上的多。(CDC,2005)

自杀的季节性差异也许正在减弱。瑞士的一组研究人员分析了125年前至今的自杀率数据,他们发现自杀的季节性变化曲线逐渐变得平滑,这是一个长期连续的过程,也许从19世纪末期就开始了。自杀的季节性特征在瑞士的大部分地区很有可能随着传统农村社会的消失而逐渐消失。然而,这种改变并不是均一的,研究人员自己评论说:"这种季节性效应在溺水和上吊自杀者中,以及在原始的天主教区域最为显著。"(Ajdacic-Gross et al.,2005)

在一些国家,自杀的季节性差异急剧缩小,对此,解释之一是抗抑郁药物的成功推广。匈牙利布达佩斯大学的研究人员发现了一个显著而且重要的季节性自杀变化：在1981—1989年，自杀率在春季和夏季达到峰值，此时抗抑郁药物应用还处在较低水平；然而，这种季节性变化在1990—1996年消失了，而此时抗抑郁药物的使用有明显的增长，表明越来越多抑郁症患者接受了药物治疗（Rihmer et al.，1998）。相反，美国和澳大利亚的数据表明，总体上，自杀的季节性一如既往地稳定。

这个现象令人困惑，因为季节性自杀的风险看起来在性别间不同，在选择自杀的方式上也有暴力和非暴力的区别。一般地讲，男人比女人更倾向于选择暴力的死亡方式。比方说，美国男人自杀倾向于用枪，女人则服用药物。精神病理学分析是鉴定潜在自杀者的一个好方法，一项加拿大的研究发现，几乎所有自杀的患精神分裂症的男子都选择在秋天或者夏天结束生命。不过，患不同类型抑郁症的男人自杀高峰在不同的时间，而有一些抑郁症没有什么季节性（Kim et al.，2004）。

自杀是一个迷人的例子，展示了大范围的流行病学特征与小范围的遗传和分子生物学相互协调而产生的复杂性。而且这引出了之前由麦格拉思建立的关于梯度的观点。如果这个在光照时间和自杀间存在相关性梯度的迷人观点是正确的，也许就能够帮助我们在处理这类复杂而重要的事件时找到突破口。

除了季节性自杀，暴力行为也显示出季节性差异。然而，像自杀中的例子一样，必须非常小心地处理各种相关变量。在英格兰，针对他人的暴力行为峰值出现在仲夏或者夏末（图12.1B），在美国，峰值延迟一个月或更久才出现。在挪威，莫尔肯（Gunnar Morken）及其同事发现了一个出现在晚春的峰值，而且在10月、11月有第二个峰值（Morken & Linaker，2000）。

昼长及阳光可能是关键的因素，尽管在挪威的研究中，暴力行为发生的频率并没有与温度梯度明显相关,但不能因此忽视这个由170年前巴尔干天文学家德克托莱(Adolphe de Quetelet)首先提出的流行观点:暴力及犯罪在炎热的夏天增多。

德克托莱注意到不同的欧洲国家的犯罪存在季节性差异:暴力犯罪在夏天上升,财产犯罪在寒冷的月份更高。他将这种想法转化成有关犯罪的热理论,这一点在犯罪研究中有相当重要的影响,并成为大剧院心爱的富含地中海气质的剧目中的主要卖点。

不仅日照时间、温度或者重大的体育活动能影响暴力事件的频率,就连啤酒价格上涨也能导致暴力事件发生率下降(Matthews *et al.*, 2006)。这使得分析季节性因素非常困难,因为存在如此之多相互纠缠的变量。

对于暴力犯罪在夏季上升,社会学上的解释是这基于社会联系的水平,即相互联系越紧密频繁,暴力发生越多。生物学上的解释则倾向于集中考虑激素与神经递质的季节性变化。几乎可以肯定,正确答案是两者的混合。

对研究人员而言幸运的是,死亡的季节性总体而言并不存在这种复杂性和混合影响因素。在英国,1月的每天死亡的人数比8月的多250个。加拿大及其他高纬度国家有相似的结果。甚至在气候比较温和的澳大利亚,冬季月份的6月、7月、8月的死亡人数也比夏季的12月、1月、2月的多。在1999年,8月中每天有大约400例死亡,而在2月,每天有316例死亡(De Looper, 2002)。

死亡的季节性还受我们不断变化的生活水平的影响。在过去的几个世纪中,夏季死亡人数里因重病——例如痢疾、肠胃炎、肺结核以及其他感染及寄生性疾病——而死的人数在总体趋势上呈下降趋势。这应当归功于生活水准的上升:营养的改善、干净的水供应以及更好的环境卫生(Taylor *et al.*, 1998)。然而同一时期,与寒冷季节相关的疾病的死亡率上升,例如循环系统的疾病以及呼吸系统的疾病,如肺炎以及流行性感冒。但是甚至这种季节性的分布也在改变,冬季额外死亡人数在下降,原因不是中央供暖系统,而更像是经济繁荣和社会福利提高的结果。

每天死于糖尿病、慢性肝炎和肝硬化、泌尿系统疾病的人数表现出与心脏病相似的、统计学上明显的季节性规律:所有这些疾病的峰值均在1月。这些慢性病有多重影响,威胁人的健康并使得他们更易患肺炎及流行性感冒。但是,与癌症相关的死亡并没有明显的季节性规律,尽管在肿瘤的生长过程中存在明显的季节性差异。乳腺癌是表明人和癌症间存在季节性平衡的例子。美国1/9的妇女都患有乳腺癌。南北半球的多个大型研究都表明,乳腺癌的检出率在春季最高,在秋季最低,在冬季和夏季处于中间值。这些研究覆盖了文化迥异、生活在不同气候和地理区域的人群。因为平均而言乳腺癌潜伏期很长,这表明肿瘤在春季长得最快,而在其他时间长得慢些(反映了癌细胞的生长情况以及女性对该疾病的防御)。其他衡量乳腺癌的参数,包括切除的肿瘤的平均大小、微观侵略性的病理学鉴定、在癌症扩散区域的淋巴结数目、切除的乳腺癌细胞中激素受体分子的浓度、乳腺癌患者的总体存活率等,均受季节的影响(Hrushesky, 1991)。

虽然以上观点几乎基于推测,但是,我们身体的免疫应答模式存在着季节性变化,这也许与死亡的季节性有一定关系。我们的免疫系统在冬天为抗体介导的免疫反应,在夏天是细胞介导的免疫反应,这两者之间的转换可能为春季的乳腺癌生长打开了"一扇易感性窗户"。

寒冷的天气本身并不直接杀人,除非严寒程度非同寻常。冬天很少有人死于直接暴露于寒冷(低温)之下。甚至在英国这个在老年人冻死数据上有糟糕记录的国家,也只有少于1%的人直接死因是低温(Collins,1993)。比较矛盾的是,人和其他哺乳动物在寒冷的天气下收缩血管是一种保护措施,能保存热量、维持体温,但在冬天这就是杀手。在收缩的血管中,血液只有较少的空间可以流动,血压会上升,致死性心脏病和卒中的风险也会随之升高,因此心脏病和卒中的高发期都在冬季。

一些冬季比较寒冷的国家,像加拿大、俄罗斯以及斯堪的纳维亚半岛的一些国家,与英国和其他地中海国家相比,冬季额外的死亡人数较少。英国"帮助老年人项目"主管、致力于研究寒冷对老年人心脏系统影响的学者古德温(James Goodwin),将这种现象称为"温度的悖论。真正危险的是暴露在严寒中的整个过程以及与之相关的行为"(Goodwin,2007)。生活在严酷气候中的人懂得如何更好地保护自己。

对英国而言这也许有特别的意义。英国老年人在冬天死亡率特别高,尤其在75岁以上的老人中。其中的原因与人们的直觉猜想相反,并再一次提醒人们季节性效应是与社会因素混杂在一起的,很难分离出来。

在英国,冬季死亡与死者社会地位或者经济状况几乎无关。这一点出人意料,与供暖不足易导致死亡的观点不一致。但它看起来像一个真实的结论。因在健康的不平等上的开创性工作而知名的威尔金森(Paul Wilkinson)指出:

> 尽管较低收入群体中死亡人数更多,但在冬季死亡的人中这类人相对而言并不多,除非他们长时间暴露在死亡最主要的诱因——特别低的环境温度——之下。平均而言,收入较低的群体不比收入较高的群体住房条件差很多。这也许反映出了行为上的影响,且表明了在保暖上,住房互助协会和当

局提供的房子与自有住房一样好,甚至更好,反映了社会住房的增加,以及当地政府在改善家庭能源效率方面所做的努力(Wilkinson *et al*.,2004)。

威尔金森继续引用其他的一些着眼点在个人行为方面的研究,并且认为在冬季死亡率较高的原因是"短时间暴露在户外,而不是较低的室内温度"(Keatinge *et al*.,1989)。在温度低于10℃的环境中待5分钟都会引起血压升高。

这项研究的结论是,因为老年人在冬季死亡风险较高,所以仅仅以低收入住户作为目标人群的政策效果有限。古德温指出:

> 最穷最无力取暖的人在冬天面临巨大的考验,制定的政策必须毫无异议地体现出,寒冷的天气已无法区别对待不同社会阶层、收入及社会地位的人们。因为它的致命性不因人而异(Goodwin,2007)。

帮助住房条件较差的低收入群体,以此减少冬季英国的老人额外的死亡人数,这个动机是良好的,但达不到它应有的效果,它需要与改变高风险行为的努力连在一起。所谓高风险行为,通俗地讲,就是没有穿足够的衣服就外出,以及进行没什么运动量的活动,比如等公交车。

保持合适的室内温度很重要,老年人出门的时候穿足够保暖的衣服也很重要,比如戴一顶帽子,戴口罩及手套以减少暴露在外的皮肤,因为血压升高并不需要所有的皮肤暴露在外。

英国公共政策上的失误可能出于过分关注老龄群体。冬天大多数额外的死亡与免疫系统功能降低有关,由于需要重新分配能量来维持体温,我们对疾病的抵抗力下降了。在气候适宜的冬天,人们对疾病的抵抗力较高而死亡率较低。

老年人通常被各种极端气候困扰,从冬季的寒冷到夏季的热浪。

这并不是什么好兆头,因为在人口密度很高的地区,气候逐渐从宜人转向极端。反之,暖冬对此有所帮助。在英国,1月间日平均气温每上升1℃,死亡人数就会少30个,这在1月间气温正常值升高3℃以内都是如此。然而,像这项研究的作者提出的:"这并非意味着我们会在温暖的气候下活得更久,正如我们更可能在夏季结束生命而不是在冬天。"(Subak,1999)

平均气温较高或正常的天气都不成问题,问题是我们在应付天气剧烈变化(例如热浪)方面做得很差。极端情况可能持续时间很短,但仅仅数小时的异常天气就能导致住院人数和死亡率显著上升,遭受精神压力及发生抑郁的人数也会上升。

在许多地方,只有夏季最热的10%—15%的时间对死亡率有影响。有些时候,这种情况下的死亡率会上升100%以上,对发达国家及发展中国家的很多城市而言,高温是最主要的天气方面的杀手。

尽管高温对老年人而言特别致命,但更可能是天气的变化多端而不是高温本身造成了与炎热相关的疾病与死亡。在一些美国城市,例如芝加哥、圣路易斯及费城,大多数住所及工作地点都有空调,但死于酷热的人数比许多发展中国家热带城市居民的高。生活在夏季复杂多变的天气下的人对极端炎热的适应性很差,主要因为变化的不规律性。与之相反,生活在热带区域的人通过调整生活方式、生理情况,以及采用特别的精神状态来应对高温。文化上或者社会上的改变,包括房屋设计和总体的城市布局的变化,也许能解释为什么与高温有关的死亡率在气候炎热但气温变化不大的情况下较低(Kalkstein,2000)。

年龄与性别的差异在季节性死亡率上有关键的影响。男性季节性死亡的波动随年龄的上升而变大,而女性到较大的岁数才进入危险期,并仅受寒冷威胁。男人在更年轻的年龄段就表现出与年龄增长相应的危险性上升,老年男子不仅对寒冷敏感,而且易受任何不适宜的气候条件的影响(Rau & Doblhammer,2003)。

这就提出了一个伦理上的问题:我们应该努力到什么样的地步以挽救受气候变化威胁的老人? 仔细研究这一问题的人口学家给出了两个平衡性的意见,而真正的解决方法肯定在两者之间:

> 一个假设认为这个人处于健康状况欠佳而且无论如何很快就要死了,另一个假设认为这个人生命的稳定程度与其他人并无不同。在后者的意义上,拯救一条生命将是在可靠工程上的完美修复。如果意外事故和感染性疾病在季节性死亡的波动中占主要地位,总体效果将会趋向"完美修复"。相反,如果季节性模式是由慢性疾病造成的,在降低总体死亡率上付出的努力可能会收到相对较小效果,或者说,只有加大在医药系统、公共卫生及总体生存条件上的投入,才能获得与其他廉价手段——如疫苗——同样的巨大成效(Rau & Doblhammer,2003)。

或者,直白地说,如果死于温度变化的人无论如何都会死,多少怜悯之心应用于拯救他们? 这够让医学伦理学委员会忙上好一阵子了!

第十三章　物候学

物候学(phenology)，来自希腊语"phaino"(显现，显示)和"logos"(学习)。它是对周期性生物现象的科学研究，如与气候状况相关的植物开花、动物迁移。

西澳大利亚哈默斯利的铁矿场极其巨大，我们甚至能从太空中观测到它。这些铁矿石地层形成于25亿—19亿年前。在那之前数百万年的时间里，铁不断经由海底火山从地球内核中喷发出来，在当时的还原性环境中以可溶性的二价铁存在于水中。但到了大约25亿年前，浅水区域可以进行光合作用的微小蓝细菌产生了足够的氧气，水中的铁元素逐渐氧化(生锈)，铁随后转变成不可溶的三价铁(氧化铁)而沉于海底。昼长及海水温度随季节的变化而改变，因此蓝细菌在夏天能产生较多水溶性的氧，使更多的氧化铁沉积下来。有些铁沉淀在现在的哈默斯利矿场，细致入微的科学研究揭示了这种季节性的周期变化。

一年又一年的季节性气候变化记录在岩石、树木、冰层以及珊瑚上。哈默斯利的岩石记录了上百万年的历史。树木则记录了上千年的历史，伦敦自然历史博物馆展示着一棵巨大红杉的截面，它在1892年倒下之前，活了1300年，见证了从查理大帝(Charlemagne)到格莱斯顿

(Gladstone)大部分的现代史。

在1300年历史的每一年中,随着夏天渐渐远去,红杉的光周期机制破译了逐渐变短的昼长所包含的季节性信息,这些信息提醒它是时候为冬天作准备了。像许多温带的树木一样,红杉每年生成一个新的年轮,越新的年轮越靠近树皮。在树木的整个生活周期中,一个年轮反映一年的气候情况。潮湿的夏季较长的生长期会形成较宽的年轮,干燥的年份会有一个很窄的年轮。通过将已知年份的树木年轮与该年的降雨记录相比较,我们就能推断出每道环所对应的降雨量。不同地区的树木生长信息显示出该地比正常情况雨量更多或更加干旱,研究人员甚至能从中观察到厄尔尼诺现象。

通过研究岩石、树木、通常被称为纹泥的冰川地层、海洋沉积物、冰层以及珊瑚形成过程,并将之与放射性测量技术相结合,我们已经获得了一个大体的印象,表明过去季节性气候的变化是由整体气候的改变所引起的。尽管依然有些唱反调的人,科学界的压倒性意见仍是,这个星球在又一次快速变暖,气候在改变。但这次可能是由人类活动导致的。像麦夸里大学的休斯(Lesley Hughes)指出的:"物候学在昆虫、鸟类、两栖类及植物上的进展为'人类引起了气候变化'这一观点提供了最有说服力的证据,只是因为其他解释均不如这一个可靠。"(Hughes,2000)

21世纪全球平均温度可能会上升3℃,这意味着局部气候及天气可能发生显著改变。上升的海平面会淹没沿海区域,一些沙漠会再次扩大,富饶的农田可能会变成不毛之地。玉米、大米、大豆以及小麦的丰收景象会消失得无影无踪,因为随着温度上升,干旱以及地平面的臭氧会导致农作物种植面积显著缩小,抵消掉大气中二氧化碳浓度上升而带来的作物生长上的益处(Slingo *et al*.,2005)。但无论最后变得有多热,地球依然24小时不停地旋转,依然以一年为周期绕太阳转动,光周期依然与以往一样。

发生改变的将会是自然和季节的持续时间,而这将会对动植物产生影响。得克萨斯大学的生物学家帕尔梅森(Camille Parmesan)及韦斯利安大学的经济学教授约埃(Gary Yohe),分析了20年来气候变化对1700多个物种的影响,他们得到一个结论,无论你怎么筛选数据,在大约22世纪,气候变化将会影响世界范围内50%以上的动植物(Parmesan & Yohe,2003)。

尽管树木的年轮以及岩石层告诉我们许多过去发生的季节性变化,但是它们没有记录下足够的详细信息,例如季节改变的准确时间。从年轮和岩石层中没有办法得知春天在一个给定的年份是提早还是晚到,以及变化的程度如何。在这点上,我们得依靠更近期的数据。

1200年前,日本的僧侣和学者就已经开始记录樱桃的开花时间了,但物候学的正式创始人却是两位18世纪的杰出人物:伟大的瑞典植物学家林奈和英国农场主罗伯特·马香(Robert Marsham)。林奈以发明了广为生物学家使用的物种分类系统而闻名,他系统地记录了瑞典18个地区多年来植物开花的时间,那些一丝不苟的笔记同样记下了开花时详细的气候情况。

马香的兴趣源于试图提高木材的产量。他与怀特有联系,后者是经典的《塞尔伯恩自然史》的作者。尽管二人从未见面,但支持彼此的兴趣。怀特对鸟类特别感兴趣,记录了夏季候鸟到达的时间,以及春季和秋季的过路候鸟抵达的时间。马香则进行了系统性的研究,他于1736年开始,在他位于诺福克、靠近诺威奇地区的家族土地上写《春天的启示》(*Indications of Spring*)。在随后的62年内,他记录下了有意义的时间,以及超过20种动植物的27种自然事件。包括树木发芽的时间,候鸟到达的时间。马香死于1798年,在随后的160年里,他的后人延续了这一数据采集工作,直到1958年玛丽·马香(Mary Marsham)去世。

在过去大概300年的时间里,马香、怀特、马克威克(William Markwick)及其他开拓者的工作,被一大群一心一意甚至可称为执著的观测者所延续。其中许多人是业余人士,但继承了博物史学家的优良传统。他们记录所有事情第一次发生的时间:蛙首次产卵,水仙花首次开花,布谷鸟首次鸣叫,第一次看见燕子的时间,橡树发芽,鸟类下蛋,诸如此类。他们也记录下了相反事件发生的时间,例如鸟类在秋天离去,以及最后一次发生的时间,像植物的最后一次开花,他们还记录了两者之间自然界各种事件发生的时间。

许多国家现在都有物候学的研究网络,鼓励成员们收集和整理各种信息。理查德·菲特记录了牛津地区50年来上百种植物的开花时间。在此基础上,他的儿子阿利斯泰尔比较了20世纪90年代与之前40年植物的开花时间,发现385种植物平均早开花4.5天,其中改变最显著的是短柄野芝麻(*Lamium album*),比之前的开花时间提前了55天:20世纪90年代时一般在1月23日,而50年代在3月18日。(Fitter & Fitter,2002)提前开花的这个物种以及其他9种物种列在表13.1中。

整个北半球的情况都很相似。纽约州立奥尔巴尼分校的名誉教授布朗(Jerram Brown),曾经仔细地记录了30年间亚利桑那州南部,奇里卡瓦山灰胸灌丛鸦(*Aphelocoma ultramarina*)的下蛋时间。这个著名研究的结果表明,灌丛鸦每年下蛋的时间越来越早。1998年灌丛鸦首次下蛋的时间比1971年早10天(Wuethrich,2000)。艾伯塔大学的生物学家布廷(Stan Boutin),研究加拿大育空地区雌性红松鼠的DNA及其交配习惯超过10年了。他的研究组发现,随着春季来得更早,松鼠产下后代也更早。它们现在比之前早生产3个星期(Berteaux *et al.*, 2004)。像我们之前看到的,菲瑟和他同事的研究表明了荷兰阿纳姆树林中以下生物学事件在时间上的错配:橡树发芽,冬尺蛾毛虫生物量增加,大山雀下蛋和孵化。在科西嘉以及法国南部繁殖的蓝冠山雀(*Parus caeruleus*),为了应付春天叶子发芽提前导致的食物供给与雏鸟需求不匹配,不得不改变繁殖后代的最佳时间(Thomas *et al.*, 2001)。

表13.1　10种植物的首次开花时间。理查德·菲特和阿利斯泰尔·菲特研究了385种野花的开花时间,他们发现,与20世纪50年代相比,在90年代植物的开花时间平均提前了4.5天。表中的植物开花提前的时间最显著(Fitter & Fitter, 2002)

植物	开花提前的时间(天)
短柄野芝麻	55
蔓柳穿鱼(*Cymbalaria muralis*)	35
桦叶鹅耳枥(*Carpinus betulus*)	27
桂叶瑞香(*Daphne laureola*)	26
碎米芥(*Cardamine hirsuta* L.)	25
小蔓长春花(*Vinca minor*)	25
硬骨繁缕(*Stellaria holostea*)	25
欧亚路边青(*Geum urbanum*)	22
榕叶毛茛(*Ranunculus ficaria* L.)	21
罂粟(*Papaver somniferum*)	20

　　南半球陆鸟的行为与它们北部的同类相似,繁殖时间和迁徙时间都发生了提前。然而,只有很少的类似长期的生物学事件可供研究。南极洲东部阿德利地(67°N)的研究中心记录了海鸟到达和下蛋的时间,这一工作持续了55年,凝聚了好几代科学家的劳动成果(Barbraud & Weimerskirch, 2006)。法国生物学家巴尔布罗(Christophe Barbraud)和维莫斯克奇(Henri Weimerskirch)检查了9种海鸟的到达和下蛋的时间,发现了一个相反的趋势:它们倾向于在较晚的春季到达并孵蛋。与

20世纪50年代早期相比,这些鸟类现在到达阿德利地平均晚了9.1天,下蛋时间晚了2.1天。然而,巴尔布罗和维莫斯克奇研究的是处于食物链最顶端的捕食者。在南极洲东部,磷虾似乎是海洋食物链的基础,而它的数量呈下降趋势。海鸟受到食物链底部食物不足的影响。结果,就会有微进化选择压力倾向于选择那些来得晚些而且缩短了产卵之前准备活动所需时间——例如居住地选择和求爱过程缩短了7天——的鸟。这种改变使得一些鸟可以在食物减少的环境中存活下来。

发生在世界气候系统中的复杂变化在不同的地方有不同的效果。与北半球相比,南半球的水域比陆地的面积大得多,因为水的热容对天气有不可忽视的调节作用,气候变化造成的影响会不一样。气候变化中存在所谓的地域效应,但还不至于改变总体的效应。

布拉德肖和霍尔茨阿普费尔一直致力于北美瓶草蚊的研究,这种蚊子分布于从佛罗里达州到加拿大边界的广袤地区,生活在紫色猪笼草富含水分的叶子里。在它的特异而稳定的小型居住地里,它完全依靠光周期作为季节变化的线索,不像其他昆虫会利用各种各样的信息,包括温度、食物供应量甚至年度节律(Bradshaw & Holzapfel,2001)。在夏季晚期,蚊子感觉到昼长变短,并在一个临界光周期从活动和生育状态转向滞育。布拉德肖和霍尔茨阿普费尔推断,气候变化的一个表现就是,如果蚊子已经适应了更长的生长季节和迟来的冬季,那么与十几年前相比,北部的蚊子应该表现出南部种群的特征,现在的临界光周期应该比十几年前的有所变短。

布拉德肖和霍尔茨阿普费尔大部分的学术生涯都在研究这些蚊子,他们比较了1972年与1988年、1996年的数据。在较高纬度区域,他们发现了一个最近出现的渐变但显著地倾向更短的临界光周期的变化。在50°N,临界光周期从1972年的15.29小时降到1996年的15.19小时,对应着1996年的秋天比1972年的秋天晚9天。

北美瓶草蚊发育过程的时间安排完全依靠光周期,布拉德肖和霍尔茨阿普费尔回答了与这个物种相关的一个关键问题:这些季节性的相互作用的结果,是完全由于个体可塑的表型对环境温度作出的敏感的反应,还是由于群体在遗传上的改变? 因为除了光周期以外没有其他诱因,所以很明显,伴随着更长的生长季节,这些蚊子出现了遗传上的改变,倾向于使用更短、更有效的南方特点的昼长,当做滞育的信号。

在进一步的实验中,布拉德肖和霍尔茨阿普费尔将北方的蚊子移至一个模拟了南方气候的条件下,结果蚊子的繁殖能力大幅下降,且下降几乎全部是由错误的季节性信号(光周期)造成的。南方较温暖的夏季气温并不是影响蚊子繁殖能力的一个因素。

这个事例的含义是,作为气候变化的结果,这些改变的原因不是夏天变得更炎热,而是冬天没有那么寒冷,并且春天来得更早:

> 与南部的物种相比,北部的物种生长季节较短。例如,30°N地区全年平均温度高于10℃,而在50°N地区仅有2.5个月气温高过10℃。在最北的纬度区域,冬天的气温变化最为剧烈,气候变化也最明显。因此,动植物在夏季炎热的压力几乎不变、冬天寒冷的压力有所减轻的情况下,纷纷延长了生长期。因此,北方的气候越来越像南方的气候。至少在昆虫物种中,与南部的种群相比,北部的种群使用更长的昼长诱发秋天时更早的休眠(Bradshaw & Holzapfel, 2006)。

那些临界光周期变短,直到秋天的后期依然很活跃的蚊子,它们能够获得选择性优势,也许是因为它们能够为即将到来的冬天多一些日子存储能量。

生物用特定的临界昼长下的生存值作为生命过程事件的触发器,

是因为光周期是季节性变化的最可靠的预测者(就像我们刚才全力描述的),因此许多生活在季节性环境中的昆虫已经进化出了一种觉察这种线索的方法。陆地上的物种尤其如此,因为在陆地上,短时间的反季节性的升温或者降温可能会发送一个虚假的季节信号。相比之下,对生活在大型湖泊以及海洋中的动物而言,小幅的温度波动被内部水的热惯性所缓冲,与陆地相比,它们生活的介质的温度是一个更可靠的季节改变的信号。结果,水生无脊椎动物,如在某些方面可以认为是水生昆虫的桡足类(小型甲壳动物),滞育时它们对光周期的反应明显受温度调控。

北美瓶草蚊遭受的选择性压力导致一个特定的平均值发生变动,在这个事例中,群体中的每个个体的临界光周期都发生了变化。其他物种也许并不存在这种适应季节性时序的遗传性变化。

虽然物候行为的许多方面均有遗传性,但低估物种中存在的适应灵活性是错误的,而且事实上灵活性也存在于物种内部的不同个体中。牛顿曾经指出:

> 在鸟类迁徙中观察到的许多变化并不是由遗传上的改变引起的,迁徙的每个方面都对个体留有改进的余地。依据实际情况,个体能够在一定程度上调整自己的迁徙行为。例如,在温暖的春天,同一群鸟可能比在寒冷的春天抵达孵蛋地点更早些,或者它们可能在寒冷的冬天比在气候适宜的冬天迁徙得更远,以应对食物供应的变化。既然气候一年一年间或者在更长时间跨度上有所不同,那么鸟类在调整它们的行为以匹配相应气候改变上,就有了相当可观的空间,它们不需要在遗传机制上作出任何改变(Newton,2008)。

很多动物和植物生活的环境中,可预期性及环境性因素波动的幅度一直在变化。比方说，一些鸟类(例如，赤道鸟类，或者迁徙至赤道或热带纬度的候鸟)栖息地的环境特点，像光周期，就是糟糕的预测季节的依据，它们比生活在那些光周期与季节紧密相关区域的鸟类更依赖于内禀节律。许多动物在它们的一生中跨过广大的地理区域。与之相应，尤其是自由活动的脊椎动物以及鸟类，它们生活周期中各个阶段的时间选择和次序有很大不同(Wikelski *et al.*,2008)。

专性候鸟都是远距离旅行者，它们倾向于在每年的差不多同一时间迁徙并到达同一目的地。它们的定时机制处在遗传因素的控制下。候鸟经常在食物远远没耗完前就离开北部的繁殖地。相反，兼性候鸟可能会在一些年份迁徙，在另一些年份则留在原地。对它们而言，迁徙是对当地情况，特别是食物的供给情况所作出的反应。

鸟类并不适合划分成两极化的专性／兼性迁徙者。相反，有一个从专性到兼性行为的区间，在这个区间中存在动态性，其中有些物种会从一种模式转为另一种模式，甚至在单次迁徙过程中也会发生这种事情。一只鸟从专性迁徙模式开始，然后随着时间与距离的变化转向兼性迁徙，而在当地情况宜人时完全停止。

从宾宁提出他的假设至今已经有约70年了，这个假说认为，昼夜节律能够与光周期相互作用，提供动植物需要的信号来调节行为、生理甚至解剖学结构来适应可预测的季节性的改变。从那之后，研究人员在很多生物中找到了存在内禀年度节律的证据，从根本上建立了一个以年为单位的战略计时系统。它能被一些战术上的环境因子微调，如光周期、温度、可利用的资源以及降雨。也有些证据，像我们之前解释的，昆虫可能利用不同的计时方法来决定生命中事件发生的时间。

宾宁的假说依然具有支配地位，但是在过去的70年里，我们已经知道动植物，特别是动物在应付季节变化上多么有多样性和灵活性，以及可能会使用多么复杂的补偿机制。这种灵活性是受到广泛赞赏的自然特性的一部分,表明自然界比设想的情况微妙和复杂得多。在分子水平,陈旧的机械化模式——"一个基因一个蛋白"——已经过时了。在人的基因组中大约有3万个基因,但是由于DNA的编码区有很多种剪切的方法,蛋白质组中的蛋白质数目是基因数的6倍以上。

在不同的时间不同的细胞组织中,同一基因打开或者关闭。基因开与关的时间在很大程度上决定了发育,以及最终成体的健康。调控元件是基因表达的产物,它们可以很复杂,利用负反馈回路来抑制一个基因,否则那些基因会持续活跃。并不是每一个基因都能决定一种表型,尽管有很多这种"结构基因",但在很多情况下是很多基因通过蛋白质累加产生调控作用,这已经被认为是生物学的基本原理,因为它意味着在这个系统中有潜在的巨大的多样性和灵活性。

结果就是,物种拥有比想象的多得多的可塑性。植物学家很多年前就知道在潮湿的情况下生长的插枝,与遗传上完全一致但生长在干燥土壤中的插枝看起来非常不同。简化的关于进化理论的假设就是,遗传上的不同决定了物种在特定的环境中相对的成功与失败。但在实践中,就像在《自然》(Nature)杂志中解释的那样(Dusheck,2002),很多物种在应付一个变化的环境中拥有相当大的弹性。表型可塑的理论——依赖于物种发育的环境,一组基因能够产生一定范围的特征或者表型——已经激发了研究物种怎样在它们的生理环境中,及与其他物种相互作用的背景下进化的新想法。它将生态学引入进化生物学、发育生物学及遗传学。

成功活下来的是那些能灵活改变、变化速度和季节性气候变化一样快、能适应新的时间秩序的物种。猪笼草中的蚊子在5年内显示出了显著的变化;加利福尼亚的荠菜用了不到7年的时间完成了遗传上的修饰,提升了对干旱的抵抗力;在10年以上的时间里,在红松鼠中观测到了中等程度的改变。但在大山雀中,甚至在30年后,看起来也只有那些最大限度上改变下蛋的时间以应对提早来到的春天的群体,发生了遗传学上的改变。

一些物种可能不理睬光周期信号,并向两极迁徙到与它们之前的适应气候能力相一致的区域。其他一些可能移向更高的海拔,但是整个群体不会简单地移向北方或者南方以同步所改变的温度。相反,动植物的协调性将会发生改变,气候上的变化会创造迄今从未见过的生态系统。

留在原地的物种能通过适应变化的情况而存活下去,一些物种,像布拉德肖和霍尔茨阿普费尔研究的蚊子则会利用临界光周期的遗传修饰。其他物种可能利用表型的可塑性,以此应付更广泛的环境变化,包括季节性气候的变化。阿纳姆的大山雀在同步冬尺蛾毛虫的数量变化时失败了,但约400千米之外,牛津附近的同一种鸟类改变了生活周期并成功地与同一种昆虫同步。

季节性气候变化的重要性如何强调都不为过。在生物气候与影响全球碳平衡的因子间存在反馈,而全球碳平衡能加速或者减缓全球气候变化。在植物活力四射地进行光合作用的季节里,季节持续时间上的少许改变会显著影响碳总量。高纬度的森林可能是一个纯粹的碳贮藏库,也可能是一个纯粹的二氧化碳源头,这取决于生长季节中大约一个星期的变化(Lechowicz,2001)。

直到20世纪80年代,钟和节律在生物学领域还是一种神秘现象。在最近激动人心的工作中,全世界的科学家发现了时间选择过程的广泛性和中心性,昼夜节律和年度节律与外部环境间的同步被认为具有非常重要的意义,这种周期性机制能够帮助几乎所有物种确定生活周

期中的大事件,并使得它们能够与环境中日常的以及季节性的改变相
吻合。

理解物种过去通过何种方法适应,以及将会如何适应未来的季节
性气候变化,将会帮助我们缓和甚至控制全球气候变化带来的影响。
布拉德肖和霍尔茨阿普费尔在他们的研究基础上预测:生活周期短、群
体数量大的小型动物将会更好地适应更长的生长季节并且存活下来,
而生活周期较长和群落较小的大型动物将会经历群体数量的下降,或
者被更南面的物种替代(Bradshaw & Holzapfel,2006)。

更好地理解生物过程,能帮助我们发展新的农业和园艺业,寻找新
的方法以保护人类免受复活的以及新产生的抗原攻击,并让我们试着
保护和保存其他物种。我们不可能拯救所有物种,而且现在也已经来
不及拯救很多物种了。我们将会失去很多熟知的、体现生命多样性、令
人敬畏和惊奇的事物。

就像我们试图在这本书中表明的那样,现存物种经过无数代建立
起来的对时间精确的敏感性——使得它们能够预测环境中的规律性节
律,从而能够同步它们的生命历程以繁殖最多的后代——正在破裂成
碎片。我们不仅在摧毁世界上的空间标识,还在摧毁时间标识。一旦
这些标识消失,它们,例如迁徙的候鸟,也许不会在来年的同一时间
归来。

词汇表

表型(Phenotype)：生物体可观察到的特点；实际能看到的属性，比如形态、发育和行为。

表型可塑性(Phenotypic plasticity)：具备特定基因型的生物体通过改变其表型以应对环境变化的能力。

春分(Spring equinox)：春季时，白天和黑夜均为12小时的日子——3月21日。

春分/秋分(Equinox)：具有昼夜平分点的两天。在这两天，太阳中心在地球上任何地方处于地平线上、地平线下的时间都差不多相同，昼夜几乎等长。该词源于拉丁文 *aequus*（同等的）和 *nox*（夜晚）。

蛋白质组(Proteome)：一个生物体中所表达的所有蛋白质的集合。

地方性动物病(Enzootic)：在一种动物群体中不断出现，但在任何一个特定的时间内通常仅影响一小部分动物的一种疾病。

冬眠(Hibernation)：动物不活跃以及代谢水平降低的一种状态，特点是体温低、呼吸缓慢和代谢率低。根据物种、环境温度和时节的不同，冬眠可以持续几天或者数月。典型冬眠的特点是，"觉醒"会在冬眠期间间断性地发生,在觉醒期间,冬眠动物的体温会恢复到接近正常值。

冬至(Winter solstice):北半球一年中白天最短的一天,太阳位于天空的最南点——12月21日。

短日节律(Ultradian rhythm):比昼夜节律的周期更短的生物节律。比如心跳。

发色团(Chromophore):感光色素复合体中吸收光的分子。动物感光色素的发色团是维生素A的特殊形式(11-顺式视黄醛),可以结合被称为视蛋白的蛋白质。

翻译(Translation):指被编码为mRNA核苷酸序列的遗传信息,从染色体进入核糖体,被密码子(核苷酸三联体序列)翻译机制"读译"的过程。每一个三联体密码子对应一个特定的氨基酸。

感光色素(Photopigment):能够吸收光子并将其转化为细胞内反应的一种分子。

光牵引(Photoentrainment):振荡器受光/暗循环牵引。

光周期(Photoperiod):24小时或近24小时周期中光照和黑暗的持续时间。

基因(Gene):基因的定义在分子生物学领域内备受争议,部分原因在于其调控和转录的复杂性。一个可以避开这一点的定义是,基因是基因组序列的组合,编码了功能上可能重叠的产物。

基因表达(Gene expression):通过转录生成基因产物的过程。

基因型(Genotype):生物体的基因构造;生物体独有的一套基因,即使不表达。

基因组(Genome):一个生物体的基因组包含由DNA编码的(对于RNA病毒来说,是RNA)建立及维持该生物体生命的所有生物信息。基因组是核苷酸序列。

蓝细菌(Cyanobacteria)：光合细菌,有时也被称为"蓝绿藻"。

脉孢菌(*Neurospora*)：粗糙脉孢菌(面包霉),用作遗传模型的一种丝状真菌。

年度节律(Circannual)：以将近一年(±2个月)为周期的节律,和日历年度同步或者不同步。

起搏器(Pacemaker)：能够维持自身振荡并调控其他振荡器。

迁徙(Migration)：用以描述迁移行为的一个词,包括微生物穿梭于土壤,海洋中浮游生物每日大幅度的垂直运动,动物的远距离觅食旅行。本书中,该词用以描述动物群体在利弊不同的区域之间所进行的季节性迁移行为,其中一个区域是它们的繁殖区。动物们为了更好地生存和繁殖而进行季节性迁徙。

迁徙兴奋(Zugunruhe)：来自德语,意为"迁徙的躁动"。被笼养的鸟在它们于自然界中本该迁徙的时候表现出活动过多(通常在夜间)的现象。

牵引(Entrainment)：生物振荡器与环境中比如光/暗循环的节律进行同步化的过程。

秋分(Autumn equinox)：秋季白天和黑夜均为12小时的一天。

去同步化(Desynchronisation)：(1)外部:节律和授时因子之间的同步化消失。(2)内部:生物体内部两个或更多节律间失去同步。

日照量(Insolation)：一个用来度量在给定时间和表面积内,太阳辐射能量的数值。它通常被表达成以瓦特每平方米为单位的太阳平均辐照度。

神经递质(Neurotransmitter)：从神经细胞的突触末端释放,通过改变突触后神经元的电位来激发或抑制其活性的一种化学信使。

神经肽(Neuropeptide)：一种由神经细胞(神经分泌细胞)分泌至

血液或细胞间隙的蛋白类激素或信使,可以改变靶细胞的活性。靶细胞表面有特定神经肽的特定受体。

生物钟(Biological clocks):可自我维持的振荡器,在没有外界周期输入时产生生物节律(例如,在单个细胞里的基因水平产生生物节律)。

生物钟基因(Clock gene):产生昼夜振荡分子机制中的基因。

时差(Jet-lag):由于突然移动到不同时区而产生身体不适的现象(通常是由于跨经度飞行而导致的)。

时间疗法(Chronotherapy):根据目标(或非目标)组织或器官(或作为一个整体的有机体)的敏感—耐受周期进行治疗,从而提高所需的药理效应和/或降低药物或其他治疗剂的不良反应。

时间生物学(Chronobiology):源于希腊语(chronos 指时间,bios 指生命,logos 指研究),这个词用来表示对生物节律的研究。

时间药理学(Chronopharmacology):合理安排给药时间以使药物的治疗效果最优化(和病人的昼夜节律达成一致)的一门科学。

视蛋白(Opsin):动物感光色素的蛋白质成分。视蛋白利用维生素 A 发色团,并具有典型的"钟形"吸收光谱。

授时因子(Zeitgeber):来自德语"时间授予者",是一种牵引信号。

衰减振荡(Dampened oscillation):由于能量不可避免地损失,振荡的振幅逐渐衰减。

松果体(Pineal gland):在所有脊椎动物中都存在的、可以合成褪黑激素的神经内分泌腺体。它在所有非哺乳脊椎动物中是直接对光敏感的。

外围振荡器(Peripheral oscillator):发现于某组织,可以调控该组织的生理活性,但同时又依赖于起搏器的牵引而起作用的振荡器。也叫做"从动"振荡器。

温度补偿(Temperature compensation)：昼夜节律的一个特征,借此,温度的变化不会显著改变周期。

夏蛰(Aestivation)：某些动物应对炎热天气的一种适应性现象,常伴随代谢水平的下降。

夏至(Summer solstice)：北半球一年中白天最长的一天。太阳位于天空的最北点——6月21日。

显露节律(Overt rhythm)：直接或间接受昼夜节律钟调控的可观察到的节律。

相位(Phase)：一个节律循环中特定的参考或者参考点(比如,活动开始)。

相移(Phase shift)：在授时因子的作用下,相位发生的单方向的稳定变化。

掩蔽(Masking)：外部因素直接影响显露节律表达的现象。

羽化(Eclosion)：成虫从蛹孵化而出的过程。

蛰伏(Torpor)：通常指动物生理活性下降的短期状态,其特点是体温和代谢率降低。蜂鸟和许多种类的蝙蝠等动物在每天休息的时候,都表现出伴随着体温和代谢率下降的蛰伏。

振荡器(Oscillator)：能够产生围绕均值的规律性波动的系统。在时间生物学范畴内,振荡器是指细胞内的一种能够产生自我维持的节律的分子机制。

振幅(Amplitude)：(1)正弦振荡中最大值(或最小值)与均值之差。(2)生物振荡中最大值和最小值之差。

蒸腾(Transpiration)：水从植物的地上部分——尤其是叶子,还包括茎、花和根部蒸发的过程。经由气孔进行的叶子蒸腾作用可以被认为是植物的一个必需代价,气孔开放可以接收大气中的二氧化碳以便植物进行光合作用。

至日（Solstice）：专业地讲，至日是指地轴的倾斜直接朝向或者背离太阳的日子。夏至是一年中白天最长的那天，冬至是白天最短的那天。

滞育（Diapause）：用以描述通常在昆虫中发生的低代谢活动状态的一个术语，这种现象伴随着昆虫对极端环境耐受性的增强和行为活动的改变或减少。滞育以物种特异的方式，发生在一或多次遗传决定的变态阶段。

钟控基因（Clock-controlled gene，简称CCG）：其表达直接受核心振荡器机制调控的基因。

周期（Period）：给定的振荡相位重新开始所需的时间。

昼行性的（Diurnal）：一种活动或过程在白天发生。

昼夜节律（Circadian rhythm）：在恒定条件下维持一个周期长约24小时的生物节律。来自拉丁文 *circa* 和 *diem*，意为"大约一天"。

昼夜时间（Circadian time，简称CT）：在恒定条件下，生物体主观的内部时间。按照惯例，CT_{12}对应于夜行物种活动开始的时间，而CT_0对应于昼行物种活动开始的时间。

转导（Transduction）：从一种信号转换到另一种信号的过程，比如外界的光信号转换为生理刺激。

转录（Transcription）：DNA序列编码的信息从DNA转给或复制给RNA的过程。

状态变量（State variable）：应用于振荡器数学模型中的一个术语，指随时间变化的一个量。一般地说，它是一个用来表示对于定义系统状态来说必要的变量。有时应用于构成昼夜节律振荡器所必需的组分（基因，蛋白质）。

自由运转（Free-running）：在恒定条件下，昼夜体系所呈现的内禀节律。

D∶D:照明方案中持续黑暗(dark/dark)的缩写。

E-box:一段核苷酸基序,CACGTG,参与增强很多生物钟基因的表达。

L∶D:照明方案中光暗(light/dark)交替的缩写。

L∶L:照明方案中持续光照(light/light)的缩写。

PAS结构域(PAS domain):发现于许多生物钟蛋白中的蛋白序列基序,参与传达环境信息——比如氧气、氧化还原状态和光——的信号通路。通常和蛋白-蛋白相互作用有关。

SCN:视交叉上核。位于下丘脑腹侧内部的成对的核,是哺乳动物的昼夜节律起搏器。

Tau (τ):一个自由运转的生物节律所具有的自然周期。

附　录

20世纪30年代,哈姆纳和邦纳在研究苍耳的时候,拟定了一个光暗循环方案来研究光周期的影响。随后,在曾于美国度过一段时间的印度生物学家南达(K. K. Nanda)的帮助下,哈姆纳改进了这个实验设计。南达-哈姆纳实验方案已经成为一个研究昼夜性和季节性时间选择的核心方法。在南达-哈姆纳或者说"共鸣"实验方案中,短的集中光照期后面跟着一个可变的黑暗期。最初的光照期通常是6—12个小时,可变的黑暗期可以延长到使整体周期时间(T)等于18—72个小时。在这个循环周期下,植物、鸟类和哺乳动物的光周期诱导反应发生在整体周期接近24、48或72小时的情况下,这个时间正是24或24的倍数。诸如36或60个小时的周期没有诱导效应。这一发现说明起作用的是生物体的内源性24小时昼夜节律起搏器,而不是沙漏计时器,因为后者不可能表现出光周期诱导反应的24小时节律。

夜间干扰实验和基干光周期实验是对这个实验方案的扩展。在这些实验中,集中光照期通常是6—12小时,黑暗期被短暂的、追加或扫描的光脉冲有序地打断。整体周期最少24小时,可以更长。例如,在宾索实验方案

（A）

南达-哈姆纳实验或称"共鸣"实验方案

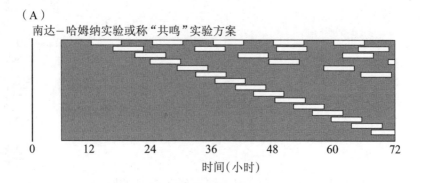

时间（小时）

（B）

夜间干扰实验 / 基干光周期实验方案

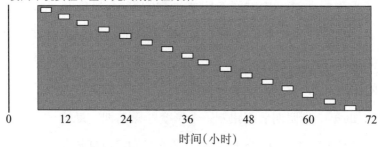

时间（小时）

图1 （A）南达-哈姆纳实验方案：采用6—12小时的集中光照期，结合逐渐增长的黑暗期。(B)夜间干扰实验 / 基干光周期实验方案：采用6—12小时的集中光照期，黑暗部分被1小时长的光脉冲有规则地打断。每一行代表一个不同的光周期，动物或植物被置于这个光周期中以获得延长的诱导时间。在南达-哈姆纳和基干光周期实验中，如果光周期诱导反应发生在近24小时或24小时倍数的时间点，就意味着昼夜计时器在起作用。若非如此，就可以推测是沙漏计时器在起作用。

中，黑暗期为72小时或更长。宾索实验中的光脉冲，或者南达-哈姆纳实验中的集中光照期，在较晚时期有序地"来临"，从而探测延长的黑暗期中的光敏感期。这个光敏感期如同一个自由运转的昼夜振荡器，可出现并再现（也可能不出现）。如果光周期诱导反应出现在24或者24小时倍数的时间点，意味着起作用的是昼夜节律钟，而不是沙漏钟。

参考文献

Abel, E. L. & Kruger, M. L. (2004) Relation of handedness with season of birth of professional baseball players revisited. *Percept Mot Skills*, 98, 44–46.

Aitken, A. (2004) *Sardine Run-The Greatest Shoal on Earth*. Ocean Planet, Pretoria.

Ajdacic-Gross, V., Bopp, M., Sansossio, R., Lauber, C., Gostynski, M., Eich, D., Gutzwiller, F. & Rossler, W. (2005) Diversity and change in suicide seasonality over 125 years. *J Epidemiol Community Health*, 59, 967–72.

Åkesson, S. & Hedenström, A. (2007) How migrants get there: migratory performance and orientation. *BioScience*, 57, 123–33.

Anderson, H. R., Bailey, P. A. & Bland, J. M. (1981) The effect of birth month on asthma, eczema, hayfever, respiratory symptoms, lung function, and hospital admissions for asthma. *Int J Epidemiol*, 10, 45–51.

Andrade-Narvaez, F. J., Canto Lara, S. B., Van Wynsberghe, N. R., Rebollar-Tellez, E. A., Vargas-Gonzalez, A. & Albertos-Alpuche, N. E. (2003) Seasonal transmission of *Leishmania* (*Leishmania*) *mexicana* in the state of Campeche, Yucatan Peninsula, Mexico. *Mem Inst Oswaldo Cruz*, 98, 995–98.

Arehart-Treichel, J. (2003) Long, sunny days linked to suicide incidence. *Psychiatric News*, 38, 26.

Arthur, W. (2004) *Biased Embryos and Evolution*. Cambridge University Press, Cambridge.

Austin, C. R. & Short, R. V. (1985) *Reproduction in Mammals*, Book 4 (*Reproductive Fitness*). Cambridge University Press, Cambridge.

Aveni, A. (2000) *Empires of Time: Calendars, Clocks, and Cul-*

tures. Tauris Parke, London.

Avison, J. (2000) *Physics for CXC*. Nelson Thornes, Cheltenham.

Axelsson, J., Stefansson, J. G., Magnusson, A., Sigvaldason, H. & Karlsson, M. M. (2002) Seasonal affective disorders: relevance of Icelandic and Icelandic-Canadian evidence to etiologic hypotheses. *Can J Psychiatry*, 47, 153–58.

Azevedo, E., Ribeiro, J. A., Lopes, F., Martins, R. & Barros, H. (1995) Cold: a risk factor for stroke? *J Neurol*, 242, 217–21.

Bailey, R. C., Jenike, M. R., Ellison, P. T., Bentley, G. R., Harrigan, A. M. & Peacock, N. R. (1992) The ecology of birth seasonality among agriculturalists in central Africa. *J Biosoc Sci*, 24, 393–412.

Banerjee, A., Kalghatgi, A. T., Saiprasad, G. S., Nagendra, A., Panda, B. N., Dham, S. K., Mahen, A., Menon, K. D. & Khan, M. A. (2005) Outbreak of pneumococcal pneumonia among military recruits. *Med J Armed Forces India*, 61, 16–21.

Banks, J. (2006) *Season Creep: How Global Warming is Already Affecting the World Around Us*. Clear the Air, Washington DC.

Barbraud, C. & Weimerskirch, H. (2001) Emperor penguins and climate change. *Nature*, 411, 183–86.

Barbraud, C. & Weimerskirch, H. (2006) Antarctic birds breed later in response to climate change. *Proc Natl Acad Sci USA*, 103, 6248–51.

Barrett, P., Ebling, F. J., Schuhler, S., Wilson, D., Ross, A. W., Warner, A., Jethwa, P., Boelen, A., Visser, T. J., Ozanne, D. M. *et al.* (2007) Hypothalamic thyroid hormone catabolism acts as a gatekeeper for the seasonal control of body weight and reproduction. *Endocrinology*, 148, 3608–17.

Basso, O., Olsen, J., Bisanti, L., Juul, S. & Boldsen, J. (1995) Are seasonal preferences in pregnancy planning a source of bias in studies of seasonal variation in reproductive outcomes? The European Study Group on Infertility and Subfecundity. *Epidemiology*, 6, 520–24.

Battle, Y. L., Martin, B. C., Dorfman, J. H. & Miller, L. S. (1999) Seasonality and infectious disease in schizophrenia: the birth hypothesis revisited. *J Psychiatr Res*, 33, 501–09.

Beeby, A. & Brennan, A.-M. (2003) *First Ecology: Ecological Principles and Environmental Issues*, 2nd edn. Oxford University Press, Oxford.

Berteaux, D., Réale, D., McAdam, A. G. & Boutin, S. (2004) Keeping pace with fast climate change: can Arctic life count on evolution? *Integrat Comp Biol*, 44, 140–51.

Berthold, P. & Querner, U. (1981) Genetic basis of migratory behavior in European Warblers. *Science*, 212, 77–79.

Berthold, P., Gwinner, E. & Sonnenschein, E., eds. (2003) *Avian Migration*. Springer,

Berlin.

Biller, J., Jones, M. P., Bruno, A., Adams, H. P. Jr & Banwart, K. (1988) Seasonal variation of stroke-does it exist? *Neuroepidemiology*, 7, 89–98.

Billings, H. J., Viguie, C., Karsch, F. J., Goodman, R. L., Connors, J. M. & Anderson, G. M. (2002) Temporal requirements of thyroid hormones for seasonal changes in LH secretion. *Endocrinology*, 143, 2618–25.

Bingman, V. P., Hough, G. E. II, Kahn, M. C. & Siegel, J. J. (2003) The homing pigeon hippocampus and space: in search of adaptive specialization. *Brain Behav Evol*, 62, 117–27.

Blom, L., Dahlquist, G., Nystrom, L., Sandstrom, A. & Wall, S. (1989) The Swedish childhood diabetes study-social and perinatal determinants for diabetes in childhood. *Diabetologia*, 32, 7–13.

Bonner, J. T. (1974) *On Development: The Biology of Form*. Harvard University Press, Cambridge, Massachusetts.

Borthwick, H. A., Hendricks, S. B., Parker, M. W., Toole, E. H. & Toole, V. K. (1952) A reversible photoreaction controlling seed germination. *Proc Natl Acad Sci USA*, 38, 662–66.

Both, C. & Visser, M. E. (2001) Adjustment to climate change is constrained by arrival date in a long-distance migrant bird. *Nature*, 411, 296–98.

Both, C., Artemyev, A. V., Blaauw, B., Cowie, R. J., Dekhuijzen, A. J., Eeva, T., Enemar, A., Gustafsson, L., Ivankina, E. V., Jarvinen, A. *et al.* (2004) Large-scale geographical variation confirms that climate change causes birds to lay earlier. *Proc Biol Sci*, 271, 1657–62.

Bowen, M. F., Saunders, D. S., Bollenbacher, W. E. & Gilbert, L. I. (1984) In vitro reprogramming of the photoperiodic clock in an insect brain-retrocerebral complex. *Proc Natl Acad Sci USA*, 81, 5881–84.

Bradshaw, W. E. & Holzapfel, C. M. (2001) Genetic shift in photoperiodic response correlated with global warming. *Proc Natl Acad Sci USA*, 98, 14509–11.

Bradshaw, W. E. & Holzapfel, C. M. (2006) Climate change. Evolutionary response to rapid climate change. *Science*, 312, 1477–78.

Brady, J. (1979) *Biological clocks. Institute of Biology Studies in Biology*, vol. 104. Edward Arnold, London.

Brain, C. K. & Sillen, A. (1988) Evidence from Swartkrans cave for the earliest use of fire. *Nature*, 336, 464–66.

Brandstaetter, R. & Krebs, J. (2004) Obituary: Eberhard Gwinner (1938–2004). *Nature*, 432, 687.

Bridgman, H. A. & Oliver, J. E. (2006) *The Global Climate System: Patterns, Pro-*

cesses, and Teleconnections. Cambridge University Press, Cambridge.

Briggs, W. R. & Olney, M. A. (2001) Photoreceptors in plant photomorphogenesis to date: five phytochromes, two cryptochromes, one phototropin, and one superchrome. *Plant Physiol*, 125, 85–88.

Bronson, F. H. (2004) Are humans seasonally photoperiodic? *J Biol Rhythms*, 19, 180–92.

Brower, L. (1996) Monarch butterfly orientation: missing pieces of a magnificent puzzle. *J Exp Biol*, 199, 93–103.

Brown, A. S., Begg, M. D., Gravenstein, S., Schaefer, C. A., Wyatt, R. J., Bresnahan, M., Babulas, V. P. & Susser, E. S. (2004) Serologic evidence of prenatal influenza in the etiology of schizophrenia. *Arch Gen Psychiatry*, 61, 774–80.

Bünning, E. (1973) The *Physiological Clock - Circadian rhythms and biological chronometry*, 3rd edn. Springer-Verlag, New York.

Cajochen, C. (2007) Alerting effects of light. *Sleep Med Rev*, 11, 453–64.

Campbell, H. A., Fraser, K. P. P., Bishop, C. M., Peck, L. S. & Egginton, S. (2008) Hibernation in an Antarctic fish: on ice for winter. *PLoS ONE*, 3 (3), e1743. doi: 1710.1371/journal.pone.0001743.

Cane, M. A. & Molnar, P. (2001) Closing of the Indonesian seaway as a precursor to east African aridifcation around 3–4 million years ago. *Nature*, 411, 157–62.

Case, M. (2008) The essential joy of life is seeing season's unfolding. *The Observer*, London, 10 July 2005.

Castrogiovanni, P., Iapichino, S., Pacchierotti, C. & Pieraccini, F. (1998) Season of birth in psychiatry. A review. *Neuropsychobiology*, 37, 175–81.

Cauvin, J. F. (1815) *Des Bienfaits de l'Insolation*. Paris.

Cavallaro, J. J. & Monto, A. S. (1970) Community-wide outbreak of infection with a 229E-like coronavirus in Tecumseh, Michigan. *J Infect Dis*, 122, 272–79.

CDC (2005) Homicide and suicide rates—National Violent Death Reporting System, six states, 2003. *Morbid Mortal Wkly Rep*, 54, 377–80.

Chariyalertsak, S., Sirisanthana, T., Supparatpinyo, K. & Nelson, K. E. (1996) Seasonal variation of disseminated *Penicillium marneffei* infections in northern Thailand: a clue to the reservoir? *J Infect Dis*, 173, 1490–93.

Charmantier, A., McCleery, R. H., Cole, L. R., Perrins, C., Kruuk, L. E. & Sheldon, B. C. (2008) Adaptive phenotypic plasticity in response to climate change in a wild bird population. *Science*, 320, 800–03.

Chowers, Y., Odes, S., Bujanover, Y., Eliakim, R., Bar Meir, S. & Avidan, B. (2004) The month of birth is linked to the risk of Crohn's disease in the Israeli population. *Am J Gastroenterol*, 99, 1974–76.

Clutton-Brock, T. H., ed. (1998) *Reproductive Success: Studies of Individual Variation in Contrasting Breeding Systems*. University of Chicago Press, Chicago.

Clutton-Brock, T. H., Brotherton, P. N., Russell, A. F., O'Riain, M. J., Gaynor, D., Kansky, R., Griffin, A., Manser, M., Sharpe, L., McIlrath, G. M. *et al.* (2001) Cooperation, control, and concession in meerkat groups. *Science*, 291, 478–81.

Cohen, P., Wax, Y. & Modan, B. (1983) Seasonality in the occurrence of breast cancer. *Cancer Res*, 43, 892–96.

Cohen, S. (1995) Psychological stress and susceptibility to upper respiratory infections. *Am J Respir Crit Care Med*, 152, S53–58.

Collins, K. J. (1993) Seasonal mortality in the elderly. In Ulijaszek, S. J. & Strickland, S. S. (eds) *Seasonality and Human Ecology* (*Society for the Study of Human Biology Symposium Series*). Cambridge University Press, Cambridge, pp. 135–48.

Condon, R. G. & Scaglion, R. (1982) The ecology of human birth seasonality. *Hum Ecol*, 10, 495–511.

Corbesier, L. & Coupland, G. (2006) The quest for florigen: a review of recent progress. *J Exp Bot*, 57, 3395–403.

Dajani, Y. F., Masoud, A. A. & Barakat, H. F. (1989) Epidemiology and diagnosis of human brucellosis in Jordan. *J Trop Med Hyg*, 92, 209–14.Danks, H. V. (2005) Key themes in the study of seasonal adaptations in insects II. Life-cycle patterns. *Appl Entomol Zool*, 41, 1–13.

Dauvilliers, Y., Carlander, B., Molinari, N., Desautels, A., Okun, M., Tafti, M., Montplaisir, J., Mignot, E. & Billiard, M. (2003) Month of birth as a risk factor for narcolepsy. *Sleep*, 26, 663–65.

Davenport, J. (1992) *Animal Life at Low Temperature*. Chapman & Hall, London.

Dawson, A., Goldsmith, A. R., Nicholls, T. J. & Follett, B. K. (1986) Endocrine changes associated with the termination of photorefractoriness by short daylengths and thyroidectomy in starlings (*Sturnus vulgaris*). *J Endocrinol*, 110, 73–79.

Dawson, A., King, V. M., Bentley, G. E. & Ball, G. F. (2001) Photoperiodic control of seasonality in birds. *J Biol Rhythms*, 16, 365–80.

de Grazia, S. (1962) *On Time, Work, and Leisure*. Doubleday, Garden City, New York.

de Looper, M. (2002) *Seasonality of Death*. Australian Institute of Health and Welfare (AIHW), Canberra.

de Mairan, J. J. O. (1729) Observation botanique. In *Histoire de l'Académie Royale des Sciences*, pp. 35–36.

de Quattro, J. (1991) *Tripping the Light Switch Fantastic*. Agricultural Research, US Department of Agriculture.

de Waal, F. (2005) All in the family. *Science & Spirit* (September/October). 〈http://www.science-spirit.org/article_detail.php?article_id=544〉

Deinlein, M. (1997) *Have Wings, Will Travel: Avian Adaptations to Migration.* Migratory Bird Center (Smithsonian National Zoological Park), Washington DC, Fact sheet 4.

Delhoume, L. (1939) *De Claude Bernard à d'Arsonval.* J. B. Baillière, Paris.

Dickinson, E. (1999) *The Poems of Emily Dickinson: Reading Edition.* The Belknap Press of Harvard University Press, Cambridge, Massachusetts.

Dingle, H. & Drake, V. A. (2007) What is migration? *BioScience,* 57, 113–21.

Dittman, A. & Quinn, T. (1996) Homing in Pacific salmon: mechanisms and ecological basis. *J Exp Biol,* 199, 83–91.

Doblhammer, G. (1999) Longevity and month of birth: evidence from Austria and Denmark. *Demogr Res,* 1, 1–22.

Doblhammer, G. & Vaupel, J. W. (2001) Lifespan depends on month of birth. *Proc Natl Acad Sci USA,* 98, 2934–39.

Doblhammer, G., Rodgers, J. L. & Rau, R. (2000) Seasonality of birth in nineteenth- and twentieth-century Austria. *Soc Biol,* 47, 201–17.

Douglas, A. S., Russell, D. & Allan, T. M. (1990) Seasonal, regional and secular variations of cardiovascular and cerebrovascular mortality in New Zealand. *Aust N Z J Med,* 20, 669–76.

Dowell, S. F. (2001) Seasonal variation in host susceptibility and cycles of certain infectious diseases. *Emerg Infect Dis,* 7, 369–74.

Dunnigan, M. G., Harland, W. A. & Fyfe, T. (1970) Seasonal incidence and mortality of ischaemic heart-disease. *Lancet,* 2, 793–97.

Durkheim, E. (1897) *Suicide* (reprint edn, 1997). The Free Press, Glencoe, Illinois.

Dusheck, J. (2002) It's the ecology, stupid! *Nature,* 418, 578–79.

Eagles, J. M. (2004) Light therapy and the management of winter depression. *Adv Psychiat Treat,* 10, 233–40.

Eccles, R. (2002) An explanation for the seasonality of acute upper respiratory tract viral infections. *Acta Otolaryngol,* 122, 183–91.

Eisenberg, D. T., Campbell, B., Mackillop, J., Lum, J. K. & Wilson, D. S. (2007) Season of birth and dopamine receptor gene associations with impulsivity, sensation seeking and reproductive behaviors. *PLoS ONE,* 2, e1216.

Ellison, P. T. (2003) Energetics and reproductive effort. *Am J Hum Biol,* 15, 342–51.

Emlen, S. T. (1970) Celestial rotation: its importance in the development of migratory orientation. *Science*, 170, 1198–201.

Emlen, S. T. (1975) The stellar-orientation system of a migratory bird. *Sci Am*, 233 (2), 102–11.

Eskola, J., Takala, A. K., Kela, E., Pekkanen, E., Kalliokoski, R. & Leinonen, M. (1992) Epidemiology of invasive pneumococcal infections in children in Finland. *J Am Med Assoc*, 268, 3323–27.

Esquirol, J. E. (1845) *Mental Maladies, a Treatise on Insanity*. Lea & Blanchard, Philadelphia.

European Union (2001) *Eurobarometer 55.2: Europeans, Science and Technology*. EU, December.

Farner, D. S. (1950) The annual stimulus for migration. *Condor*, 52, 104–22.

Fielder, J. L. (2001) *Heliotherapy: The Principles & Practice of Sunbathing*. Academy of Natural Living, Cairns, Queensland.

Fisman, D. N., Lim, S., Wellenius, G. A., Johnson, C., Britz, P., Gaskins, M., Maher, J., Mittleman, M. A., Spain, C. V., Haas, C. N. & Newbern, C. (2005) It's not the heat, it's the humidity: wet weather increases legionellosis risk in the greater Philadelphia metropolitan area. *J Infect Dis*, 192, 2066–73.

Fitter, A. H. & Fitter, R. S. R. (2002) Rapid changes in flowering time in British plants. *Science*, 296, 1689–91.

Fleissner, G., Stahl, B., Thalau, P., Falkenberg, G. & Fleissner, G. (2007) A novel concept of Fe-mineral-based magnetoreception: histological and physicochemical data from the upper beak of homing pigeons. *Naturwissenschaften*, 94, 631–42.

Foley, R. A. (1993) The influence of seasonality on hominid evolution. In Ulijaszek, S. J. & Strickland, S. S. (eds) *Seasonality and Human Ecology (35th Symposium Volume of the Society for the Study of Human Biology)*. Cambridge University Press, Cambridge, pp. 17–38.

Follett, B. K. & Sharp, P. J. (1969) Circadian rhythmicity in photoperiodically induced gonadotrophin release and gonadal growth in the quail. *Nature*, 223, 968–71.

Foster, R. G. (1998) Photoentrainment in the vertebrates: a comparative analysis. In Lumsden, P. J. & Millar, A. J. (eds) *Biological Rhythms and Photoperiodism In Plants*. BIOS, Oxford, pp. 135–49.

Foster, R. G. & Hankins, M. W. (2007) Circadian vision. *Curr Biol*, 17, R746–51.

Foster, R. G. & Kreitzman, L. (2004) *Rhythms of Life: The Biological Clocks that Control the Daily Lives of Every Living Thing*. Profile Books, London.

Foster, R. G. & Roenneberg, T. (2008) Human responses to the geophysical daily, annual and lunar cycles. *Curr Biol*, 18(17), R784–94.

Foster, R. G., Follett, B. K. & Lythgoe, J. N. (1985) Rhodopsin-like sensitivity of extra-retinal photoreceptors mediating the photoperiodic response in quail. *Nature*, 313, 50–52.

Foster, R. G., Peirson, S. & Whitmore, D. (2004) Chronobiology. In Meyers, R. A. (ed.) *Encyclopedia of Molecular Cell Biology and Molecular Medicine*. Wiley-VCH, Weinheim, pp. 413–81.

Fraser, J. T. (1987) *Time, the Familiar Stranger*. University of Massachusetts Press, Amherst.

Froy, O., Gotter, A. L., Casselman, A. L. & Reppert, S. M. (2003) Illuminating the circadian clock in monarch butterfly migration. *Science*, 300, 1303–05.

Galdikas, B. M. F. (1988) Orangutan diet, range, and activity at Tanjung Puting, Central Borneo. *Int J Primatol*, 9, 1–35.

Galea, M. H. & Blamey, R. W. (1991) Season of initial detection in breast cancer. *Br J Cancer*, 63, 157.

Garner, D. M. (1997) The effects of starvation on behaviour: implications for eating disorders. In Garner, D. M. & Garfinkel, P. E. (eds) *Handbook of Treatment for Eating Disorders*. Guilford Press, New York, pp. 145–77.

Garner, W. W. & Allard, H. A. (1920) Effect of relative length of day and night and other factors of the environment on growth and reproduction in plants. *J Agric Res*, 18, 553–606.

Glimaker, M., Samuelson, A., Magnius, L., Ehrnst, A., Olcen, P. & Forsgren, M. (1992) Early diagnosis of enteroviral meningitis by detection of specific IgM antibodies with a solid-phase reverse immunosorbent test (SPRIST) and mu-capture EIA. *J Med Virol*, 36, 193–201.

Gluckman, P. & Hanson, M. (2006) *Why Our World No Longer Fits Our Bodies*. Oxford University Press, Oxford.

Golden, R. N., Gaynes, B. N., Ekstrom, R. D., Hamer, R. M., Jacobsen, F. M., Suppes, T., Wisner, K. L. & Nemeroff, C. B. (2005) The efficacy of light therapy in the treatment of mood disorders: a review and meta-analysis of the evidence. *Am J Psychiatry*, 162, 656–62.

Goldman, B. D., Darrow, J. M. & Yogev, L. (1984) Effects of timed melatonin infusions on reproductive development in the Djungarian hamster (*Phodopus sungorus*). *Endocrinology*, 114, 2074–83.

Goodall, J. (1986) *The Chimpanzees of Gombe: Patterns of Behavior*. Harvard University Press, Boston.

Goodwin, J. (2007) A deadly harvest: the effects of cold on older people in the UK. *Br J Community Nurs*, 12, 23–26.

Goren-Inbar, N., Alperson, N., Kislev, M. E., Simchoni, O., Melamed, Y., Ben-Nun,

A. & Werker, E. (2004) Evidence of hominin control of fire at Gesher Benot Ya'aqov, Israel. *Science*, 304, 725–27.

Gowlett, J. A. J., Harris, J. W. K., Walton, D. & Wood, B. A. (1981) Early archaeological sites, hominid remains and traces of fire from Chesowanja, Kenya. *Nature*, 294, 125–29.

Griffin, D. R. (1964) *Bird Migration*. The Natural History Press, New York.

Grossman, D. (2004) Spring forward. *Sci Am* 290(1), 84–91.

Gullan, P. J. & Cranston, P. (2004) *The Insects: An Outline of Entomology*. Blackwell Publishing, Oxford.

Gwinner, E. (1967) Circannuale Periodik der Mauser und der Zugunruhe bei einem Vogel. *Naturwissenschaften*, 54, 447.

Gwinner, E. (1986) *Circannual Rhythms: Endogenous Annual Clocks in the Organisation of Seasonal Processes*. Springer-Verlag, Berlin.

Gwinner, E. (1989) Photoperiod as a modifying and limiting factor in the expression of avian circannual rhythms. *J Biol Rhythms*, 4, 237–50.

Gwinner, E. (1996a) Circadian and circannual programmes in avian migration. *J Exp Biol*, 199, 39–48.

Gwinner, E. (1996b) Circannual clocks in avian reproduction and migration. *Ibis*, 138, 47–63.

Gwinner, E. (2003) Circannual rhythms in birds. *Curr Opin Neurobiol*, 13, 770–78.

Gwinner, E. & Wiltschko, R. (1980) Circannual changes in migratory orientation of the Garden Warbler, *Sylvia borin*. *Behav Ecol Sociobiol*, 7, 73–78.

Hafner, H., Haas, S., Pfeifer-Kurda, M., Eichhorn, S. & Michitsuji, S. (1987) Abnormal seasonality of schizophrenic births. A specific finding? *Eur Arch Psychiatry Neurol Sci*, 236, 333–42.

Hall, C. B., Walsh, E. E., Long, C. E. & Schnabel, K. C. (1991) Immunity to and frequency of reinfection with respiratory syncytial virus. *J Infect Dis*, 163, 693–98.

Hambre, D. & Beem, M. (1972) Virologic studies of acute respiratory disease in young adults. V. Coronavirus 229E infections during six years of surveillance. *Am J Epidemiol*, 96, 94–106.

Hamner, K. C. & Bonner, J. (1938) Photoperiodism in regulation to hormones as factors in floral initiation and development. *Bot Gaz*, 100, 388–431.

Hangarter, R. P. & Gest, H. (2004) Pictorial demonstrations of photosynthesis. *Photosynth Res*, 80, 421–25.

Hardie, J. & Vaz Nunes, M. (2001) Aphid photoperiodic clocks. *J Insect Physiol*, 47, 821–32.

Hare, E. & Moran, P. (1981) A relation between seasonal temperature and the birth rate of schizophrenic patients. *Acta Psychiatr Scand*, 63, 396–405.

Hare, E., Price, J. & Slater, E. (1974) Mental disorder and season of birth: a national sample compared with the general population. *Br J Psychiatry*, 124, 81–86.

Harrison, S. (2004) Emotional climates: ritual, seasonality and affective disorders. *J R Anthropol Inst*, 10, 583–602.

Hattar, S., Lucas, R. J., Mrosovsky, N., Thompson, S., Douglas, R. H., Hankins, M. W., Lem, J., Biel, M., Hofmann, F., Foster, R. G. & Yau, K. W. (2003) Melanopsin and rod-cone photoreceptive systems account for all major accessory visual functions in mice. *Nature*, 424, 76–81.

Hau, M., Wikelski, M. & Wingfield, J. C. (1998) A neotropical forest bird can measure the slight changes in tropical photoperiod. *Proc R Soc B*, 265, 89–95.

Haus, E., Halberg, F., Kuhl, J. F. & Lakatua, D. J. (1974) Chronopharmacology in animals. *Chronobiologia*, 1 (Suppl 1), 122–56.

Hayes, C. E., Cantorna, M. T. & DeLuca, H. F. (1997) Vitamin D and multiple sclerosis. *Proc Soc Exp Biol Med*, 216, 21–27.

Heerlein, A., Valeria, C. & Medina, B. (2006) Seasonal variation in suicidal deaths in Chile: its relationship to latitude. *Psychopathology*, 39, 75–79.

Helbig, A. J., Berthold, P. & Wiltschko, R. (1989) Migratory orientation of blackcaps (*Sylvia atricapilla*): population-specific shifts of direction during the autumn. *Ethology*, 82, 307–15.

Heller, H. C. & Ruby, N. F. (2004) Sleep and circadian rhythms in mammalian torpor. *Annu Rev Physiol*, 66, 275–89.

Hendley, J. O., Fishburne, H. B. & Gwaltney, J. M. Jr (1972) Coronavirus infections in working adults. Eight-year study with 229 E and OC 43. *Am Rev Respir Dis*, 105, 805–11.

Hiebert, S. M., Thomas, E. M., Lee, T. M., Pelz, K. M., Yellon, S. M. & Zucker, I. (2000) Photic entrainment of circannual rhythms in golden-mantled ground squirrels: role of the pineal gland. *J Biol Rhythms*, 15, 126–34.

Hippocrates (400 BC) *Nature of Man*, vol. IV (translated by W. H. S. Jones, 1931) Loeb Classical Library.

Hoffman, K. (1954) Versuche zu der im Richtungsfinden der Vögel enthaltenen Zeitschätzung. *Z Tierpsychol*, 11, 453–75.

Hostmark, J. G., Laerum, O. D. & Farsund, T. (1984) Seasonal variations of symptoms and occurrence of human bladder carcinomas. *Scand J Urol Nephrol*, 18, 107–11.

Hrushesky, W. J. (1991) The multifrequency (circadian, fertility cycle, and season) balance between host and cancer. *Ann N Y Acad Sci*, 618, 228–56.

Huber, S., Fieder, M., Wallner, B., Iber, K. & Moser, G. (2004) Effects of season of birth on reproduction in contemporary humans: brief communication. *Hum Reprod*, 19, 445–47.

Hughes, L. (2000) Biological consequences of global warming: is the signal already apparent? *Trends Ecol Evol*, 15, 56–61.

Hviid, L. (1998) Clinical disease, immunity and protection against *Plasmodium falciparum* malaria in populations living in endemic areas. *Expert Rev Mol Med*, 1998, 1–10.

Inman, M. (2008) Great tits enjoying the warmer weather - so far. *New Scient.*, 8 May.

Irving, L. (1966) Adaptations to cold. *Sci Am*, 214(1), 94–101.

Jordanes (AD 551) De *origine actibusque Getarum* [*The Origin and Deeds of the Goths*]. The Project Gutenberg EBook. ⟨www.gutenberg.org/ etext/14809⟩

Kalkstein, L. S. (2000) Biometeorology-looking at the links between weather, climate and health. *Biometeorol Bull*, 5, 9–18.

Kalm, L. M. & Semba, R. D. (2005) They starved so that others be better fed: remembering Ancel Keys and the Minnesota experiment. *J Nutr*, 135, 1347–52.

Kapikian, A. Z., Kim, H. W., Wyatt, R. G., Cline, W. L., Arrobio, J. O., Brandt, C. D., Rodriguez, W. J., Sack, D. A., Chanock, R. M. & Parrott, R. H. (1976) Human reovirus-like agent as the major pathogen associated with 'winter' gastroenteritis in hospitalized infants and young children. *N Engl J Med*, 294, 965–72.

Karimi, M. & Yarmohammadi, H. (2003) Seasonal variations in the onset of childhood leukemia/lymphoma: April 1996 to March 2000, Shiraz, Iran. *Hematol Oncol*, 21, 51–55.

Keatinge, W. R., Coleshaw, S. R. & Holmes, J. (1989) Changes in seasonal mortalities with improvement in home heating in England and Wales from 1964 to 1984. *Int J Biometeorol*, 33, 71–76.

Kim, C. D., Lesage, A. D., Seguin, M., Chawky, N., Vanier, C., Lipp, O. & Turecki, G. (2004) Seasonal differences in psychopathology of male suicide completers. *Compr Psychiatry*, 45, 333–39.

Kim, J., Kim, Y., Yeom, M., Kim, J.-H. & Nam, H. G. (2008) FIONA1 is essential for regulating period length in the *Arabidopsis* circadian clock. *Plant Cell*, 20, 307–19.

Kingsley, C. (2004) *Saint's Tragedy*. Kessinger Publishing Co., Whitefish, Montana.

Klein, D. C., Smoot, R., Weller, J. L., Higa, S., Markey, S. P., Creed, G. J. & Jacobowitz, D. M. (1983) Lesions of the paraventricular nucleus area of the hypothalamus disrupt the suprachiasmatic leads to spinal cord circuit in the melatonin rhythm generating system. *Brain Res Bull*, 10, 647–52.

Kloner, R. A. (2004) The 'Merry Christmas Coronary' and 'Happy New Year Heart Attack' phenomenon. *Circulation*, 110, 3744–45.

Kolbert, E. (2005) The Climate of Man. In *New Yorker*, April 2005.

Kondo, N., Sekijima, T., Kondo, J., Takamatsu, N., Tohya, K. & Ohtsu, T. (2006) Circannual control of hibernation by HP complex in the brain. *Cell*, 125, 161–172.

Koorengevel, K. M. (2001) *On the Chronobiology of Seasonal Affective Disorder.* Thesis, University of Groningen, Groningen.

Krakauer, D. (2004) What gets you going first thing? In *Times Higher Education* (London), 13 August 2004.

Kramer, G. (1952) Experiments on bird orientation. *Ibis*, 94, 265–85.

Kramer, T. R., Moore, R. J., Shippee, R. L., Friedl, K. E., Martinez-Lopez, L., Chan, M. M. & Askew, E. W. (1997) Effects of food restriction in military training on T-lymphocyte responses. *Int J Sports Med*, 18 (Suppl 1), S84–90.

Kristoffersen, S. & Hartveit, F. (2000) Is a woman's date of birth related to her risk of developing breast cancer? *Oncol Rep*, 7, 245–47.

Krug, E. G., Dahlberg, L. L., Mercy, J. A., Zwi, A. B. & Lozano, R. (2002) World report on violence and health. World Health Organization, Geneva.

Lacoste, V. & Wirz-Justice, A. (1989) Seasonal variation in normal subjects: an update of variables current in depression research. In Rosenthal, N. E. & Blehar, M. (eds) *Seasonal Affective Disorders and Phototherapy*. Guilford Press, New York, pp. 167–229.

Lam, D. A. & Miron, J. A. (1994) Global patterns of seasonal variation in human fertility. *Ann N Y Acad Sci*, 709, 9–28.

Lam, R. W. & Levitan, R. D. (2000) Pathophysiology of seasonal affective disorder: a review. *J Psychiatry Neurosci*, 25, 469–80.

Lam, R. W., Tam, E. M., Shiah, I. S., Yatham, L. N. & Zis, A. P. (2000) Effects of light therapy on suicidal ideation in patients with winter depression. *J Clin Psychiatry*, 61, 30–32.

Lam, R. W., Levitt, A. J., Levitan, R. D., Enns, M. W., Morehouse, R., Michalak, E. E. & Tam, E. M. (2006) The Can-SAD study: a randomized controlled trial of the effectiveness of light therapy and fluoxetine in patients with winter seasonal affective disorder. *Am J Psychiatry*, 163, 805–12.

Lambert, G. W., Reid, C., Kaye, D. M., Jennings, G. L. & Esler, M. D. (2002) Effect of sunlight and season on serotonin turnover in the brain. *Lancet*, 360, 1840–42.

Langagergaard, V., Norgard, B., Mellemkjaer, L., Pedersen, L., Rothman, K. J. & Sorensen, H. T. (2003) Seasonal variation in month of birth and diagnosis in children and adolescents with Hodgkin disease and non-Hodgkin lymphoma. *J Pediatr Hematol Oncol*, 25, 534–38.

Lantz, T. C. & Turner, N. J. (2003) Traditional phenological knowledge of aboriginal peoples in British Columbia. *J Ethnobiol*, 23, 263–86.

Lechan, R. M. & Fekete, C. (2005) Role of thyroid hormone deiodination in the hypothalamus. *Thyroid*, 15, 883–97.

Lechowicz, M. J. (2001) *Phenology*. Wiley, London.

Lees, A. D. (1964) The location of the photoperiodic receptors in the aphid *Megoura viciae* Buckton. *J Exp Biol*, 41, 119–33.

Lees, A. D. (1966) Photoperiodic timing mechanisms in insects. *Nature*, 210, 986–89.

Leffingwell, A. (1892) *Illegitimacy and the Influence of Seasons upon Conduct: Two Studies in Demography*. Swan Sonnenschein & Co, London.

Lerchl, A., Simoni, M. & Nieschlag, E. (1993) Changes in seasonality of birth rates in Germany from 1951 to 1990. *Naturwissenschaften*, 80, 516–18.

Lewis-Williams, J. D. (2002) *The Mind in the Cave:Consciousness and the Origins of Art*. Thames & Hudson, London.

Lewy, A. J., Wehr, T. A., Goodwin, F. K., Newsome, D. A. & Markey, S. P. (1980) Light suppresses melatonin secretion in humans. *Science*, 210, 1267–69.

Lewy, A. J., Kern, H. A., Rosenthal, N. E. & Wehr, T. A. (1982) Bright artificial light treatment of a manic-depressive patient with a seasonal mood cycle. *Am J Psychiatry*, 139, 1496–98.

Lewy, A. J., Lefler, B. J., Emens, J. S. & Bauer, V. K. (2006) The circadian basis of winter depression. *Proc Natl Acad Sci USA*, 103, 7414–19.

Lincoln, G. A. (1998) Reproductive seasonality and maturation throughout the complete life-cycle in the mouflon ram (*Ovis musimon*). *Anim Reprod Sci*, 53, 87–105.

Lincoln, G. A., Andersson, H. & Loudon, A. (2003) Clock genes in calendar cells as the basis of annual timekeeping in mammals - a unifying hypothesis. *J Endocrinol*, 179, 1–13.

Lincoln, G. A., Johnston, J. D., Andersson, H., Wagner, G. & Hazlerigg, D. G. (2005) Photorefractoriness in mammals: dissociating a seasonal timer from the circadian-based photoperiod response. *Endocrinology*, 146, 3782–90.

Lincoln, G. A., Clarke, I. J., Hut, R. A. & Hazlerigg, D. G. (2006) Characterizing a mammalian circannual pacemaker. *Science*, 314, 1941–44.

Lindén, L. (2002) *Measuring Cold Hardiness in Woody Plants*. Faculty of Agriculture and Forestry, Department of Applied Biology, University of Helsinki, Helsinki.

Lofts, B. (1970) *Animal Photoperiodism*. Edward Arnold, London.

Lohmann, K. J., Lohmann, C. M. & Putman, N. F. (2007) Magnetic maps in animals: nature's GPS. *J Exp Biol*, 210, 3697–3705.

Lowen, A. C., Mubareka, S., Steel, J. & Palese, P. (2007) Influenza virus transmission is dependent on relative humidity and temperature. *PLoS Pathog*, 3, 1470–76.

Lumey, L. H. & Stein, A. D. (1997) *In utero* exposure to famine and subsequent fertility: the Dutch Famine Birth Cohort Study. *Am J Public Health*, 87, 1962–66.

Lummaa, V. & Tremblay, M. (2003) Month of birth predicted reproductive success and fitness in pre-modern Canadian women. *Proc Biol Sc*i, 270, 2355–61.

Macgregor, D. J. & Lincoln, G. A. (2008) A physiological model of a circannual oscillator. *J Biol Rhythms*, 23, 252–64.

Madden, P. A., Heath, A. C., Rosenthal, N. E. & Martin, N. G. (1996) Seasonal changes in mood and behavior. The role of genetic factors. *Arch Gen Psychiatry*, 53, 47–55.

Marcovitch, S. (1924) The migration of the Aphididae and the appearance of the sexual forms as affected by the relative length of daily light exposure. *J Agric Res*, 27, 513–22.

Martinet, L., Allain, D. & Weiner, C. (1984) Role of prolactin in the photoperiodic control of moulting in the mink (*Mustela vison*). *J Endocrinol*, 103, 9–15.

Marx, H. (1946) Hypophysare Insuffizienz bei Lichtmangel. Zur Klinik des Hypophysenzwischenhirnsystems. *Klin Wschr*, 24/25, 18–21.

Mason, B. H., Holdaway, I. M., Mullins, P. R., Kay, R. G. & Skinner, S. J. (1985) Seasonal variation in breast cancer detection: correlation with tumour progesterone receptor status. *Breast Cancer Res Treat*, 5, 171–76.

Mathews - Amos, A. & Berntson, D. A. (1999) *Turning up the Heat: How Global Warming Threatens Life in the Sea*. Diane Publishing, Darby, Pennsylvania.

Mathias, D., Jacky, L., Bradshaw, W. E. & Holzapfel, C. M. (2007) Quantitative trait loci associated with photoperiodic response and stage of diapause in the pitcher-plant mosquito, *Wyeomyia smithii. Genetics*, 176, 391–402.

Matthews, K., Shepherd, J. & Sivarajasingham, V. (2006) Violence-related injury, and the price of beer in England and Wales. *Appl Econ*, 38, 661–70.

McGrath, J. (1999) Hypothesis: is low prenatal vitamin D a risk-modifying factor for schizophrenia? *Schizophr Res*, 40, 173–77.

McNab, B. K. (2002) *The Physological Ecology of Vertebrates: A View from Energetics*. Cornell University Press, Cornell.

McWhirter, W. R. & Dobson, C. (1995) Childhood melanoma in Australia. *World J Surg*, 19, 334–36.

Mech, L. D. & Boitani, L. (2003) *Wolves: Behaviour, Ecology, and Conservation*. University of Chicago Press, Chicago.

Meier, C. R., Jick, S. S., Derby, L. E., Vasilakis, C. & Jick, H. (1998) Acute respiratory-tract infections and risk of first-time acute myocardial infarction. *Lancet*, 351, 1467–71.

Menzel, A., Sparks, T. H., Estrella, N., Koch, E., Aasa, A., Ahas, R., Alm-Kuber, K., Bissolli, P., Braslavska, O., Briede, A. *et al.* (2006) European phenological response to climate change matches the warming pattern. *Global Change Biology*, 12, 1969–76.

Meriggiola, M. C., Noonan, E. A., Paulsen, C. A. & Bremner, W. J. (1996) Annual patterns of luteinizing hormone, follicle stimulating hormone, testosterone and inhibin in normal men. *Hum Reprod*, 11, 248–52.

Merkel, F. W. & Wiltschko, W. (1965) Magnetismus and Richtungsfinden zugunruhiger Rotkehlchen (*Erithacus rubecula*). Vogelwarte 23, 71–77.

Michael, T. P. & McClung, C. R. (2003) Enhancer trapping reveals widespread circadian clock transcriptional control in *Arabidopsis*. *Plant Physiol*, 132, 629–39.

Millar, R. & Free, E. E. (2004) *Sunrays And Health: Every Day Use of Natural And Artificial Ultraviolet Light* (reprint of 1929 edition). Kessinger Publishing Co., Whitefish, Montana.

Mithen, S. (2005) *The Prehistory of the Mind: A Search for the Origins of Art, Religion and Science*. Thames & Hudson, London.

Moore, J. A. (1939) Temperature tolerance and areas of development in the eggs of Amphibia. *Ecology*, 20, 459–78.

Moore, S. E., Cole, T. J., Collinson, A. C., Poskitt, E. M., McGregor, I. A. & Prentice, A. M. (1999) Prenatal or early postnatal events predict infectious deaths in young adulthood in rural Africa. *Int J Epidemiol*, 28, 1088–95.

Moran, M. (2005) Light therapy kept in dark despite effectiveness. *Psychiatric News*, 40, 29.

Morgan, P. J. & Hazlerigg, D. G. (2008) Photoperiodic signalling through the melatonin receptor turns full circle. *J Neuroendocrinol*, 20, 820–26.

Morken, G. & Linaker, O. M. (2000) Seasonal variation of violence in Norway. *Am J Psychiatry*, 157, 1674–78.

Mrosovsky, N. (1988) Seasonal affective disorder, hibernation, and annual cycles in animals: chipmunks in the sky. *J Biol Rhythms*, 3, 189–207.

Mrosovsky, N. (1990) *Rheostasis: The Physiology of Change*, 1st edn. Oxford University Press, New York.

Nakao, N., Ono, H., Yamamura, T., Anraku, T., Takagi, T., Higashi, K., Yasuo, S., Katou, Y., Kageyama, S., Uno, Y. *et al.* (2008) Thyrotrophin in the pars tuberalis triggers photoperiodic response. *Nature*, 452, 317–22.

Nathan, A. & Barbosa, V. C. (2008) V-like formations in flocks of artificial birds. *Artif Life*, 14, 179–88.

Nelson, R. J., Demas, G. E., Klein, S. L. & Kriegsfeld, L. J. (2002) *Seasonal Patterns of Stress, Immune Function, and Disease*. Cambridge University Press, Cambridge.

Newton, I. (2008) *The Migration Ecology of Birds*. Academic Press/ Elsevier, London.

Newton-Fisher, N. E. (1999) The diet of chimpanzees in the Budongo Forest Reserve, Uganda. *Afr J Ecol*, 37, 344–54.

Nicolas, R. (2004) Was the emergence of home bases and domestic fire a punctuated event? A review of the Middle Pleistocene record in Eurasia. *J Archaeol Asia Pacific*, 43, 248–81.

Nisimura, T. & Numata, H. (2003) Circannual control of the life cycle in the Varied Carpet Beetle *Anthrenus verbasci*. *Funct Ecol*, 17, 489–95.

Norris, D. R., Marra, P. P., Kyser, T. K., Sherry, T. W. & Ratcliffe, L. M. (2004) Tropical winter habitat limits reproductive success on the temperate breeding grounds in a migratory bird. *Proc R Soc B*, 271, 59–64.

Norris, S., Rosentrater, L. & Eid, M. P. (2002) *Polar Bears at Risk*. WWF—World Wide Fund for Nature, Gland, Switzerland.

Notter, D. R. (2002) Opportunities to reduce seasonality of breeding in sheep by selection. *Sheep Goat Res J*, 17, 20–32.

Noyes, R. (1973) Seneca on death. *J Religion Health*, 12, 223–40.

O'Reilly, J. (1980) In Manhattan: mink is no four-letter word. In *Time Magazine*, 18 February.

Oliver, J. (2006) The myth of Thomas Szasz. *New Atlantis*, no.13, 68–84.

Olson. J. (2005) Quoted in *Avoid Getting Stung: Summertime Mosquito Season*. Agricultural Communications, Texas A & M University, College Station.

Papadopoulos, F. C., Frangakis, C. E., Skalkidou, A., Petridou, E., Stevens, R. G. & Trichopoulos, D. (2005) Exploring lag and duration effect of sunshine in triggering suicide. *J Affect Disord*, 88, 287–97.

Parmesan, C. & Yohe, G. (2003) A globally coherent fingerprint of climate change impacts across natural systems. *Nature*, 421, 37–42.

Pedersen, P. A. & Weeke, E. R. (1983) Month of birth in asthma and allergic rhinitis. *Scand J Prim Health Care*, 1, 97–101.

Pell, J. P. & Cobbe, S. M. (1999) Seasonal variations in coronary heart disease. *Q J Med*, 92, 689–96.

Pengelley, E. T. & Fisher, K. C. (1966) Locomotor activity patterns and their relation to hibernation in the golden-mantled ground squirrel. *J Mammal*, 47, 63–73.

Pengelley, E. T., Asmundson, S. J., Barnes, B. M. & Aloia, R. C. (1976) Relationship of light intensity and photoperiod to circannual rhythmicity in the hibernating ground squirrel, *Citellus lateralis. Comp Biochem Physiol*, 53A, 273–77.

Petridou, E., Papadopoulos, F. C., Frangakis, C. E., Skalkidou, A. & Trichopoulos, D. (2002) A role of sunshine in the triggering of suicide. *Epidemiology*, 13, 106–09.

Phillips, D. P., Van Voorhees, C. A. & Ruth, T. E. (1992) The birthday: lifeline or deadline? *Psychosom Med*, 54, 532–42.

Phillips, D. P., Jarvinen, J. R., Abramson, I. S. & Phillips, R. R. (2004) Cardiac mortality is higher around Christmas and New Year's than at any other time: the holidays as a risk factor for death. *Circulation*, 110, 3781–88.

Piersma, T. & Gill, R. E. (1998) Guts don't fly: small digestive organs in obese Bar-tailed Godwits. *Auk*, 115, 196–203.

Pietinalho, A., Ohmichi, M., Hiraga, Y., Lofroos, A. B. & Selroos, O. (1996) The mode of presentation of sarcoidosis in Finland and Hokkaido, Japan. A comparative analysis of 571 Finnish and 686 Japanese patients. *Sarcoidosis Vasc Diffuse Lung Dis*, 13, 159–66.

Pinel, P. (1806) *A Treatise on Insanity*. Cadell & Davies, Sheffield.

Post, E. & Forchhammer, M. C. (2008) Climate change reduces reproductive success of an Arctic herbivore through trophic mismatch. *Phil Trans R Soc B*, 363, 2369–75.

Post, E., Pedersen, C., Wilmers, C. C. & Forchhammer, M. C. (2008) Warming, plant phenology and the spatial dimension of trophic mismatch for large herbivores. *Proc R Soc B*, 275, 2005–13.

Pough, F. H., Hiser, J. B. & McFarland, W. N. (1996) *Vertebrate Life*, 4th edn. Prentice Hall, Upper Saddle River, New Jersey.

Pray, L. A. (2004) Epigenetics: genome, meet your environment. *Scientist*, 18, 14.

Press, F., Siever, R., Grotzinger, J. & Jordan, T. H. (2003) *Understanding Earth*, 4th edn. W. H. Freeman & Co Ltd, London.

Ramos, A., Perez-Solis, E., Ibanez, C., Casado, R., Collada, C., Gomez, L., Aragon-cillo, C. & Allona, I. (2005) Winter disruption of the circadian clock in chestnut. *Proc Natl Acad Sci USA*, 102, 7037–42.

Rau, R. & Doblhammer, D. (2003) Seasonal mortality in Denmark: the role of sex and age. *Demogr Res*, 9, 197–222.

Raven, P. H., Evert, R. F. & Eichhorn, S. E. (1999) *Biology of Plants*. Freeman, New York.

Reinberg, A., Schuller, E. & Delasnerie, N. (1977) Rythmes circadiens et circannu-els des leucocytes, protéines totales, immunoglobulines A, G et M. *Nouv Presse Med*, 6, 3819–23.

Reiter, R. J. (1975) Exogenous and endogenous control of the annual reproductive cycle in the male golden hamster: participation of the pineal gland. *J Exp Zool*, 191, 111–20.

Reppert, S. M. (2006) A colorful model of the circadian clock. *Cell*, 124, 233–36.

Reuters (2003) Experts look to Australia's Aborigines for weather help. 〈http://www.climateark.org/shared/reader/welcome. aspx?linkid=21301〉

Ridley, M. (2004) *Nature via Nurture:Genes, Experience and What Makes Us Human*. Harper Perennial, London.

Rihmer, Z., Rutz, W., Pihlgren, H. & Pestality, P. (1998) Decreasing tendency of seasonality in suicide may indicate lowering rate of depressive suicides in the population. *Psychiatry Res*, 81, 233–40.

Rock, D., Greenberg, D. & Hallmayer, J. (2006) Season-of-birth as a risk factor for the seasonality of suicidal behaviour. *Eur Arch Psychiatry Clin Neurosci*, 256, 98–105.

Rodin, I. & Martin, N. (1998) Seasonal affective disorder. *Perspect Depression*, March, 6–9.

Roenneberg, T. (2004) The decline in human seasonality. *J Biol Rhythms*, 19, 193–95; discussion 196–97.

Roenneberg, T. & Aschoff, J. (1990) Annual rhythm of human reproduction. II. Environmental correlations. *J Biol Rhythms*, 5, 217–39.

Roenneberg, T. & Foster, R. G. (1997) Twilight times: light and the circadian system. *Photochem Photobiol*, 66, 549–61.

Roseboom, T. J., van der Meulen, J. H., Osmond, C., Barker, D. J., Ravelli, A. C. & Bleker, O. P. (2000) Plasma lipid profiles in adults after prenatal exposure to the Dutch famine. *Am J Clin Nutr*, 72, 1101–06.

Rosen, L. N., Targum, S. D., Terman, M., Bryant, M. J., Hoffman, H., Kasper, S. F., Hamovit, J. R., Docherty, J. P., Welch, B. & Rosenthal, N. E. (1990) Prevalence of seasonal affective disorder at four latitudes. *Psychiatry Res*, 31, 131–44.

Rosenberg, A. M. (1988) The clinical associations of antinuclear antibodies in juvenile rheumatoid arthritis. *Clin Immunol Immunopathol*, 49, 19–27.

Rosenthal, N. E. (2006) *Winter Blues: Everything You Need to Know to Beat Seasonal Affective Disorder*. Guilford Press, New York.

Rosenthal, N. E. & Blehar, M. C., eds. (1989) *Seasonal Affective Disorders and Phototherapy*. Guilford Press, New York.

Rothwell, P. M., Staines, A., Smail, P., Wadsworth, E. & McKinney, P. (1996) Seasonality of birth of patients with childhood diabetes in Britain. *BMJ*, 312, 1456–57.

Rowan, W. (1925) Relation of light to bird migration and developmental changes. *Nature*, 115, 494–95.

Rowan, W. (1929) Experiments in bird migration. I. Manipulation of the reproductive cycle. *Proc Boston Soc Nat Hist*, 19, 151–208.

Ruby, N. F., Dark, J., Heller, H. C. & Zucker, I. (1998) Suprachiasmatic nucleus: role in circannual body mass and hibernation rhythms of ground squirrels. *Brain Res*, 782, 63–72.

Russell, A. F., Clutton-Brock, T. H., Brotherton, P. N. M., Sharpe, L. L., Mcilrath, G. M., Dalerum, F. D., Cameron, E. Z. & Barnard, J. A. (2002) Factors affecting pup growth and survival in co-operatively breeding meerkats *Suricata suricatta*. *J Anim Ecol*, 71, 700–09.

Sadovnick, A. D., Duquette, P., Herrera, B., Yee, I. M. & Ebers, G. C. (2007) A timing-of-birth effect on multiple sclerosis clinical phenotype. *Neurology*, 69, 60–62.

Sage, L. C. (1992) *Pigment of the Imagination: A History of Phytochrome Research*. Academic Press, San Diego.

Sakamoto, M., Yazaki, N., Katsushima, N., Mizuta, K., Suzuki, H. & Numazaki, Y. (1995) Longitudinal investigation of epidemiologic feature of adenovirus infections in acute respiratory illnesses among children in Yamagata, Japan (1986–1991). *Tohoku J Exp Med*, 175, 185–93.

Sankila, R., Joensuu, H., Pukkala, E. & Toikkanen, S. (1993) Does the month of diagnosis affect survival of cancer patients? *Br J Cancer*, 67, 838–41.

Sapolsky, R. M. (2003) Taming stress. *Sci Am*, 289(3), 86–95.

Sapolsky, R. M. (2004) *Why Zebras Don't Get Ulcers*. Owl Books, New York.

Sauman, I., Briscoe, A. D., Zhu, H., Shi, D., Froy, O., Stalleicken, J., Yuan, Q., Casselman, A. & Reppert, S. M. (2005) Connecting the navigational clock to sun compass input in monarch butterfly brain. *Neuron*, 46, 457–67.

Saunders, D. S. (2005) Erwin Bünning and Tony Lees, two giants of chronobiology, and the problem of time measurement in insect photoperiodism. *J Insect Physiol*, 51, 599–608.

Saunders, D. S. & Cymborowski, B. (1996) Removal of optic lobes of adult blow flies (*Calliphora vicina*) leaves photoperiodic induction of larval diapause intact. *J Insect Physiol*, 42, 807–11.

Saunders, D. S., Vafopoulou, X., Lewis, R. D. & Steel, C. G. (2002) *Insect Clocks*. Elsevier, Amsterdam.

Schäfer, E. A. (1907) On the incidence of daylight as a determining factor in bird-migration. *Nature*, 77, 159–63.

Schneps, M. H. & Sadler, P. M. (1987) *A Private Universe*. Annenberg/ CPB, Harvard-Smithsonian Center for Astrophysics, Science Education Department, Science Media Group, Washington DC.

Searle, I. & Coupland, G. (2004) Induction of flowering by seasonal changes in photoperiod. *EMBO J*, 23, 1217–22.

Sher, L. (2004) Alcoholism and seasonal affective disorder. *Compr Psychiatry*, 45, 51–56.

Shiga, S. & Numata, H. (2007) Neuroanatomical approaches to the study of insect photoperiodism. *Photochem Photobiol*, 83, 76–86.

Shimizu, I., Yamakawa, Y., Shimazaki, Y. & Iwasa, T. (2001) Molecular cloning of *Bombyx* cerebral opsin (Boceropsin) and cellular localization of its expression in the silkworm brain. *Biochem Biophys Res Commun*, 287, 27–34.

Sinclair, B. J., Worland, M. R. & Wharton, D. A. (1999) Ice nucleation and freezing tolerance in New Zealand alpine and lowland weta, *Hemideina* spp. (Orthoptera; Stenopelmatidae). *Physiol Entomol*, 24, 56–63.

Skala, J. A. & Freedland, K. E. (2004) Death takes a raincheck. *Psychosom Med*, 66, 382–86.

Slater, P., Rosenblatt, J., Snowdon, C., Roper, T. & Naguib, M., eds. (2003) *Advances in the Study of Behaviour*. Academic Press, London.

Slingo, J. M., Challinor, A. J., Hoskins, B. J. & Wheeler, T. R. (2005) Introduction: food crops in a changing climate. *Phil Trans R Soc B*, 360, 1983–89.

Smith, J. (2005) Starry starry nights. *Ecologist*, 35, 56–62.

Smith, J. M. & Springett, V. H. (1979) Atopic disease and month of birth. *Clin Allergy*, 9, 153–57.

Smits, L. J., Van Poppel, F. W., Verduin, J. A., Jongbloet, P. H., Straatman, H. & Zielhuis, G. A. (1997) Is fecundability associated with month of birth? An analysis of 19th and early 20th century family reconstitution data from The Netherlands. *Hum Reprod*, 12, 2572–78.

Sobel, E., Zhang, Z. X., Alter, M., Lai, S. M., Davanipour, Z., Friday, G., McCoy, R., Isack, T. & Levitt, L. (1987) Stroke in the Lehigh Valley: seasonal variation in incidence rates. *Stroke*, 18, 38–42.

Spears, T. (2004) Science ties illnesses to your month of birth: March is the cruellest month, with a long list of diseases. In *The Ottawa Citizen*, Ottawa, 4 February 2004.

Stefansson, H., Helgason, A., Thorleifsson, G., Steinthorsdottir, V., Masson, G., Barnard, J., Baker, A., Jonasdottir, A., Ingason, A., Gudnadottir, V. G. *et al.* (2005) A common inversion under selection in Europeans. *Nat Genet*, 37, 129–37.

Stefansson, V. & McCaskil, E. I. (1938) The three voyages of Martin Frobisher in search of a passage to Cathay and India by the north-west, A.D. 1576–8. Argonaut, London.

Strode, P. K. (2003) Implications of climate change for North American wood-warblers (*Parulidae*). *Global Change Biol*, 9, 1137–44r.

Subak, S. (1999) Seasonal pattern of human mortality. In Cannell, M. G. R., Palutikof, J. P. & Sparks, T. H. (eds) *Indicators of Climate Change in the UK*. Centre for Ecology and Hydrology, Huntingdon, 40–41.

Sung, S. & Amasino, R. M. (2004) Vernalization and epigenetics: how plants remember winter. *Curr Opin Plant Biol*, 7, 4–10.

Swan, N. (2005) Prevalence of schizophrenia worldwide. In *The Health Report* (Australian Broadcasting Company). ⟨http://www.abc.net.au/ rn/talks/8.30/helthrpt/stories/s1358445.htm⟩

Tacitus (1971) *Annals of Imperial Rome* (translated by Michael Grant). Penguin Books, London.

Tang, D., Santella, R. M., Blackwood, A. M., Young, T. L., Mayer, J., Jaretzki, A., Grantham, S., Tsai, W. Y. & Perera, F. P. (1995) A molecular epidemiological case-control study of lung cancer. *Cancer Epidemiol Biomarkers Prev*, 4, 341–46.

Tattersall, I. (2004) *Becoming Human: Evolution and Human Uniqueness*. Oxford University Press, Oxford. Tauber, E. & Kyriacou, B. P. (2001) Insect photoperiodism and circadian clocks: models and mechanisms. *J Biol Rhythms*, 16, 381–90.

Tauber, M., Tauber, C. & Masaki, S. (1986) *Seasonal Adaptations in Insects*. Oxford University Press, Oxford.

Taylor, R., Lewis, M. & Powles, J. (1998) The Australian mortality decline: all-cause mortality 1788–1990. *Aust N Z J Public Health*, 22, 27–36.

Thomas, D. W., Blondel, J., Perret, P., Lambrechts, M. M. & Speakman, J. R. (2001) Energetic and fitness costs of mismatching resource supply and demand in seasonally breeding birds. *Science*, 291, 2598–2600.

Thomashow, M. F. (1999) Plant cold acclimation: freezing tolerance genes and regulatory mechanisms. *Annu Rev Plant Physiol Plant Mol Biol*, 50, 571–99.

Thoreau, H. D. (1906) In Torrey, B. (ed.) *The Writings of Henry David Thoreau* vol. V, Journals (March 5, 1853 to November 10, 1853) Entry for 23 August 1853. Riverside, Cambridge, Massachusetts.

Torr, S. J. & Hargrove, J. W. (1999) Behaviour of tsetse (*Diptera: Glossinidae*) during the hot season in Zimbabwe: the interaction of micro-climate and reproductive status. *Bull Entomol Res*, 89, 365–79.

Torrey, E. F., Miller, J., Rawlings, R. & Yolken, R. H. (1997) Seasonality of births in schizophrenia and bipolar disorder: a review of the literature. *Schizophr Res*, 28, 1–38.

Torrey, E. F., Miller, J., Rawlings, R. & Yolken, R. H. (2000) Seasonal birth patterns of neurological disorders. *Neuroepidemiology*, 19, 177–85.

Tournois, J. (1912) Influence de la lumière sur la florasion du houblon japonais et du chauvre. *C R Acad Sci Paris*, 155, 297–300.

Ueda, H. R. (2006) Systems biology flowering in the plant clock field. *Mol Syst Biol*, 2, 60.

Vahidi, A., Soleimani, S. M. K. M., Arjmand, M. H. A., Aflatoonian, A., Karimzadeh, M. A. & Kermaninejhad, A. (2004) The relationship between seasonal variability and pregnancy rates in women undergoing assisted reproductive technique. *Iranian J Reprod Med*, 2, 82–86.

Valverde, F., Mouradov, A., Soppe, W., Ravenscroft, D., Samach, A. & Coupland, G. (2004) Photoreceptor regulation of CONSTANS protein in photoperiodic flowering. *Science*, 303, 1003–06.

VanderLeest, H. T., Houben, T., Michel, S., Deboer, T., Albus, H., Vansteensel, M. J., Block, G. D. & Meijer, J. H. (2007) Seasonal encoding by the circadian pacemaker of the SCN. *Curr Biol*, 17, 468–73.

Vignaud, P., Duringer, P., Mackaye, H. T., Likius, A., Blondel, C., Boisserie, J. R., De Bonis, L., Eisenmann, V., Etienne, M. E., Geraads, D. *et al.* (2002) Geology and palaeontology of the Upper Miocene Toros - Menalla hominid locality, Chad. *Nature*, 418, 152–55.

Visser, M. E. & Both, C. (2005) Shifts in phenology due to global climate change: the need for a yardstick. *Proc R Soc B*, 272, 2561–69.

Visser, M. E. & Holleman, L. J. (2001) Warmer springs disrupt the synchrony of oak and winter moth phenology. *Proc R Soc B*, 268, 289–94.

Visser, M. E., van Noordwijk, A. J., Tinbergen, J. M. & Lessells, C. M. (1998) Warmer springs lead to mistimed reproduction in great tits (*Parus major*). *Proc R Soc B*, 265, 1867–70.

Vondrasová, D., Hájek, I. & Illnerová, H. (1997) Exposure to long summer days affects the human melatonin and cortisol rhythms. *Brain Res*, 759, 166–70.

Wang, H., Sekine, M., Chen, X. & Kagamimori, S. (2002) A study of weekly and seasonal variation of stroke onset. *Int J Biometeorol*, 47, 13–20.

Ward, R. (1971) *The Living Clocks*. Knopf, New York.

Wayne, N. L., Malpaux, B. & Karsch, F. J. (1988) How does melatonin code for day length in the ewe: duration of nocturnal melatonin release or coincidence of melatonin with a light-entrained sensitive period? *Biol Reprod*, 39, 66–75.

Weale, R. (1993) Is the season of birth a risk factor in glaucoma? *Br J Ophthalmol*, 77, 214–17.

Wehr, T. A. (1989) *Seasonal Affective Disorder: A Historical Overview*. Guilford Press, New York.

Wehr, T. A. (2001) Photoperiodism in humans and other primates. *J Biol Rhythms*, 16, 348–64.

Wikelski, M., Martin, L. B., Scheuerlein, A., Robinson, M. T., Robinson, N. D., Helm, B., Hau, M. & Gwinner, E. (2008) Avian circannual clocks: adaptive significance and possible involvement of energy turnover in their proximate control. *Phil Trans R Soc B*, 363, 411–23.

Wilkinson, P., Pattenden, S., Armstrong, B., Fletcher, A., Kovats, R. S., Mangtani, P. & McMichael, A. J. (2004) Vulnerability to winter mortality in elderly people in Britain: population based study. *BMJ*, 329, 647.

Willer, C. J., Dyment, D. A., Risch, N. J., Sadovnick, A. D. & Ebers, G. C. (2003) Twin concordance and sibling recurrence rates in multiple sclerosis. *Proc Natl Acad Sci USA*, 100, 12877–82.

Willer, C. J., Dyment, D. A., Sadovnick, A. D., Rothwell, P. M., Murray, T. J. & Ebers, G. C. (2005) Timing of birth and risk of multiple sclerosis: population based study. *BMJ*, 330, 120.

Willmer, E. N. & Brunet, P. C. J. (1985) John Randal Baker. *Biogr Mems Fell R Soc*, 31–63.

Wiltschko, R. & Wiltschko, W. (1981) The development of sun compass orientation in young homing pigeons. *Behav Ecol Sociobiol*, 9, 135–41.

Wirz-Justice, A. (1998) Beginning to see the light. *Arch Gen Psychiatry*, 55, 861–62.

Wirz-Justice, A. (2005) Chronobiological strategies for unmet needs in the treatment of depression. *Medicographia*, 27, 223–27.

Wright, K. (2002) Times of our lives. *Sci Am*, September.

Wuethrich, B. (2000) Ecology. How climate change alters rhythms of the wild. *Science*, 287, 793, 795.

Yanovsky, M. J. & Kay, S. A. (2003) Living by the calendar: how plants know when to flower. *Nat Rev Mol Cell Biol*, 4, 265–75.

Yasuo, S., Watanabe, M., Okabayashi, N., Ebihara, S. & Yoshimura, T. (2003) Circadian clock genes and photoperiodism: Comprehensive analysis of clock gene expression in the mediobasal hypothalamus, the suprachiasmatic nucleus, and the pineal gland of Japanese Quail under various light schedules. *Endocrinology*, 144, 3742–48.

Yodzis, P. (2000) Diffuse effects in food webs. *Ecology*, 81, 261–66.

Yoshimura, T., Yasuo, S., Watanabe, M., Iigo, M., Yamamura, T., Hirunagi, K. & Ebihara, S. (2003) Light-induced hormone conversion of T_4 to T_3 regulates photoperiodic response of gonads in birds. *Nature*, 426, 178–81.

Yuen, J., Ekbom, A., Trichopoulos, D., Hsieh, C. C. & Adami, H. O. (1994) Season of birth and breast cancer risk in Sweden. *Br J Cancer*, 70, 564–68.

Zhang, J., Schurr, U. & Davies, W. J. (1987) Control of stomatal behaviour by abscisic acid which apparently originates in the roots. *Journal of Experimental Botany*, 38, 1174–81.

Zimmermann, T. (2003) Tempus Fugit: Prehistoric and Early Historic Devices for Telling Time. *Newsletter, Department of Archaeology and History of Art, Bilkent University*, 2, 16.

Zucs, P., Buchholz, U., Haas, W. & Uphoff, H. (2005) Influenza associated excess mortality in Germany, 1985–2001. *Emerg Themes Epidemiol*, 2, 6.

图书在版编目(CIP)数据

生命的季节:生生不息背后的生物节律/(英)罗素·G·福斯特,(英)利昂·克赖茨曼著;严军,刘金华,邵春眩译.—上海:上海科技教育出版社,2021.5
书名原文:Seasons of Life: The Biological Rhythms That Living Things Need to Thrive and Survive
ISBN 978-7-5428-7483-2

Ⅰ.①生… Ⅱ.①罗… ②利… ③严… ④刘… ⑤邵… Ⅲ.①生物节律—普及读物 Ⅳ.①Q418-49

中国版本图书馆CIP数据核字(2021)第050347号

责任编辑　伍慧玲　王　洋
装帧设计　李梦雪

SHENGMING DE JIJIE
生命的季节——生生不息背后的生物节律
[英]罗素·G·福斯特　利昂·克赖茨曼　著
严军　刘金华　邵春眩　译

出版发行　上海科技教育出版社有限公司
　　　　　(上海市柳州路218号　邮政编码200235)
网　　址　www.sste.com　www.ewen.co
经　　销　各地新华书店
印　　刷　常熟市文化印刷有限公司
开　　本　720×1000　1/16
印　　张　19.25
版　　次　2021年5月第1版
印　　次　2021年5月第1次印刷
书　　号　ISBN 978-7-5428-7483-2/N·1115
图　　字　09-2015-1022号
定　　价　58.00元